滝澤ななみ
TAC出版開発グループ

はしがき

建設業経理ってどんなもの？

建設業経理とは、資材や機材を買ったり、建物を売ったりという**建設業界で日常行われている取引**や、社内の**お金のやりとりを記録するための手段**をいいます。そこにはさまざまなルールがあるわけですが、その知識を問うものが**「建設業経理士検定試験」**となります。

この試験は４級から１級までありますが（１級が最上級）、２級に合格することは、建設業界で働くうえで非常に大きな意味があるのです。なぜなら、建設会社などに２級保有者がいることで「公共工事の入札に関わる経営事項審査」の評価対象となり、**会社の評価を高めるのに役立つ**ことになるからです。もちろん、建設業経理の知識に通じた人物として日常の勤務においても重宝されることでしょう。

試験の範囲や内容には、日商簿記検定試験と重なるところも多く、そのうえで建設業特有の経理知識も問われます。この本では、簿記の初歩から建設業独特のルールまでがスッキリと理解でき、**2級合格も確実に狙える構成**となっています。

本書の特徴1　「読みやすいテキスト」にこだわりました

本書は簿記・建設業経理初心者の方が最後までスラスラ読めるよう、やさしい、一般的なことばを用いて、読み物のように読んでいただけるように工夫しました。

また、実際の場面を身近にイメージしていただけるよう、ゴエモンというキャラクターを登場させ、みなさんがゴエモンといっしょに**場面ごとに簿記・建設業経理を学んでいく**というスタイルにしています。

本書の特徴2　「いきなり2級」を目指せるテキストに！

上にもあるように、建設業経理士資格を学習するのなら、**ぜひとも2級に合格しておきたいもの。**とはいえ、「４級から始まっている資格なのに、２級なんて大丈夫かな…」と不安に感じる人もいるかもしれません。この本では簿記の初歩から理解できる構成としつつ、いきなりの２級合格を目指せるようにしています。

本書ならびに姉妹編である『**スッキリとける問題集　建設業経理士2級**』を活用し、建設業経理士２級試験に合格され、みなさんがビジネスにおいてご活躍されることを心よりお祈りいたします。

2020年５月

第３版刊行にあたって

本書は、『スッキリわかる建設業経理士２級　第２版』につき、「消費税」を加筆修正して刊行いたしました。

建設業経理士２級の学習方法と合格まで

1. テキスト『スッキリわかる』を読む

テキスト

まずは、**テキストを読みます**。

テキストは自宅でも電車内でも、どこでも手軽に読んでいただけるように作成していますが、机に向かって学習する際には、鉛筆と紙を用意し、取引例や新しい用語がでてきたら、**実際に紙に書いてみましょう**。

また、本書はみなさんが考えながら読み進めることができるように構成していますので、ぜひ**答えを考えながら**読んでみてください。

2. テキストを読んだら問題を解く！

問題集

簿記は**問題を解くことによって、知識が定着**します。本書のテキスト内には、姉妹編『スッキリとける問題集　建設業経理士２級』内で対応する問題番号を付しています（**問題集**）ので、それにしたがって、問題を解きましょう。

また、まちがえた問題には付箋などを貼っておき、あとでもう一度、解きなおすようにしてください。

3. もう一度、すべての問題を解く！

テキスト＆問題集

上記１、２を繰り返し、本書の内容理解に自信がもてたら、**本書を見ないで**『スッキリとける問題集』の**問題をもう一度最初から全部解いてみましょう**。

4. そして過去問題を解く！

過去問題

『スッキリとける問題集』には、本試験レベルの問題も収載していますが、本試験の出題形式に慣れ、時間内に効率的に合格点をとるために同書の別冊内にある**3回分の過去問題**を解くことをおすすめします。

なお、**別売の過去問題集**＊では過去12回分まで解くことができます。

＊TAC出版刊行の過去問題集
・「合格するための過去問題集 建設業経理士2級」

建設業経理士２級はどんな試験？ 

1. 試験概要

主催団体	一般財団法人建設業振興基金
受験資格	特に制限なし
試験日	毎年度　９月・３月
試験級	１級・２級（建設業経理士） ※３・４級は建設業経理事務士となります。
申込手続き	インターネット・郵送
申込期間	おおむね試験日の４カ月前より１カ月間 ※主催団体の発表をご確認ください。
受験料等（消費税込）	7,120円（２級） ※上記の受験料等には、申込書代金、もしくは決済手数料としての320円（消費税込）が含まれています。
問合せ	一般財団法人建設業振興基金　経理試験課 URL：https://www.keiri-kentei.jp

2. 配点

試験ごとに多少異なりますが、通常、次のような配点で出題されます。

第1問	第2問	第3問	第4問	第5問	合　計
20点	12点	14点	24点	30点	100点

なお、試験時間は２時間、合格基準は100点満点中70点以上となります。

3. 受験データ（2級）

回　数	第22回	第23回	第24回	第25回	第26回
受験者数	8,616人	8,709人	7,884人	8,623人	8,635人
合格者数	3,206人	3,895人	2,655人	2,655人	3,578人
合格率	37.2%	44.7%	33.7%	30.8%	41.4%

CONTENTS

簿記の基礎編

第1章 簿記の基礎

念願かなって、建設会社を設立!
がんばって帳簿もつけないといけない…。
だけど、なんだかいろいろなルールがあるみたい。

ここでは、簿記の基本ルールについてみていきましょう。

CASE 1

簿記の基礎

簿記ってなんだろう?

日曜大工好きのゴエモン君は、念願の建設会社を開業することができました。会社の経営なんて初めての経験なので、開業マニュアルを読んでみると、どうやら簿記というものによって取引を帳簿に記入しなければならないことがわかりました。

簿記ってどんなもの?

会社は1年に一度、会社のもうけ（利益）や財産がいくらあるのかを明らかにしなければなりません。

そこで、モノを買う、売る、お金を貸す、借りるなど、日々会社が行った活動（**取引**(とりひき)）をメモ（記録）しておく必要があります。この日々の取引を記録する手段を**簿記**(ぼき)といい、簿記により最終的なもうけ（利益）や財産を計算することができます。

会社の状況を取引先などに伝えるためとか、税金を計算する（税金は利益に対してかかります）ために、もうけ（利益）や財産を明らかにする必要があるんですね。

帳簿（ノート）に記録するから簿記！

取　引

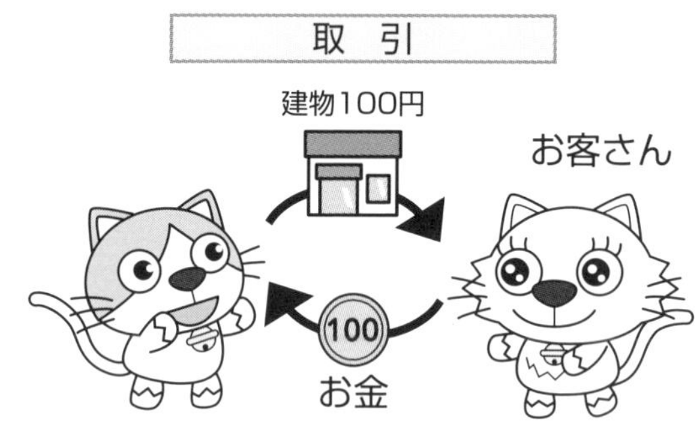

簿記の役割

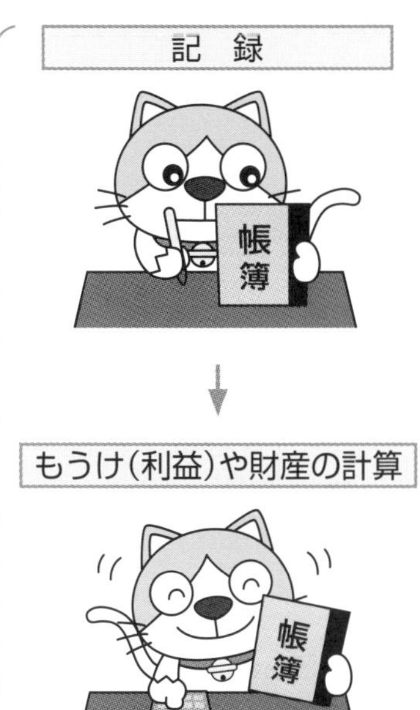

損益計算書と貸借対照表

簿記によって計算したもうけ（利益）や財産は表にしてまとめます。

会社がいくら使っていくらもうけたのか（またはいくら損をしたのか）という利益（または損失）の状況を明らかにした表を**損益計算書**（そんえきけいさんしょ）、現金や預金、借金などがいくらあるのかという会社の財産の状況を明らかにした表を**貸借対照表**（たいしゃくたいしょうひょう）といいます。

損益計算書、貸借対照表は簿記を学習するにあたってとても重要です。用語として早めに覚えてしまいましょう。

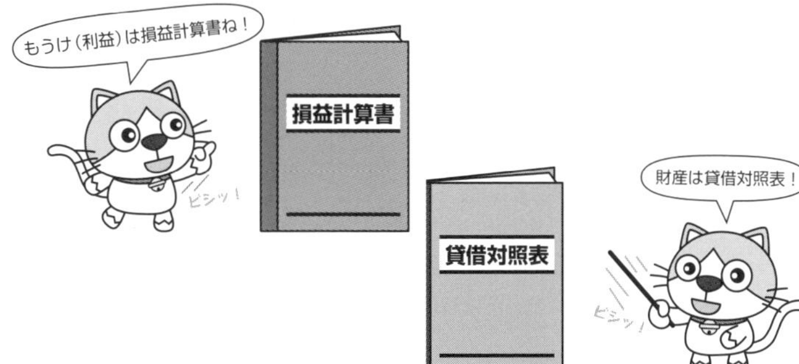

CASE 2 簿記の基礎

仕訳の基本

開業マニュアルには、「簿記によって日々の取引を記録する」とありましたが、日記を書くように「4月10日　クロキチ資材から材料（100円）を買った」と記録しておけばよいのでしょうか？

仕訳というもの

取引を記録するといっても、日記のように文章で記録していたら見づらいですし、わかりにくくなってしまいます。そこで、簿記では簡単な用語（**勘定科目**（かんじょうかもく）といいます）と金額を使って記録します。

家計簿にも「交際費」とか「光熱費」という欄がありますよね。この交際費や光熱費が勘定科目です。

この勘定科目と金額を使って取引を記録する手段を**仕訳**（しわけ）といいます。

仕訳のルール

たとえば、「材料100円分を買い、お金（現金）を払った」という取引の仕訳は次のようになります。

（材　　　料）　100（現　　　金）　100

ここで注目していただきたいのは、左側と右側に勘定科目（材料や現金）と金額が記入されているということです。

仕訳のルールその①です。これが仕訳でもっとも大切なことです。

これは、仕訳には**1つの取引を2つに分けて記入する**というルールがあるからなんですね。

商売のために必要な物（材料）を買ってきたとき、材料は増えますが、お金を払っているので現金は減ります。

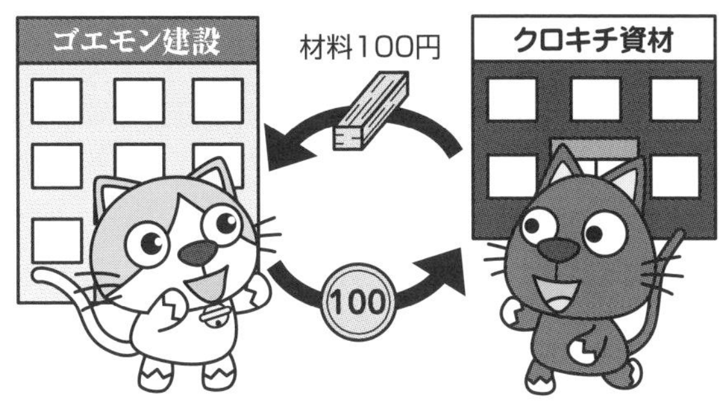

ですから、仕訳をするときには、「材料を買ってきた」という１つの取引を「材料が増えた」と「現金が減った」という２つに分けて記録するのです。

では、なぜ仕訳の左側に材料、右側に現金が記入されるのでしょうか。仕訳のルールその②についてみていきましょう。

5つの要素と左側、右側

勘定科目は、**資産**（しさん）・**負債**（ふさい）・**純資産**（じゅんしさん）**（資本**（しほん）**）**・**収益**（しゅうえき）・**費用**（ひよう）の５つの要素（グループ）に分類されます。そして、その要素の勘定科目が増えたら左側に記入するとか、減ったら右側に記入するというルールがあります。

仕訳のルールその②です。このルールにしたがって左側か右側かが決まります。

①資産

現金や預金、材料など、一般的に財産といわれるものは簿記上、**資産**に分類されます。

そして、資産が**増えたら**仕訳の左側に、**減ったら**仕訳の右側に記入します。

イメージ的には「資産＝あるとうれしいもの」とおさえておきましょう。

簿記では左側か右側かはとても大切です。このテキストでは、左側を で、右側を で表していきます。

（資産の増加）　××（資産の減少）　××

簿記ではこのようなボックス図を使って勘定科目の増減を表します。少しずつ慣れてくださいね。

資　　産	
⬆増えたら左	⬇減ったら右

ここで先ほどの取引（材料100円を買い、現金を払った）をみると、①**材料が増えて**、②**現金が減って**いますよね。

材料も現金も会社の資産です。したがって、**増えた資産（材料）**を仕訳の左側に、**減った資産（現金）**を右側に記入します。

なぜ材料が左側で現金が右側なのかのナゾが解けましたね。

（材　　　料）　100（現　　　金）　100

材料を買ってきた
→資産の増加⬆

現金で支払った
→資産の減少⬇

資産の勘定科目

現　　　金	紙幣や硬貨など
完成工事未収入金	まだ回収されていない完成工事の代金
有　価　証　券	株式や債券など
未成工事支出金	まだ完成していない工事に対してかかった原価
材　　　料	木材や鉄筋など
建　　　物	自社用のビルなど

借金を思い浮かべて！　返す義務があると思うと気が重い…ですからイメージ的には「負債＝あると気が重いもの」

②負債

銀行からの借入金（いわゆる借金）のような、後日お金を支払わなければならない義務は簿記上、**負債**に分類されます。なお、負債は資産とは逆の要素なので、**負債が増えたら**仕訳の右側**に、減ったら**仕訳の左側に記入します。

（負 債 の 減 少） ××（負 債 の 増 加） ××

負	債
⬇減ったら左	⬆増えたら右

負債は増えたら右！

負債の勘定科目

工事未払金	材料などの未払金
未成工事受入金	まだ完成していない建物に対して受け取っている金額

③純資産（資本）

会社を開業するにあたって、会社の株主が元手を出資します。この会社の元手となるものは、簿記上、**純資産（資本）**に分類されます。

先立つものがないと会社は活動できません。いわゆる軍資金ですね。

純資産（資本）は、増えたら仕訳の右側に、**減ったら**仕訳の左側に記入します。

（純資産の減少） ××（純資産の増加） ××

純資産（資本）	
⬇減ったら左	⬆増えたら右

純資産（資本）は増えたら右！

なお、**純資産（資本）は資産と負債の差**でもあります。

純資産（資本）＝資産（ ）－負債（ ）

純資産の勘定科目

資本金	株式会社が最低限維持しなければならない金額
資本準備金	資本金を増加させる取引のうち、資本金としなかった金額
利益準備金	会社法で積み立てが強制されているもの
任意積立金	会社が独自に積み立てたもの
繰越利益剰余金	剰余金の配当や処分が決定していない利益

④収益

通帳の入金欄に記載される「利息10円」というものです。

銀行にお金を預けていると利息がついて預金が増えますし、建物をお客さんに売ると現金を受け取るので現金が増えます。

預金（資産）が増えたのは利息を受け取った（原因）から、現金（資産）が増えたのは建物を売った（原因）から。

利息（受取利息）や売上げのように資産が増える原因となるものは、簿記上、**収益**に分類されます。

収益は、増えたら（発生したら）仕訳の右側に、**減ったら（なくなったら）**仕訳の左側に記入します。

収益が減る（なくなる）ケースはほとんどありません。

（収益の消滅）　××（収益の発生）　××

収益	
⬇なくなったら左	⬆発生したら右

収益は発生したら右ね。資産の増加原因だから資産と逆なのね～

収益の勘定科目

完成工事高	完成し、引き渡した工事に対して受け取った金額
受取利息	貸したお金から受け取る利息
固定資産売却益	自社ビルの一部を売却したときなどに出る利益

⑤費用

商売をしていると、電気代や電話代など会社が活動するためにどうしても必要な支出があります。この会社が活動するために必要な支出は、簿記上、**費用**に分類されます。

会社は費用を使って収益を得るので、水（費用）をあげて花（収益）が咲くイメージで！

そして、**費用が増えたら（発生したら）**仕訳の左側に、**減ったら（なくなったら）**仕訳の右側に記入します。

（費用の発生）　××（費用の消滅）　××

費用が減る（なくなる）ケースはほとんどありません。

費　用	
⬆発生したら左	⬇なくなったら右

費用は発生したら左ね

なお、**収益から費用を差し引いて、会社のもうけ（利益）を計算する**ことができます。

収益（　）－費用（　）＝利益*
＊マイナスの場合は損失

費用の勘定科目

完成工事原価	完成し、引き渡した工事に対してかかった金額
広告宣伝費	販売促進に要した費用
水道光熱費	水道・ガス・電気などの費用
地代家賃	自社ビルを借りている場合などに出てくる費用

以上より、５つの要素が増加したときのポジションをまとめると次のとおりです。

これらの要素が減ったら反対のポジションに記入します。

5つの要素が増加したときのポジションをおさえましょう。

［資産・負債・純資産（資本）の関係］

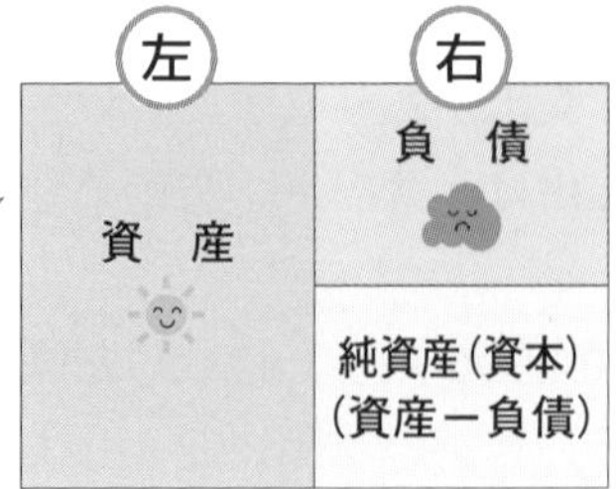

［収益・費用の関係］

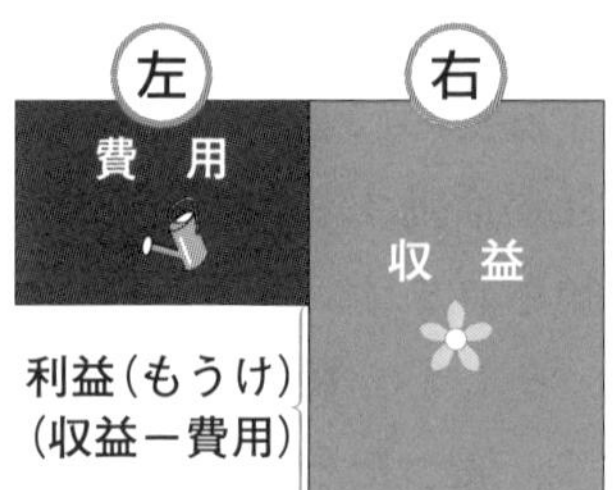

仕訳の左側合計と右側合計は必ず一致する！

仕訳のルールその③です。

仕訳のルールに**左側の合計金額と右側の合計金額は必ず一致する**というルールがあります。

たとえば次のような仕訳は、左側の記入は1つ、右側の記入は2つですが、それぞれの合計金額は一致しています。

この仕訳はあとでできます。いまは左側と右側の金額合計が一致することだけおさえてください。

（現　金）	150	（土　地）	100
		（固定資産売却益）	50

合計150

一致

借方と貸方

いままで「左側に記入」とか「右側に記入」など、左側、右側という表現で説明してきましたが、簿記では左側のことを**借方**（かりかた）、右側のことを**貸方**（かしかた）といいます。

借方、貸方には特に意味がありませんので、「かりかた」の「り」が左に向かってのびているので左側、「かしかた」の「し」が右に向かってのびているので右側という感じで覚えておきましょう。

（借　方）	××	（貸　方）	××
かりかた		かしかた	

勘定と転記

仕訳をしたら、勘定科目ごとに次のような表に金額を集計します。

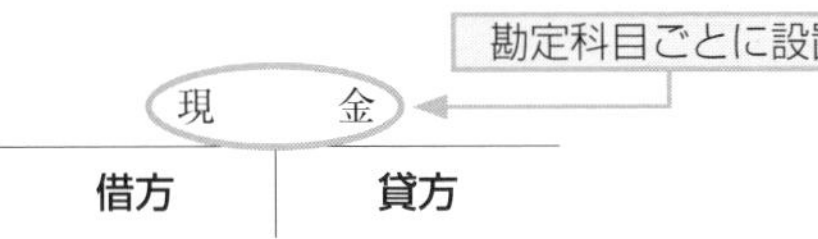

この勘定科目ごとに金額を集計する表を**勘定口座**といい、仕訳から勘定口座に記入することを**転記**（てんき）といいます。

たとえば、次の仕訳を転記する場合、**借方**の勘定科目が「**材料**」なので、**材料勘定**の**借方**に100（円）と記入します。

また、**貸方**の勘定科目が「**現金**」なので、**現金勘定**の**貸方**に100（円）と記入します。

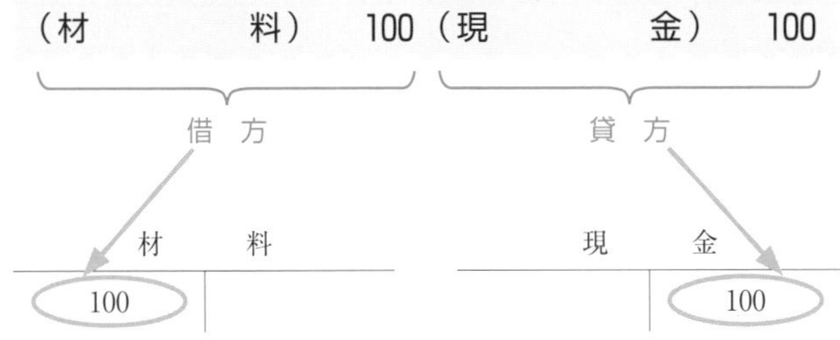

ボックス図も同じで

勘定科目	
借　方	貸　方

を表しています。

ローマ字のTに形が似ているので、T勘定とかTフォームともいいます。

勘定口座への詳しい転記方法はCASE 3で学習しますので、ここでは基本的な転記のルールだけ説明しています。

問題集
問題1

CASE 3 帳簿

仕訳帳と総勘定元帳

仕訳はなんとなくわかったゴエモン君。「仕訳の次は何をしたらいいのかな?」と思い、開業マニュアルを読んでみると、仕訳の次は転記という作業をするようです。

取引 1月 1日 現金500円を資本金として受け入れた。

1月10日 クロキチ資材より材料200円を仕入れ、現金50円を支払い、残額は掛けとした。

仕訳と仕訳帳

仕訳は、取引のつど、**仕訳帳**という帳簿に記入します。

仕訳帳の形式と記入方法を示すとこのようになります。

取引の日付を記入 / 仕訳とコメント(小書き)を記入 / 総勘定元帳*の番号を記入 ＊後述 / 借方と貸方に分けて金額を記入 / 仕訳帳の頁数

仕 訳 帳 1

×年		摘 要	元丁	借 方	貸 方
1	1	(現 金) ← 借方の勘定科目	1	500	
		貸方の勘定科目 → (資 本 金)	18		500
		資本金の受け入れ ← コメントをつける			
	10	(材 料) 諸 口	20	200	
		同じ側に複数の勘定科目が (現 金)	1		50
		あるときは「諸口(しょくち)」と記入 (工事未払金)	11		150
		クロキチ資材より仕入れ			

仕訳を記入したら線を引く

仕訳をしたら総勘定元帳に転記する！

仕訳帳に仕訳をしたら、**総勘定元帳**（そうかんじょうもとちょう）という帳簿に記入（**転記**（てんき）といいます）します。総勘定元帳は勘定科目（口座（こうざ））ごとに金額を記入する帳簿です。

現金勘定、工事未払金勘定、資本金勘定、材料勘定の記入方法を示すと次のようになります。

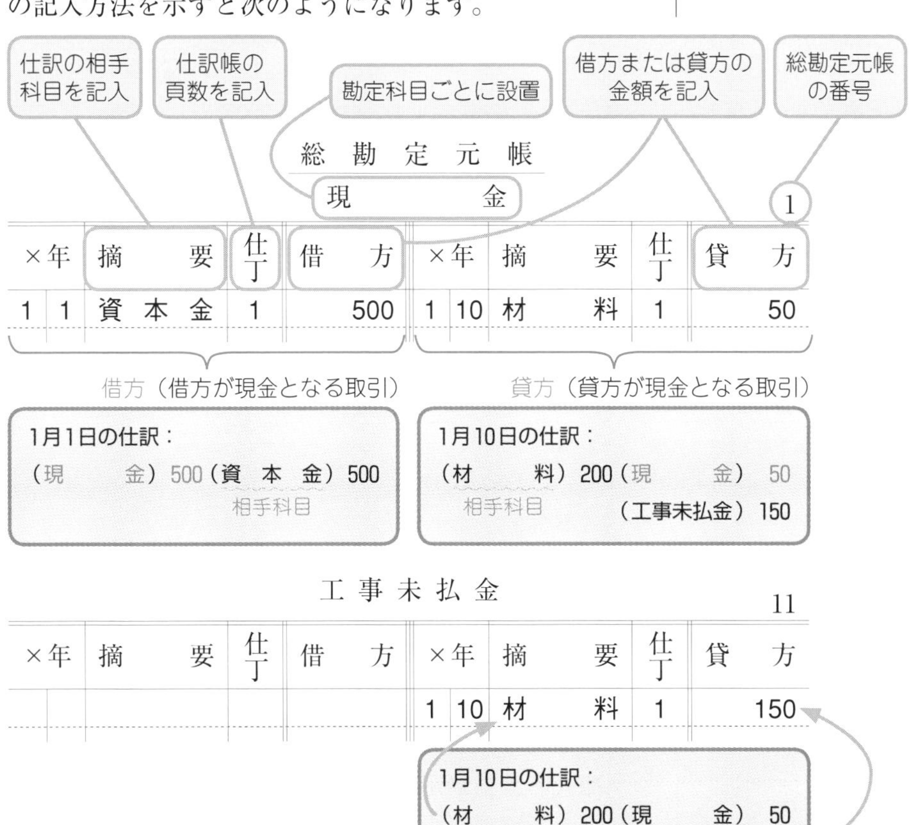

×年		摘要	仕丁	借方	×年		摘要	仕丁	貸方
1	1	資本金	1	500	1	10	材料	1	50

工 事 未 払 金

11

×年		摘要	仕丁	借方	×年		摘要	仕丁	貸方
					1	10	材料	1	150

資　本　金　　18

×年		摘　要	仕丁	借　方	×年		摘　要	仕丁	貸　方
					1	1	現　金	1	500

1月1日の仕訳：
（現　　金）500（資　本　金）500
相手科目

材　　料　　20

×年		摘　要	仕丁	借　方	×年		摘　要	仕丁	貸　方
1	10	諸　口	1	200					

相手科目が複数のときは「諸口」と記入

1月10日の仕訳：　相手科目
（材　　料）200（現　　金）50
（工事未払金）150

総勘定元帳（略式）の場合

試験では、前記の総勘定元帳を簡略化した総勘定元帳（略式）で出題されることもあります。

略式の総勘定元帳では、日付、相手科目、金額のみを記入します。

総勘定元帳（略式）

現　　金　　1

1/ 1	資　本　金	500	1/10	材　　料	50
日付	相手科目	金額	日付	相手科目	金額

借方（借方が現金となる取引）　貸方（貸方が現金となる取引）

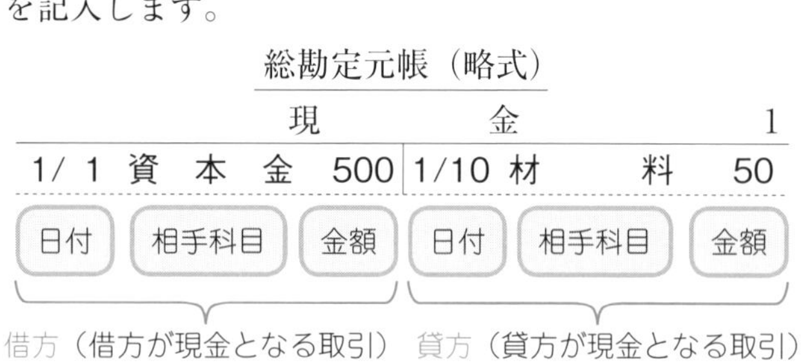

CASE3の取引を略式の総勘定元帳に記入すると次のようになります。

総勘定元帳（略式）

現　金　1

1/1 資本金	500	1/10 材料	50

1月1日の仕訳：
（現　金）500（資本金）500
相手科目

1月10日の仕訳：
（材　料）200（現　金）50
相手科目　（工事未払金）150

工事未払金　11

		1/10 材料	150

1月10日の仕訳：
（材　料）200（現　金）50
相手科目　（工事未払金）150

資本金　18

		1/1 現金	500

1月1日の仕訳：
（現　金）500（資本金）500
相手科目

材　料　20

1/10 諸口	200		

相手科目が複数のときは「諸口」と記入

1月10日の仕訳：　相手科目
（材　料）200（現　金）50
（工事未払金）150

問題集
問題2

CASE 4

財務諸表

財務諸表の基本

仕訳や転記もしたし、次は損益計算書と貸借対照表を作らなきゃ。
ここでは、損益計算書と貸借対照表の形式をみておきましょう。

損益計算書の作成

損益計算書は、一会計期間の収益と費用から当期純利益（または当期純損失）を計算した表で、会社の**経営成績**（会社がいくらもうけたのか）を表します。

損益計算書の形式と記入例は次のとおりです。

CASE161の精算表の損益計算書欄と見比べてみてくださいね。

損　益　計　算　書

ゴエモン建設　　自×1年1月1日　至×1年12月31日　　（単位：円）

費　用	金　額	収　益	金　額
完成工事原価	950	完成工事高	1,800
広告宣伝費	60	受取利息	60
水道光熱費	7		
貸倒損失	50		
当期純利益	793		
	1,860		1,860

収益＞費用なら当期純利益（借方）
収益＜費用なら当期純損失（貸方）
当期純利益の場合は赤字で記入
（試験では黒字で記入してください）

借方合計と貸方合計は必ず一致します。

貸借対照表の作成

貸借対照表は、一定時点（決算日）における資産・負債・純資産（資本）の内容と金額をまとめた表で、会社の**財政状態**（会社に資産や負債がいくらあるのか）を表します。

貸借対照表の形式と記入例は次のとおりです。

CASE161の精算表の貸借対照表欄と見比べてみてくださいね。

貸 借 対 照 表

ゴエモン建設　　×1年12月31日　　(単位：円)

資　産	金　額	負債・純資産	金　額
現　金	300	工事未払金	500
完成工事未収入金	200	資本金	1,200
建　物	1,000	繰越利益剰余金	300
備　品	500		
	2,000		2,000

借方合計と貸方合計は必ず一致します。

第2章

現金と当座預金

お財布の中にある百円玉、千円札、壱万円札…。
これらの硬貨や紙幣は現金で処理する…。
でも、硬貨や紙幣以外にも、
簿記では現金として処理するものがあるんだって。びっくり!

普通預金や定期預金は、私たち個人の生活でよく利用するものだけど、
商売用の預金には当座預金というものがあるらしい…。

ここでは現金、当座預金の処理についてみていきましょう。

CASE 5 現金

現金の範囲

紙幣や硬貨以外に現金で処理するものってどんなものがあるのかな?
ここでは現金の範囲についてみておきましょう。

現金の範囲

簿記上、現金として処理するものには、通貨（硬貨・紙幣）と通貨代用証券（他人振出小切手や配当金領収証など）があります。

現金の範囲

①通貨…硬貨・紙幣
②通貨代用証券
- 他人振出小切手
- 送金小切手
- 配当金領収証
- 期限到来後の公社債利札　など

CASE 6 現金過不足

現金の帳簿残高と実際有高が異なるときの仕訳

家計簿をつけていて、家計簿上あるべき現金の金額と、実際にお財布の中にある現金の金額が違っていることがありますよね。
これと同じことが会社で起こった場合の仕訳を考えてみましょう。

取引 5月10日　現金の帳簿残高は120円であるが、実際有高を調べたところ100円であった。

用語 **帳簿残高**…帳簿（会社の日々の活動を記録するノート）において、計算上、あるべき現金の金額
実際有高…会社の金庫やお財布に実際にある現金の金額

実際にある現金の金額が帳簿の金額と違うとき

会社では、定期的に帳簿上の現金の残高（ざんだか）（帳簿残高）と実際に会社の金庫やお財布の中にある現金の金額（実際有高（じっさいありだか））が一致しているかどうかをチェックします。そして、もし金額が一致していなかったら、**帳簿残高が実際有高に一致するように修正**します。

現金の実際有高が帳簿残高よりも少ない場合の仕訳

CASE6では、現金の帳簿残高が120円、実際有高が100円なので、帳簿上の現金20円（120円－100円）を減らすことにより、現金の実際有高に一致させます。

帳簿残高>実際有高の場合ですね。

これで帳簿上の現金残高が120円－20円＝100円になりました。

（　　　　　）	（現　　　金）	20

修正前　現　　金　→　修正後　現　　金

帳簿上の金額 120円 ／ 帳簿上の金額 120円　→ 20円減らす　100円(120円－20円) 実際有高に一致！

過大と不足をあわせて「過不足」ですね。

なお、借方（相手科目）は、**現金過不足**（げんきんかぶそく）という勘定科目で処理します。

CASE6の仕訳

（現金過不足）	20	（現　　　金）	20

現金の実際有高が帳簿残高よりも多い場合の仕訳

一方、現金の実際有高が帳簿残高よりも多いときは、帳簿上の現金を増やすことにより、帳簿残高と実際有高を一致させます。

帳簿残高<実際有高の場合ですね。

したがって、CASE6の現金の帳簿残高が100円で、実際有高が120円だった場合の仕訳は、次のようになります。

（現　　　金）	20	（現金過不足）	20

考え方

①実際有高のほうが20円（120円－100円）多い
　→ 帳簿残高を20円増やす → 借方
②貸方 → 現金過不足

CASE 7 現金過不足

現金過不足の原因が判明したときの仕訳

ゴエモン建設は、先日見つけた現金過不足の原因を調べました。
すると、電話代（通信費）を支払ったときに、帳簿に計上するのを忘れていたことがわかりました。

取引 5月25日　5月10日に生じていた現金の不足額20円の原因を調べたところ、10円は通信費の計上漏れであることがわかった。
なお、5月10日に次の仕訳をしている。

（現金過不足）　20（現　　　　金）　20

用語 **通信費**…電話代や郵便切手代など

原因が判明したときの仕訳（借方の場合）

現金過不足が生じた原因がわかったら、正しい勘定科目で処理します。

CASE7では、本来計上すべき通信費が計上されていない（現金過不足が借方に生じている）ので、**通信費（費用）**を計上します。

（通　　信　　費）　10（　　　　　　）

費用の発生⬆

費用の発生は借方！

費用	収益
利益	

これで、現金過不足が解消したので、**借方**に計上している現金過不足を減らします（**貸方**に記入します）。

原因が判明した分（10円）だけ現金過不足を減らします。

CASE7の仕訳

（通信費）	10	（現金過不足）	10

原因が判明したときの仕訳（貸方の場合）

なお、現金過不足が**貸方**に生じていた（実際の現金のほうが多かった）ときは、正しい勘定科目で処理するとともに、**貸方**に計上している現金過不足を減らします（**借方**に記入します）。

したがって、現金過不足20円が貸方に生じていて、そのうち10円の原因が工事代金の回収の記帳漏れだった場合の仕訳は、次のようになります。

工事代金の未回収分を完成工事未収入金といいます。詳しくはCASE22で学習します。

（現金過不足）	10	（完成工事未収入金）	10

考え方

① 完成工事未収入金の回収 → 完成工事未収入金を減らす → 貸方

② 現金過不足の解消 → 現金過不足を減らす（借方に記入）

判明前　現金過不足

20円

判明後　現金過不足

10円減らす

残っている現金過不足は10円

20円

CASE 8 現金過不足

現金過不足の原因が決算日まで判明しなかったときの仕訳

今日は会社の締め日(決算日)です。でも、ゴエモン建設の帳簿には、いまだに原因がわからない現金過不足が10円(借方)あります。この現金過不足はこのまま帳簿に計上しておいてよいのでしょうか。

取引 12月31日 決算日において現金過不足(借方)が10円あるが、原因が不明なので、雑損失として処理する。

用語 **決算日**…会社のもうけを計算するための締め日
雑損失…特定の勘定科目に該当しない費用(損失)

決算とは

会社は1年に一度、締め日(**決算日**)を設けて、1年間のもうけや資産・負債の状況をまとめる必要があります。このとき行う手続きを**決算**とか**決算手続**といい、決算において行う仕訳を**決算整理(仕訳)**といいます。

決算日まで原因がわからなかった現金過不足の処理

現金過不足は、原因が判明するまでの一時的な勘定科目なので、その原因が判明しないからといって、いつまでも帳簿に残しておくことはできません。そこで、**決算日において原因が判明しないものは、雑損失(費用)または雑収入(収益)として処理**します。

決算日における現金過不足（借方）の仕訳

CASE8では、**借方**に現金過不足が残っているので、決算日においてこれを減らします（**貸方**に記入します）。

決算整理前 現金過不足			決算整理後 現金過不足	
10円		▶	10円 →	10円減らす

（　　　　　　）　（現 金 過 不 足）　10

CASE8では「雑損失とする」と指示がありますが、実際の問題では、雑損失か雑収入かは自分で判断しなければなりません。

ここで仕訳を見ると**借方**があいているので、**費用**の勘定科目を記入することがわかります。したがって、借方に**雑損失（費用）**と記入します。

「〜損」は費用の勘定科目です。

費　用	収　益
利　益	

CASE8の仕訳

（雑　　損　　失）　10（現 金 過 不 足）　10

費用の発生↑

決算日における現金過不足（貸方）の仕訳

なお、決算日において、**貸方**に現金過不足が残っているときは、これを減らし（**借方**に記入し）、**貸方**に**雑収入（収益）**と記入します。

したがって、CASE8の現金過不足が貸方に残っている場合の仕訳は次のようになります。

「〜益」は収益の勘定科目です。

費　用	収　益
利　益	

（現 金 過 不 足）　10（雑　　収　　入）　10

考え方

① 現金過不足を減らす（借方に記入）
② 貸方があいている → 収益の勘定科目 → 雑収入

決算整理前 現金過不足			決算整理後 現金過不足	
	10円	▶	10円減らす	← 10円

問題集
問題3、4

CASE 9 当座預金

当座預金口座に預け入れたときの仕訳

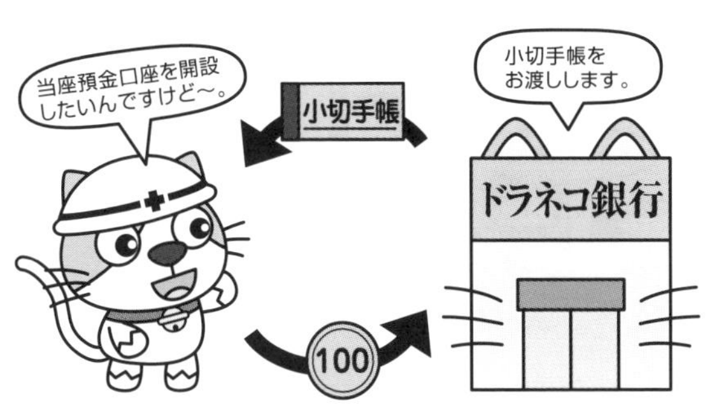

ゴエモン建設は、取引先への支払いが増えてきました。
そこで、現金による支払いだけでなく、今後は小切手による支払いができるようにしようと、当座預金口座を開くことにしました。

取引 ゴエモン建設は、ドラネコ銀行と当座取引契約を結び、現金100円を当座預金口座に預け入れた。

用語 **当座預金**…預金の一種で、預金を引き出す際に小切手を用いることが特徴

当座預金ってどんな預金？

当座預金(とうざよきん)とは、預金の一種で、預金を引き出すときに小切手を用いることが特徴です。

ほかに「利息がつかない」という特徴もあります。

現金を当座預金口座に預け入れたときの仕訳

当座預金は預金の一種なので、たくさんあるとうれしいもの＝資産です。

したがって、現金を当座預金口座に預け入れたときは、**手許(てもと)の現金（資産）が減り、当座預金（資産）が増える**ことになります。

資産の増加は借方！
もう覚えましたか？

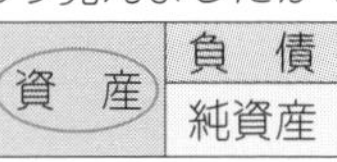

CASE9の仕訳

（当 座 預 金）	100	（現 金）	100

当座預金が増える⬆　手許の現金が減る⬇

当座預金

小切手を振り出したときの仕訳

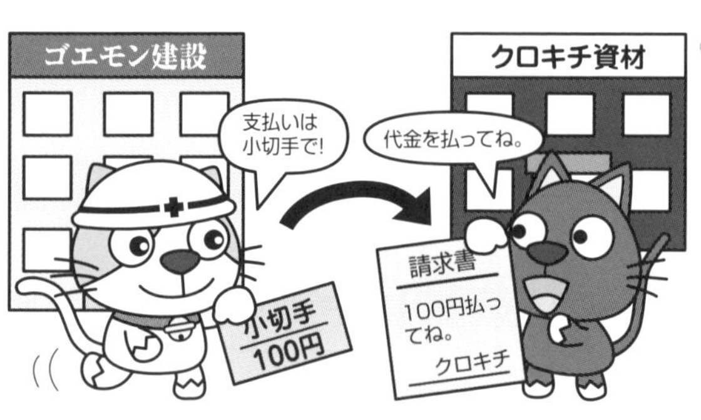

当座預金口座を開設したゴエモン建設は、クロキチ資材に対する掛け代金の支払いを小切手で行うことにしました。
そこで、さっそく銀行からもらった小切手帳に金額とサインを記入して、クロキチ資材に渡しました。

取引 ゴエモン建設はクロキチ資材に対する工事の掛け代金100円を支払うため、小切手を振り出して渡した。

小切手を振り出したときの仕訳

小切手を受け取った人（クロキチ資材）は、銀行にその小切手を持っていくと、現金を受け取ることができます。そして、その現金は小切手を振り出した人（ゴエモン建設）の当座預金口座から引き出されます。

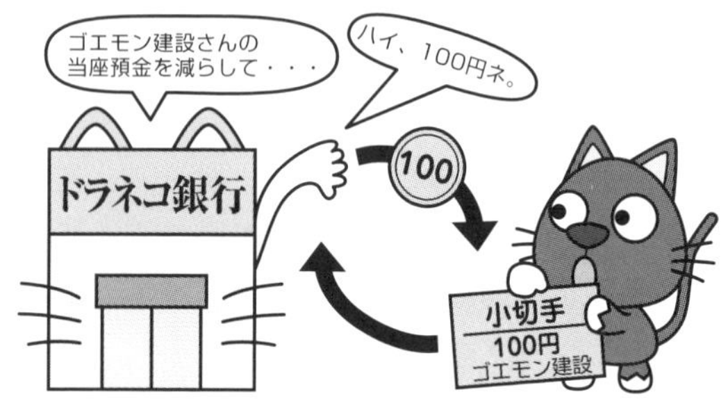

したがって、小切手を振り出した人（ゴエモン建設）は、小切手を振り出したときに**当座預金が引き出されたとして、当座預金（資産）**を減らします。

CASE10の仕訳

（工事未払金）	100	（当座預金）	100

資産の減少⬇

材料などの未払分を工事未払金といいます。詳しくはCASE 20で学習します。

自己振出小切手を受け取ったときの仕訳

なお、自分が振り出した小切手（**自己振出小切手**）を受け取ったときは、当座預金（資産）が増えたとして処理します。したがって、完成工事未収入金100円の回収にあたって、以前に自分が振り出した小切手を受け取ったという場合の仕訳は、次のようになります。

小切手を振り出したとき、当座預金の減少で処理しているので、その反対です。

（当座預金）	100	（完成工事未収入金）	100

考え方

①完成工事未収入金の回収
→ 完成工事未収入金の減少⬇ → 貸方
②自己振出小切手を受け取った
→ 当座預金の増加⬆ → 借方

だれが振り出したかで小切手の処理が異なる！

以上のように、**自己振出小切手**は**当座預金**で処理しますが、**他人振出小切手**は**現金**で処理します。

このように、小切手の処理は「だれが振り出したか」によって異なるので、注意しましょう。

違いに注意！

・自己振出小切手…当座預金で処理
・他人振出小切手…現金で処理

ただし、受け取った他人振出小切手をただちに当座預金口座に預け入れた場合などは、当座預金の増加で処理します。

問題集
問題5、6、7

CASE 11

当座借越

当座預金の残高を超えて引き出したときの仕訳

「普通は当座預金の残高を超える引き出しはできませんが、当座借越契約を結んでおけば当座預金の残高を超える引き出しができますよ」と銀行の担当者が言うので、ゴエモン建設はさっそく、そのサービスを利用することにしました。

取引 ゴエモン建設は工事未払金120円を小切手を振り出して支払った。なお、当座預金の残高は100円であったが、ゴエモン建設はドラネコ銀行と借越限度額300円の当座借越契約を結んでいる。

用語 **当座借越**…当座預金の残高を超えて当座預金を引き出すこと

当座借越とは

通常、当座預金の残高を超えて当座預金を引き出すことはできませんが、銀行と当座借越契約(とうざかりこしけいやく)という契約を結んでおくと、一定額（CASE11では300円）までは、当座預金の残高を超えて当座預金を引き出すことができます。

このように、当座預金の残高を超えて当座預金を引き出すことを、**当座借越**(とうざかりこし)といいます。

当座預金残高を超えて引き出したときの仕訳（二勘定制）

当座預金の残高を超えて引き出したときは、まず、当座預金の残高がゼロになるまでは当座預金（資産）を減らします。そして、当座預金の残高を超える金額は**当座借越**という**負債**の勘定科目で処理します。

CASE11では、当座預金の残高が100円なので、まず、当座預金（資産）100円を減らし、100円を超える金額20円（120円－100円）は**当座借越（負債）**として処理します。

当座借越は銀行から借り入れているのと同じなので、負債です。

資　産	負　債
	純資産

CASE11の仕訳

（工事未払金）	120	（当座預金）	100
		（当座借越）	20

負債の増加↑

このように、当座預金の預け入れや引き出しについて、**当座預金**と**当座借越**の２つの勘定科目を使って処理する方法を**二勘定制**といいます。

なお、当座借越は、貸借対照表上「短期借入金」として表示されます。

二勘定制以外の方法（一勘定制）については、あとの「参考」で説明します。

CASE 12

当座借越

当座預金口座へ預け入れたときの仕訳（当座借越がある場合）

ゴエモン建設は、ドラネコ銀行の当座預金口座に現金200円を預け入れました。
ただし、ドラネコ銀行には当座借越の残高が20円あります。この場合、どのような仕訳をしたらよいでしょうか？

取引 ゴエモン建設はドラネコ銀行の当座預金口座に現金200円を預け入れた。なお、ゴエモン建設はドラネコ銀行と借越限度額300円の当座借越契約を結んでおり、当座借越の残高は20円であった。

ここまでの知識で仕訳をうめると…

（ ）		（現 金）	200

現金の預け入れ

当座預金口座に預け入れたときの仕訳（二勘定制）

CASE12のように当座借越の残高がある場合に、当座預金口座に現金を預け入れたときは、まず**当座借越（負債）20円を返して、残り180円**（200円－20円）**を当座預金（資産）に預け入れた**として処理します。

CASE12の仕訳

（当 座 借 越）	20	（現 金）	200
（当 座 預 金）	180		

一勘定制

当座預金の預け入れや引き出しについて、**当座**という勘定科目のみで処理する方法もあり、この方法を**一勘定制**といいます。

一勘定制によって、当座預金の引き出しと預け入れの仕訳を示すと次のようになります。

[例1] 当座預金の残高を超えて引き出したときの仕訳

ゴエモン建設は工事未払金120円を小切手を振り出して支払った。なお、当座預金の残高は100円であったが、ゴエモン建設はドラネコ銀行と借越限度額300円の当座借越契約を結んでいる（一勘定制）。

すべて「当座」で処理

（工事未払金）	120	（当　　座）	120

[例2] 当座預金口座に預け入れたときの仕訳

ゴエモン建設は現金200円を当座預金口座に預け入れた（一勘定制）。なお、当座借越の残高が20円ある。

すべて「当座」で処理

（当　　座）	200	（現　　金）	200

問題集
問題8、9

CASE 13

銀行勘定調整表

預金残高が一致しないときの処理①

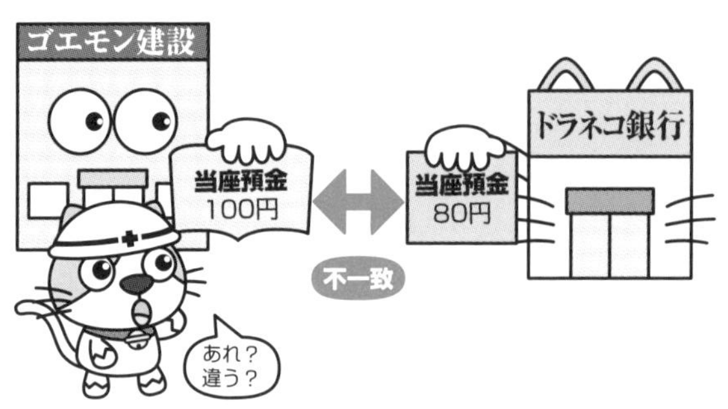

毎月末、ゴエモン建設では、銀行から取り寄せた当座預金の残高証明書と帳簿残高に差異がないかをチェックしていますが、当月末の残高は一致していませんでした。この場合、どんな処理をしたらよいでしょう？

取引 ゴエモン建設の当座預金の帳簿残高は100円であったが、ドラネコ銀行の残高証明書の残高は80円であった。なお、この差異は月末に現金20円を預け入れた際、銀行で翌日付けの入金として処理されていたために生じたものである。

用語 **（銀行）残高証明書**…銀行が発行する、ある時点での企業の預金残高を証明する書類

銀行勘定調整表とは

企業は月末や決算日など一定の時期に、銀行から当座預金の残高証明書（ある時点での企業の預金残高を銀行が証明する書類）を発行してもらい、これと帳簿残高を比べます。もし一致していないときには、その原因を調べて、正しい残高となるように調整します。

このような不一致の原因を特定して、正しい残高となるように調整するときに作成する表を**銀行勘定調整表**（ぎんこうかんじょうちょうせいひょう）といいます。

銀行勘定調整表の作成方法

銀行勘定調整表の作成方法には、**両者区分調整法**、

企業残高基準法、**銀行残高基準法**の3つがあります。このうち、両者区分調整法は企業側の当座預金残高と銀行の残高証明書残高を基準として、これに不一致原因を加減し、両者の金額を一致させる方法です。

ベースとなるのは両者区分調整法なので、このテキストでは両者区分調整法によって説明します（企業残高基準法と銀行残高基準法については、あとの参考で説明します）。

銀行勘定調整表の記入（時間外預入）

CASE13では、現金20円についてゴエモン建設がすでに入金処理しているにもかかわらず、銀行ではまだ入金処理されていないために不一致が生じています。そこで、この20円を**時間外預入**として、**銀行残高に加算します。**

企業：処理済（＋）
銀行：未処理
…だから銀行残高に＋

銀行勘定調整表（両者区分調整法）
×年×月×日　（単位：円）

当社の帳簿残高	100	銀行の残高証明書残高	80
（加算）		（加算）	
–		時間外預入	＋20
（減算）		（減算）	
–		–	
	100		100

ゴエモン建設の帳簿残高
銀行の残高証明書残高
一致

時間外預入は修正仕訳不要！

企業の当座預金残高と銀行の残高証明書残高が一致しない原因はいくつかあり、その原因によって修正仕訳が必要なものと修正仕訳が不要なものがあります。

CASE13～18で順番にみていきます。

CASE13のように、銀行の営業時間後に入金されたことにより、企業の当座預金残高と銀行の残高証明書残高に不一致が生じた場合（**時間外預入**といいます）には、翌日になれば差異が解消するため、**修正仕訳は必要ありません。**

ゴエモン建設は待っていれば差異が解消するので、なんの仕訳もしません。

CASE13の仕訳

仕訳なし

CASE 14 銀行勘定調整表

預金残高が一致しないときの処理②

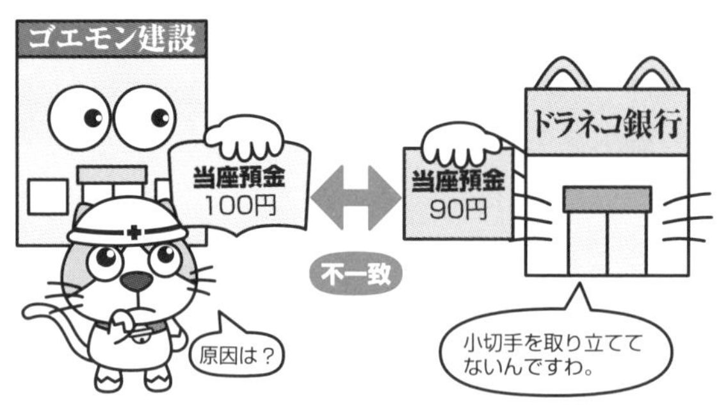

当座預金の帳簿残高100円と銀行残高証明書の残高90円との差異の原因を調べたら、以前シロミ物産が振り出した小切手について、代金の取り立てをお願いしたのに、銀行がまだ取り立てていないことがわかりました。

取引 ゴエモン建設の当座預金の帳簿残高は100円であったが、ドラネコ銀行の残高証明書の残高は90円であった。なお、この差異はシロミ物産から受け入れた小切手10円の取り立てを銀行に依頼していたが、まだ銀行が取り立てていないために生じたものである。

未取立小切手とは

他人（シロミ物産）が振り出した小切手を銀行に預け入れ、その代金の取り立てを依頼したにもかかわらず、銀行がまだ取り立てていない小切手を**未取立小切手**（みとりたてこぎって）といいます。

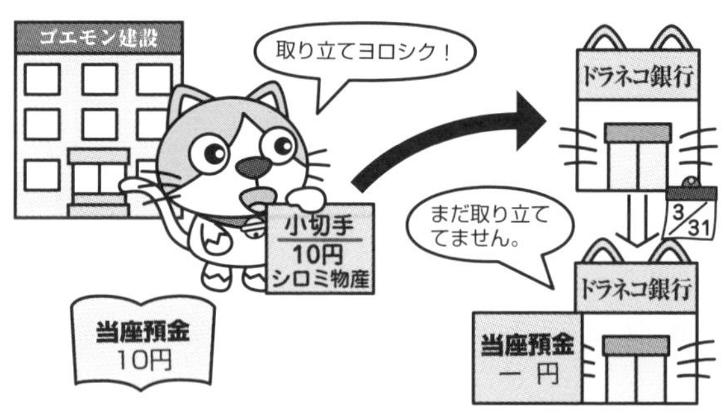

銀行勘定調整表の記入（未取立小切手）

CASE14（未取立小切手）では、ゴエモン建設は小切手10円を銀行に預け入れたときに当座預金の増加として処理していますが、銀行ではまだ取り立てていないため（未処理）、両者の残高に不一致が生じています。

したがって、この10円を**未取立小切手**として**銀行残高に加算**し、両者の差異を調整します。

企業：処理済（＋）
銀行：未処理
…だから銀行残高に＋

銀行勘定調整表（両者区分調整法）
×年×月×日　（単位：円）

当社の帳簿残高	100	銀行の残高証明書残高	90
（加算）		（加算）	
－		未取立小切手	＋10
（減算）		（減算）	
－		－	
	100	一致	100

未取立小切手は修正仕訳不要！

未取立小切手は、銀行が取り立てれば（時間がたてば）両者の差異が解消します。

したがって、**修正仕訳は必要ありません。**

ゴエモン建設は待っていれば差異が解消するので、なんの仕訳もしません。

CASE14の仕訳

仕　訳　な　し

CASE 15

銀行勘定調整表

預金残高が一致しないときの処理③

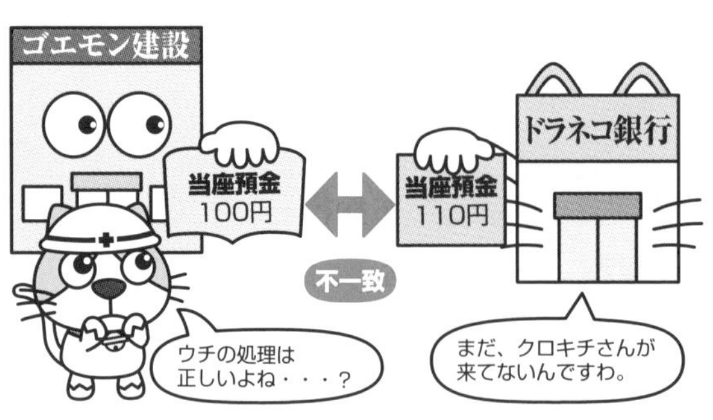

当座預金の帳簿残高100円と銀行残高証明書の残高110円の差異の原因を調べたら、以前クロキチ資材に対して振り出した小切手をクロキチ資材がまだ銀行に持ち込んでいない（銀行残高が減っていない）ことがわかりました。

取引 ゴエモン建設の当座預金の帳簿残高は100円であったが、ドラネコ銀行の残高証明書の残高は110円であった。なお、この差異はクロキチ資材に対する工事未払金を支払うために振り出した小切手10円が、まだ銀行に呈示されていないために生じたものである。

用語 **呈示（＝取付け）**…（クロキチ資材が銀行に）差し出し、現金等を受け取ること

未取付小切手とは

取引先（クロキチ資材）に振り出した小切手のうち、取引先が銀行に持ち込んでいない（**未取付け**といいます）ものを**未取付小切手**（みとりつけこぎって）といいます。

銀行勘定調整表の記入（未取付小切手）

CASE15（未取付小切手）では、ゴエモン建設は小切手10円を振り出したときに当座預金の減少として処理していますが、銀行では小切手が持ち込まれたときに支払いの処理をする（まだ持ち込まれていないので当座預金の減少として処理していない）ので、両者の残高に不一致が生じています。

したがって、この10円を**未取付小切手**として**銀行残高より減算**して、両者の差異を調整します。

企業：処理済（−）
銀行：未処理
…だから銀行残高を−

銀行勘定調整表（両者区分調整法）
×年×月×日　（単位：円）

当社の帳簿残高	100	銀行の残高証明書残高	110
（加算）		（加算）	
−			
（減算）		（減算）	
−		未取付小切手	−10
	100	←一致→	100

未取付小切手は修正仕訳不要！

未取付小切手は、取引先が小切手を銀行に持ち込めば（時間がたてば）両者の差異が解消します。

したがって、**修正仕訳は必要ありません。**

ゴエモン建設は待っていれば差異が解消するので、なんの仕訳もしません。

CASE15の仕訳

仕　訳　な　し

CASE 16

銀行勘定調整表

預金残高が一致しないときの処理④

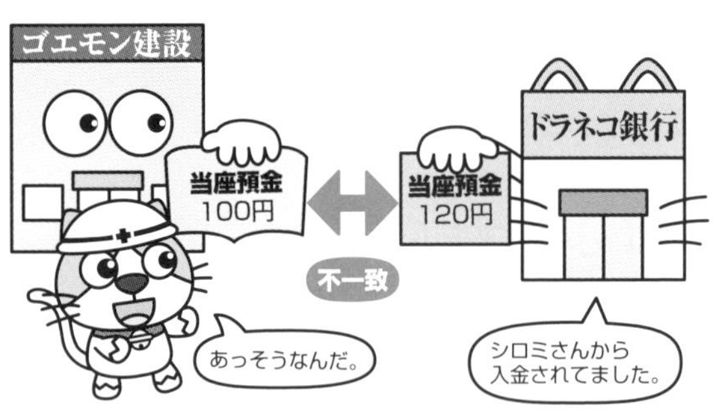

当座預金の帳簿残高100円と銀行残高証明書の残高120円との差異の原因を調べたら、シロミ物産に対する完成工事未収入金が回収されて入金されているにもかかわらず、銀行から連絡がないため、ゴエモン建設では入金処理をしていないことがわかりました。

取引 ゴエモン建設の当座預金の帳簿残高は100円であったが、ドラネコ銀行の残高証明書の残高は120円であった。なお、この差異20円はシロミ物産に対する完成工事未収入金が当座預金口座に振り込まれたにもかかわらず、ゴエモン建設に連絡が未達のため生じたものである。

連絡未通知とは

当座振込みや当座引落しがあったにもかかわらず、企業にその連絡がないことを**連絡未通知**といいます。

銀行勘定調整表の記入（連絡未通知）

CASE16（連絡未通知）では、完成工事未収入金20円が回収されたときに銀行で入金処理をしていますが、連絡が未達のため、ゴエモン建設では当座預金の増加の処理をしていないことにより、両者の残高に不一致が生じています。

企業：未処理
銀行：処理済（＋）
…だから企業残高に＋

したがって、この20円を**入金連絡未通知**として**企**

業残高に加算して、両者の差異を調整します。

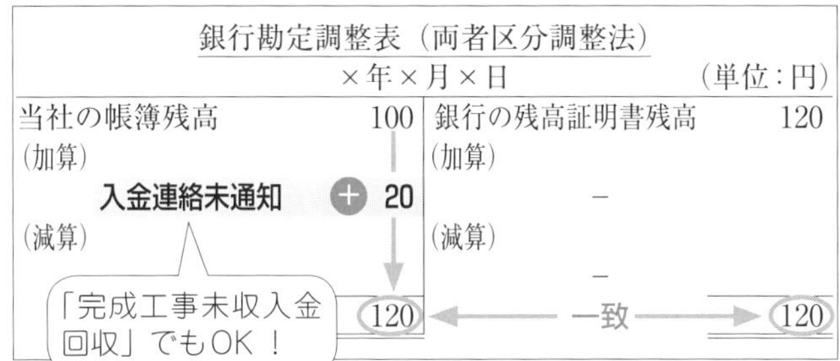

銀行勘定調整表（両者区分調整法）

×年×月×日　　(単位：円)

当社の帳簿残高	100	銀行の残高証明書残高	120
(加算)		(加算)	
入金連絡未通知	＋ **20**	–	
(減算)		(減算)	
		–	
	120	←一致→	120

連絡未通知は修正仕訳が必要！

連絡未通知は、企業が処理しなければ、いつまでたっても差異が解消しません。

したがって、**修正仕訳が必要となります。**

待っていても差異が解消しないので、修正仕訳（完成工事未収入金の回収の仕訳）が必要です。

CASE16の仕訳

(当　座　預　金)	20	(完成工事未収入金)	20

銀行勘定調整表

預金残高が一致しないときの処理⑤

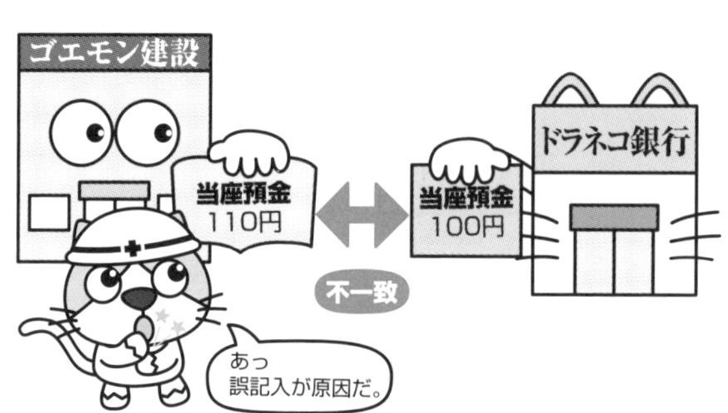

当座預金の帳簿残高110円と銀行残高証明書の残高100円との差異の原因を調べたら、完成工事未収入金50円が当座預金口座に振り込まれたときに、60円として処理していたことがわかりました。

取引 ゴエモン建設の当座預金の帳簿残高は110円であったが、ドラネコ銀行の残高証明書の残高は100円であった。なお、この差異は、完成工事未収入金50円の当座振込みを60円と誤って記入していたため生じたものであることが判明した。

銀行勘定調整表の記入（誤記入）

CASE17では、ゴエモン建設が完成工事未収入金の当座振込額50円を、60円として10円多く入金処理しているため、両者の残高に不一致が生じています。

したがって、この10円を**完成工事未収入金誤記入**として**企業残高より減算**し、両者の差異を調整します。

なお、ゴエモン建設が完成工事未収入金の当座振込額50円を45円として、5円少なく入金処理している場合は、この5円を企業残高に加算することになります。

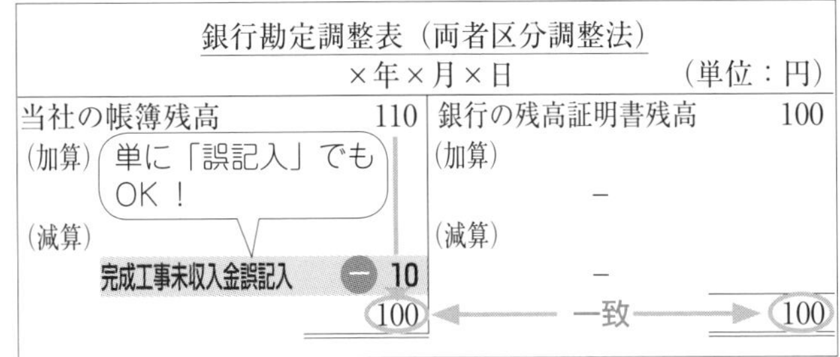

誤記入は修正仕訳が必要！

誤記入は、企業が正しい処理をしなければ、いつまでたっても差異が解消しません。

待っていても差異が解消しないので、修正仕訳が必要です。

したがって、**修正仕訳が必要となります。**

なお、誤記入の修正仕訳は、誤った仕訳を取り消す仕訳（誤った仕訳の逆仕訳）と正しい仕訳を合計した仕訳となります。

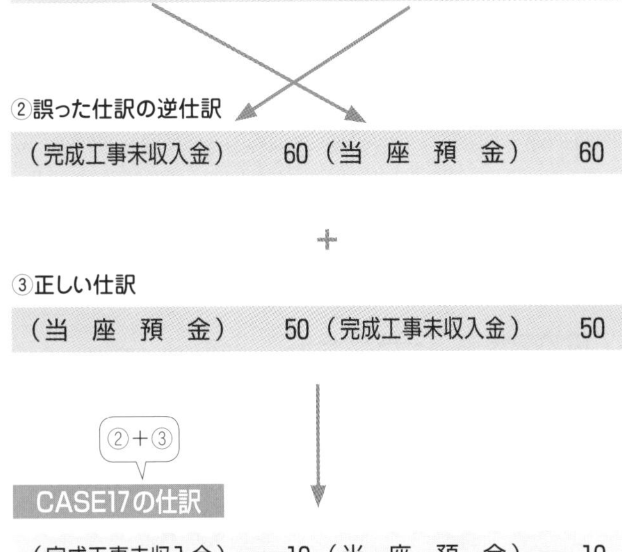

これで誤った仕訳を取り消すことになります。

CASE 18

銀行勘定調整表

預金残高が一致しないときの処理⑥

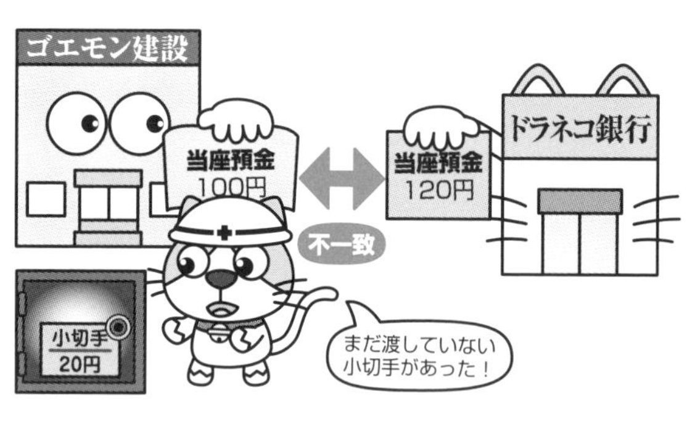

当座預金の帳簿残高100円と銀行残高証明書の残高120円の差異の原因を調べたら、工事未払金20円の支払いのために小切手を振り出し、当座預金の減少として処理していたにもかかわらず、その小切手を相手に渡していないことがわかりました。

取引 ゴエモン建設の当座預金の帳簿残高は100円であったが、ドラネコ銀行の残高証明書の残高は120円であった。なお、この差異は工事未払金20円の支払いのために振り出した小切手が、金庫に保管されたままであるために生じたものであることが判明した。

未渡小切手とは

取引先に渡すつもりで、すでに小切手を作成し、当座預金の減少として処理しているにもかかわらず、なんらかの原因で取引先にまだ渡していない小切手を、**未渡小切手**（みわたしこぎって）といいます。

銀行勘定調整表の記入（未渡小切手）

CASE18（未渡小切手）では、ゴエモン建設は小切手20円を作成したときに当座預金の減少として処理したにもかかわらず、この小切手をまだ取引先に渡していませんでした。そのため銀行では当然なんの処理もしていませんので、両者に差異が生じます。

したがって、この20円を**未渡小切手**として**企業残高に加算**し、両者の差異を調整します。

企業：処理済（－）
銀行：未処理
…まだ企業の手許に小切手があるので企業残高に＋

銀行勘定調整表（両者区分調整法）
×年×月×日　（単位：円）

当社の帳簿残高	100	銀行の残高証明書残高	120
（加算）		（加算）	
未渡小切手	＋ 20	－	
（減算）		（減算）	
－		－	
	120	←一致→	120

未渡小切手は修正仕訳が必要！

未渡小切手は、企業の手許に小切手がある（当座預金が減っていない）ので、以前行った当座預金の減少の仕訳を取り消すための**修正仕訳が必要となります。**

◆小切手を振り出したときの仕訳

（工事未払金）　20（当座預金）　20

CASE18の仕訳

（当座預金）　20（工事未払金）　20

なお、広告費などの費用を支払うために作成した小切手が未渡しのときは、費用を減少させるのではなく、未払金（負債）で処理します。

したがって、仮にCASE18の未渡小切手が**広告費の支払い**のために作成されたものであった場合の修正仕訳は次のようになります。

◆小切手を振り出したときの仕訳

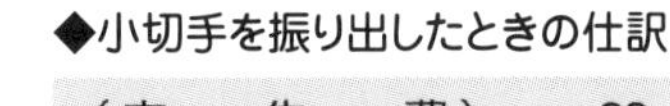

（広告費）	20	（当座預金）	20

（当座預金）	20	（未払金）	20

費用の支払いのために振り出した未渡小切手⇒未払金で処理

修正仕訳が不要なもの、必要なもの（まとめ）

以上より、修正仕訳が不要なものと必要なものをまとめると次のとおりです。

修正仕訳が不要なもの、必要なもの

修正仕訳が不要	時間外預入、未取立小切手、未取付小切手
修正仕訳が必要	連絡未通知、誤記入、未渡小切手

問題集
問題10、11

その他の銀行勘定調整表の作成方法

両者区分調整法以外の銀行勘定調整表の作成方法について、以下の例を使って簡単にみていきましょう。

[例] 当社の当座預金の帳簿残高は100円、銀行の残高証明書の残高は110円だったので、不一致の原因を調べたところ、次のことが判明した。

a. 銀行の時間外預入が20円あった（時間外入金20円）。

b. 得意先から受け入れた小切手10円が未取立てであった（未取立小切手10円）。

c. 工事未払金の支払いのために振り出した小切手25円が未呈示であった（未取付小切手25円）。

d. 完成工事未収入金10円の振り込みがあったが、当社に未達であった（入金連絡未通知10円）。

e. 完成工事未収入金の振込額15円を誤って20円と記入していた（完成工事未収入金誤記入５円）。

f. 工事未払金の支払いのために振り出した小切手10円が未渡しであった（未渡小切手10円）。

(1) 企業残高基準法

企業残高基準法は、企業の帳簿残高を基準として、これを調整することにより、銀行の残高に一致させる方法です。

企業残高基準法による銀行勘定調整表は、両者区分調整法による銀行勘定調整表から次ページのように作成します。

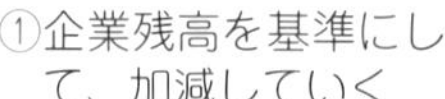

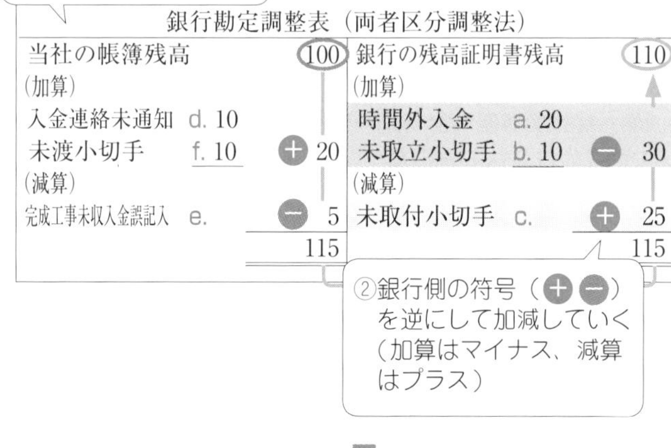

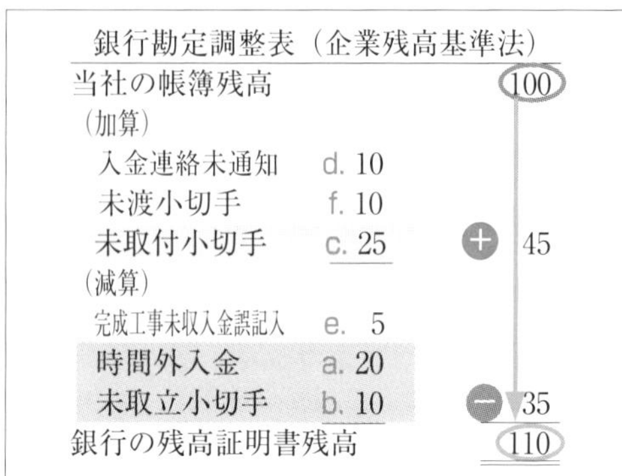

銀行勘定調整表（企業残高基準法）

当社の帳簿残高		100
（加算）		
入金連絡未通知	d. 10	
未渡小切手	f. 10	
未取付小切手	c. 25	＋ 45
（減算）		
完成工事未収入金誤記入	e. 5	
時間外入金	a. 20	
未取立小切手	b. 10	－ 35
銀行の残高証明書残高		110

(2) 銀行残高基準法

銀行残高基準法は、銀行の残高を基準として、これを調整することにより、企業の残高に一致させる方法です。

銀行残高基準法による銀行勘定調整表は、両者区分調整法による銀行勘定調整表から次のように作成します。

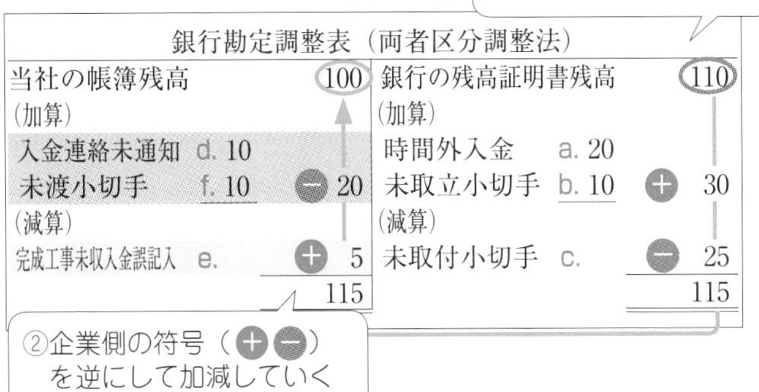

銀行勘定調整表（両者区分調整法）

当社の帳簿残高			100	銀行の残高証明書残高			110
（加算）				（加算）			
入金連絡未通知	d. 10			時間外入金	a. 20		
未渡小切手	f. 10	−	20	未取立小切手	b. 10	+	30
（減算）				（減算）			
完成工事未収入金誤記入	e.	+	5	未取付小切手	c.	−	25
			115				115

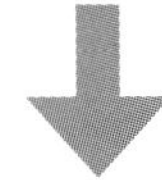

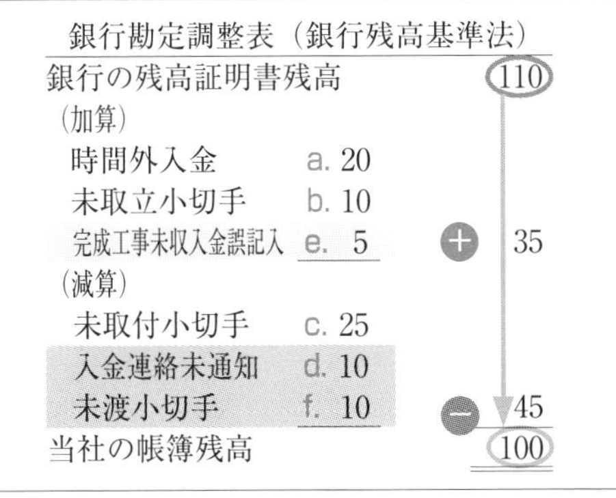

銀行勘定調整表（銀行残高基準法）

銀行の残高証明書残高			110
（加算）			
時間外入金	a. 20		
未取立小切手	b. 10		
完成工事未収入金誤記入	e. 5	+	35
（減算）			
未取付小切手	c. 25		
入金連絡未通知	d. 10		
未渡小切手	f. 10	−	45
当社の帳簿残高			100

第3章

建設業における債権・債務

商品売買の場合には、
売掛金や買掛金で処理していた債権・債務は
建設業ではどう処理するのだろう。

ここでは、建設業における債権・債務の処理についてみていきましょう。

CASE 19

前渡金(未成工事支出金)

材料の注文時に内金を支払ったときの仕訳

ゴエモン君は、クロキチ資材に材料100円を買いに行きました。しかし、材料は、いま在庫が切れていて10日後に入荷されるそうです。そこで、材料の注文をするとともに、内金として20円を支払いました。

取引 ゴエモン建設はクロキチ資材に材料100円を注文し、内金として20円を、現金で支払った。

用語 **内　金**…代金の一部を前払いしたときのお金

ここまでの知識で仕訳をうめると…

(　　　　　)		(現　　　金)	20

現金の減少で支払った

手付金（てつけきん）ということもあります。

この時点ではまだ材料などを受け取っていない（注文しただけ）ので、材料などの計上の仕訳はしません。

未成工事支出金（資産）として処理することもあるので、問題文の指示に従いましょう。

材料の注文時に内金を支払ったときの仕訳

材料を注文したり、工事を外注したときに代金の一部を内金（うちきん）として前払いすることがあります。内金を支払うことにより、買主（ゴエモン建設）は、あとで材料などを受け取ることができるため、このあとで材料などを受け取ることができる権利を**前渡金**（まえわたしきん）**（資産）**として処理します。

CASE19の仕訳

(前　渡　金)	20	(現　　　金)	20

資産の増加

CASE 20 工事未払金

内金を支払って材料を仕入れたときの仕訳

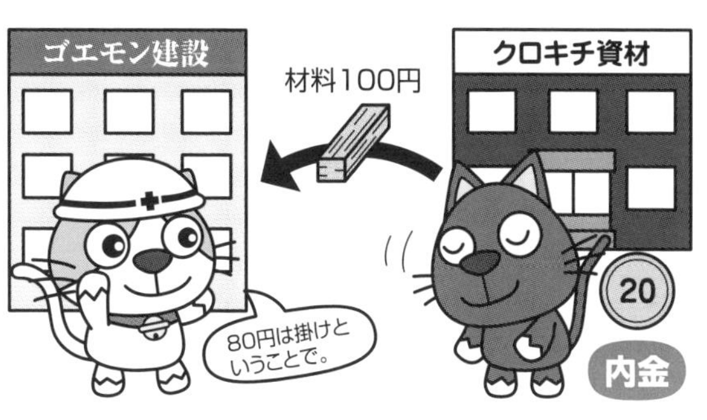

内金を支払って10日後。
ゴエモン建設はクロキチ資材から材料を受け取りました。代金100円のうち、20円は内金として支払っている分を充て、残りは掛けとしました。

取引 ゴエモン建設はクロキチ資材から材料100円を受け取り、代金のうち20円は注文時に支払った内金と相殺し、残額は掛けとした。

材料を受け取ったときの仕訳

材料を受け取ったときに**材料（資産）**の計上を行います。

（材　　　　料）	100	（　　　　　　）	

また、材料を受け取ると、あとで材料を受け取る権利がなくなるので、**前渡金（資産）の減少**として処理します。

なお、内金を相殺（そうさい）した残額は掛けとしているため、その残額は**工事未払金（負債）**で処理します。

材料などの資産を受け取ったにも関わらず、まだ支払っていないお金です。商品売買の場合は買掛金（負債）となります。

CASE20の仕訳

（材　　　　料）	100	（前　渡　金）	20
		（工事未払金）	80

差額 100円－20円

CASE 21 未成工事受入金

工事の受注時に内金を受け取ったときの仕訳

内金の受け取りについてみてみましょう。
ゴエモン建設はクロキチ資材から工事の注文を受け、このとき内金20円を現金で受け取りました。

取引 ゴエモン建設は、クロキチ資材から工事100円の注文を受け、内金として20円を現金で受け取った。

ここまでの知識で仕訳をうめると…

（現　　　金）	20	（　　　　　）	

現金で受け取った⬆

工事の受注時に内金を受け取ったときの仕訳

工事の受注時に内金を受け取ったことにより、売主（ゴエモン建設）は、あとで工事を行わなければならない義務が生じます。

この、あとで工事を行わなければならない義務は、**未成工事受入金（負債）**として処理します。

この時点ではまだ建物を引き渡していないため、完成工事高は計上されません。

CASE21の仕訳

（現　　　金）	20	（未成工事受入金）	20

負債の増加⬆

CASE 22　完成工事未収入金

工事が完成し引き渡したときの仕訳

ゴエモン建設は工事が完成し、クロキチ資材に、建物を引き渡し、代金100円のうち、20円は内金として受け取っている分を充て、残りは掛けとしました。

取引 ゴエモン建設は、クロキチ資材に建物100円を引き渡し、代金のうち20円は受注時に受け取った内金と相殺し、残額は掛けとした。

工事が完成し引き渡したときの仕訳

工事が完成し引き渡したときに**完成工事高（収益）**を計上します。

（　　　　　）		（完成工事高）	100

また、建物を引き渡すことにより、あとで建物を引き渡さなければならなかった義務がなくなるので、**未成工事受入金（負債）の減少**として処理します。

なお、内金を相殺した残額は掛けとしているため、その残額は**完成工事未収入金（資産）**で処理します。

工事が完成し引き渡したけれども、まだ受け取っていないお金です。商品売買の場合は売掛金（資産）となります。

CASE22の仕訳

（未成工事受入金）	20	（完成工事高）	100
（完成工事未収入金）	80		

差額
100円－20円

問題集
問題12、13

CASE 23 返品

材料の返品があったときの仕訳

ゴエモン建設は先日、クロキチ資材から材料を仕入れました。
ところが、このうち10円分について注文した材料と違うものが届いていたため、それをクロキチ資材に返品しました。

取引 ゴエモン建設は、クロキチ資材より仕入れた材料100円のうち10円を品違いのため、返品した。

用語 **返　品**…材料を返すこと

仕入れた材料を返品したときの仕訳

注文した材料と違う材料が送られてきたときは、材料を返品します。このように、いったん仕入れた材料を仕入先に返すことを**返品（戻し）**といいます。

返品（戻し）をしたときは、返品分の材料の仕入れがなかったことになるため、**返品分の材料を取り消します**。

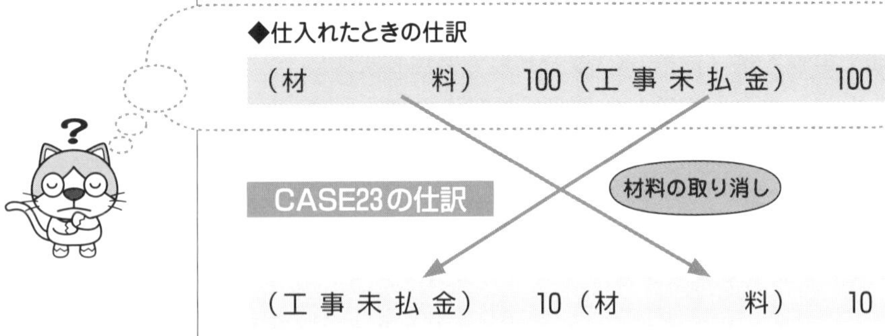

◆仕入れたときの仕訳

（材　　　料）	100	（工 事 未 払 金）	100

CASE23の仕訳

材料の取り消し

（工 事 未 払 金）	10	（材　　　料）	10

CASE 24 値引き

値引きがあったときの仕訳

先日、クロキチ資材から仕入れた材料にちょっとした傷があるのを発見しました。ひどい傷なら返品しますが、それほどの傷ではなかったので、返品しないで代金を10円まけてもらうことにしました。

取引 クロキチ資材より仕入れた材料100円に少し傷がついていたため10円の値引きをしてもらった。

用語 **値引き**…代金を下げて（まけて）もらうこと

値引きをしてもらったときの仕訳

仕入れた材料に傷や汚れなどがあり、材料の代金をまけて（下げて）もらうことがあります。これを**値引き**といいます。

> 傷や汚れを汚損（おそん）といいます。

値引きをしてもらったときには、値引いてもらった分、安く仕入れたことになります。したがって、値引分の材料の仕入れがなかったとして、**値引分の材料を取り消します**。

> ただし、材料は返品しません。

◆仕入れたときの仕訳

（材　　　料）	100	（工事未払金）	100

材料の取り消し

CASE24の仕訳

（工事未払金）	10	（材　　　料）	10

問題集
問題14

割戻し

割戻しを受けたときの仕訳

ゴエモン建設は、クロキチ資材から一定額以上の材料を仕入れた場合、リベート（割戻し）を受け取ることになっています。そして、先日の仕入金額が一定額を超えたため、10円の割戻しを受け、工事未払金と相殺しました。

取引 材料仕入先クロキチ資材から10円の割戻しを受け、工事未払金と相殺した。

用語 **割戻し**…一定期間に大量の材料を仕入れてくれた取引先に対して、代金の一部を返すこと

割戻しとは

一定の期間に大量の材料等を仕入れてくれた取引先に対して、リベートとして代金の一部を返すことがあります。これを**割戻し**（わりもどし）といいます。

割戻しを受けたときの処理

割戻しを受けたときは、値引きや返品のときと同様に**材料仕入を取り消す処理**をします。

したがって、CASE25の仕訳は次のようになります。

CASE25の仕訳

（工事未払金）	10	（材　　料）	10

CASE 26

割引き

割引きを受けたときの仕訳

先日、クロキチ資材から材料100円を掛けで仕入れましたが、その支払条件に10日以内に代金を支払えば2%を割り引くというものがありました。
そこで、割引きを受けるため、仕入日から8日後の今日、工事未払金100円を支払うことにしました。

取引 工事未払金100円の支払いについて、割引有効期間内の支払いにつき2%の割引きを受け、残額を小切手を振り出して支払った。

割引きとは

掛け代金を早期に支払うことにより、掛け代金のうち利息相当分を免除してもらえることがあります。この利息相当分の免除を**割引き**（わりびき）といい、仕入側（ゴエモン建設）は**仕入割引**（しいれわりびき）で処理します。

仕入割引を受けたときの仕訳

仕入割引を受けたときは、工事未払金の早期決済によって免除される利息分を**仕入割引（収益）**として処理します。

したがって、CASE26の仕訳は次のようになります。

工事未払金のうち利息相当分を免除してもらうわけですから、仕入割引は利息（受取利息）的な性格を有します。

CASE26の仕入割引

・100円×２％＝２円

CASE26の仕訳

（工事未払金）	100	（仕入割引）	2
		（当座預金）	98

貸借差額

割戻しは材料を取り消す処理をしましたよね？ 違いに注意！

完成工事未収入金の回収と売上割引

掛け代金（完成工事未収入金）を早期に支払ってもらったときに、売上側が利息分を免除する場合には、**売上割引（費用）**で処理します。

売上割引は支払利息の性質を持ちます。

例 完成工事未収入金80円を早期に回収したため、当初の契約にもとづいて４円の割引きを行い、残額が当座預金口座に振り込まれた。

（売上割引）	4	（完成工事未収入金）	80
（当座預金）	76		

問題集
問題15

第4章

手　形

今月はちょっと資金繰りが苦しいから、
代金の支払期日をなるべく延ばしたい…。
そんなときは、手形というものを使うといいらしい。

ここでは手形の処理についてみていきましょう。

CASE 27 約束手形

約束手形を振り出したときの仕訳

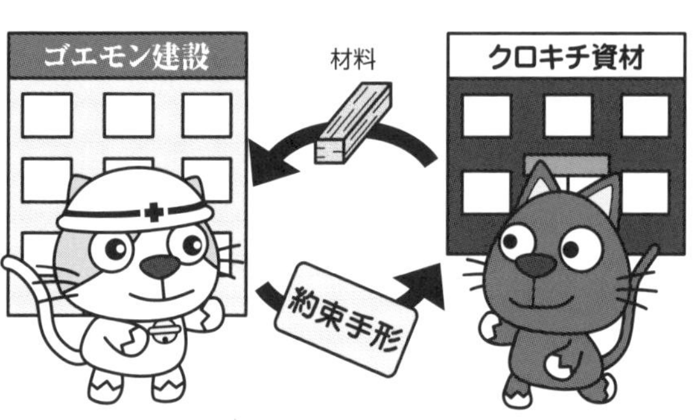

今月は資金繰りが少し苦しい状態です。そこで、代金の支払期日を遅らせる手段がないかと調べてみたところ、約束手形を使うとよさそうなことがわかったので、さっそく使ってみることにしました。

取引 ゴエモン建設は、クロキチ資材から材料100円を仕入れ、代金は約束手形を振り出して渡した。

用語 約束手形…「いつまでにいくらを支払う」ということを書いた証券

ここまでの知識で仕訳をうめると…

（材　　　料）100（　　　　　）

材料を仕入れた

約束手形とは？

約束手形（やくそくてがた）とは、一定の日にいくらを支払うという約束を記載した証券をいいます。

No. 12　約　束　手　形

支払期日：代金支払いの期限

約束手形の代金を受け取る人

クロキチ資材　殿

金額　¥100※

支払期日	×1年 9 月30日
支払地	東京都港区
支払場所	ドラネコ銀行港支店

上記金額をあなたまたはあなたの指図人へこの約束手形と引き換えにお支払いいたします。

×1年 7 月10日

振出地 住所　東京都港区××

振出人　ゴエモン建設

猫野ゴエモン（猫野）

振出人：約束手形を振り出した人

掛け取引の場合の支払期日は取引の日から約１カ月後ですが、約束手形の支払期日は、取引の日から２、３カ月後に設定することができます。

したがって、代金を掛けとするよりも約束手形を振り出すほうが、支払いを先に延ばすことができるのです。

約束手形を振り出したときの仕訳

約束手形を振り出したときは、あとで代金を支払わなければならないという義務が生じます。

この約束手形による代金の支払義務は、**支払手形（負債）**として処理します。

支払手形は負債なので、増えたら貸方！

資　産	負　債
	純資産

CASE27の仕訳

（材　　料）	100	（支払手形）	100
		負債の増加⬆	

約束手形の代金を支払ったときの仕訳

また、約束手形の支払期日に手形代金を支払ったときは、代金の支払義務がなくなるので、**支払手形（負債）の減少**として処理します。

したがって、CASE27の約束手形の代金を、仮に当座預金口座から支払ったとした場合の仕訳は、次のようになります。

（支払手形）	100	（当座預金）	100
負債の減少⬇			

問題集
問題16

CASE 28 約束手形

約束手形を受け取ったときの仕訳

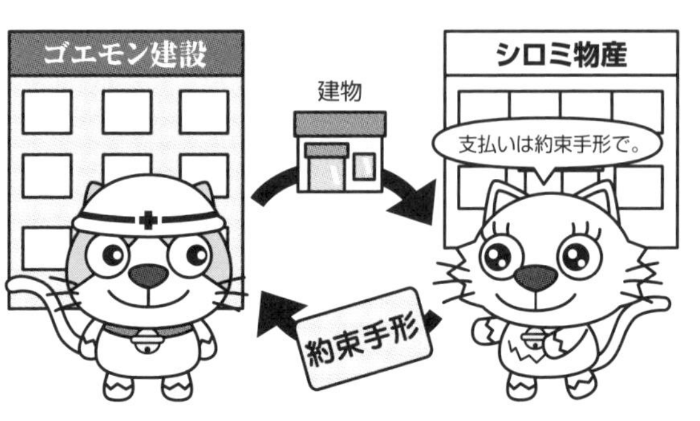

今日、ゴエモン建設はシロミ物産に対する完成工事未収入金200円を約束手形で回収しました。
通常、シロミ物産とは掛けで取引をしているのですが、今日はシロミ物産から約束手形を受け取りました。

取引 ゴエモン建設は、シロミ物産に対する完成工事未収入金200円を約束手形で回収した。

ここまでの知識で仕訳をうめると…

( )		(完成工事未収入金)	200

完成工事未収入金を回収した
資産の減少

約束手形を受け取ったときの仕訳

約束手形を受け取ったときは、あとで代金を受け取ることができるという権利が生じます。この約束手形による代金を受け取る権利は、**受取手形（資産）**として処理します。

受取手形は資産なので、増えたら借方！

資　産	負　債
	純資産

CASE28の仕訳

(受取手形)	200	(完成工事未収入金)	200

資産の増加

約束手形の代金を受け取ったときの仕訳

また、約束手形の支払期日に手形代金を受け取ったときは、代金を受け取る権利がなくなるので、**受取手形（資産）の減少**として処理します。

したがって、CASE28の約束手形の代金が、仮に当座預金口座に振り込まれたとした場合の仕訳は、次のようになります。

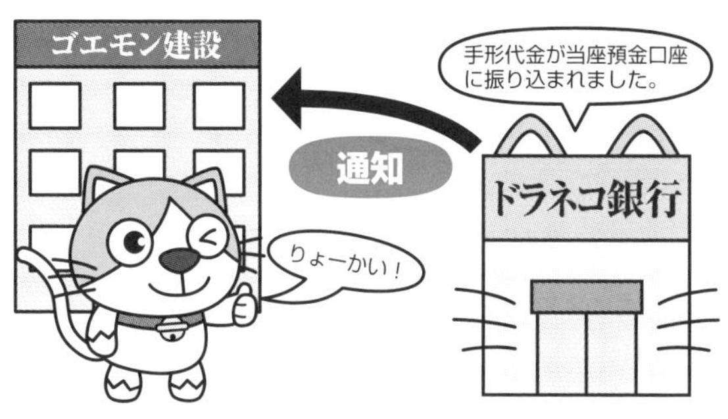

（当座預金）	200	（受取手形）	200
		資産の減少↓	

約束手形を取りまく登場人物の呼び名

約束手形の取引において、約束手形を振り出した人を**振出人**（ふりだしにん）、約束手形を受け取った人を**受取人**（うけとりにん）または**名宛人**（なあてにん）といいます。

名前は覚えなくても、振り出した側か受け取った側かがわかれば仕訳はつくれます。

問題集
問題17

約束手形

自己振出手形を回収したときの仕訳

本日、工事代金を手形で回収したところ、この手形は以前自社が振り出した支払手形でした。この手形はどのように処理するのでしょうか？

取引 ゴエモン建設は、シロミ物産に対する完成工事未収入金200円を、以前自社が振り出した約束手形で回収した。

自己振出手形の回収の仕訳

工事代金を手形で回収する際、まれに自社が以前に振り出した支払手形で回収することがあります。

この場合、過去に振り出した支払手形の支払義務が消滅するため、受取手形の増加ではなく、以前振り出した**支払手形の回収（減少）**として処理します。

なお、このときの相手科目（貸方）は**完成工事未収入金（資産）**で処理します。

CASE29の仕訳

（支　払　手　形）	200	（完成工事未収入金）	200
負債の減少		資産の減少	

問題集
問題18

CASE 30 約束手形

主たる営業活動以外から生じた手形

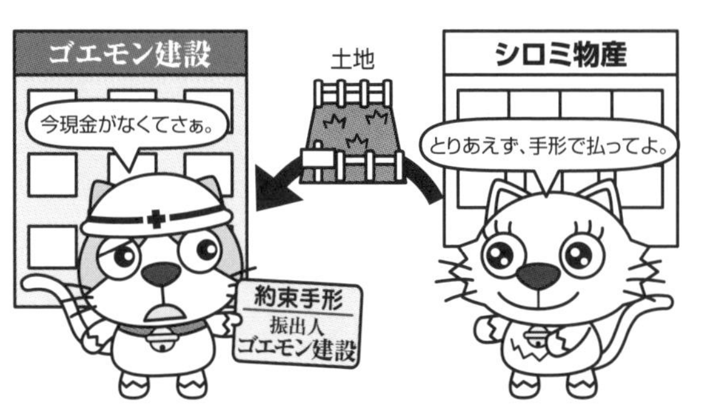

ゴエモン建設では、機械や車両、自社ビルなどさまざまな固定資産を利用しています。
これらを手形で購入した場合、どのような処理をするのでしょう?

取引 ゴエモン建設はシロミ物産から土地を購入し、100円の約束手形を振り出した。

営業外の手形の処理

主たる営業活動（建設業では請負工事、小売業では仕入れと販売）に関連して生じた手形は、受取手形および支払手形で処理します。

しかし、手形の受け払いは主たる営業活動以外にも固定資産や有価証券の売買などで使われます。この場合には、受取手形および支払手形と区別して、手形の受取人は**営業外受取手形**、手形の支払人は**営業外支払手形**で処理します。

CASE30の仕訳

（土　　　地）	100	（営業外支払手形）	100
資産の増加↑		負債の増加↑	

問題集
問題19

CASE 31

為替手形

為替手形を振り出したときの仕訳

ゴエモン建設には、シロミ物産に対する完成工事未収入金と、クロキチ資材に対する工事未払金があります。
そこで、為替手形を振り出して、シロミ物産から直接クロキチ資材に代金を支払ってもらうようにしました。

取引 ゴエモン建設は、クロキチ資材に対する工事未払金100円を支払うため、かねて完成工事未収入金のあるシロミ物産を名宛人とする為替手形を振り出し、シロミ物産の引き受けを得てクロキチ資材に渡した。

用語 **為替手形**…自分の代わりに代金の支払いをお願いする証券
名宛人(為替手形の場合)…手形代金を支払う人
(為替手形の)**引き受け**…「手形代金の支払いを引き受けますよ」ということ

為替手形で自分の代わりに代金を支払ってもらう

為替手形(かわせてがた)とは、手形を振り出した人(ゴエモン建設)が、得意先(シロミ物産)などに対して、「決められた日にいくらをだれ(クロキチ資材)に支払ってください」とお願いする証券をいいます。

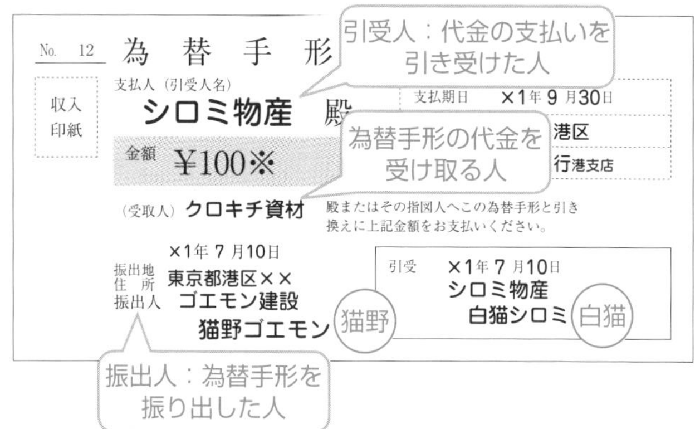
為替手形
No. 12
収入印紙
支払人（引受人名）
シロミ物産　殿
支払期日　×1年9月30日
金額　¥100※
（受取人）クロキチ資材　殿またはその指図人へこの為替手形と引き換えに上記金額をお支払いください。
×1年7月10日
振出地住所　東京都港区××
振出人　ゴエモン建設
猫野ゴエモン　猫野
引受　×1年7月10日
シロミ物産
白猫シロミ　白猫

CASE31のゴエモン建設のように、クロキチ資材に対して工事未払金があり、シロミ物産に対して完成工事未収入金がある場合、本来はシロミ物産から完成工事未収入金を回収して、クロキチ資材の工事未払金を支払うという流れになりますが、シロミ物産にクロキチ資材の工事未払金を支払ってもらっても結果は同じです。

そこで、ゴエモン建設は為替手形を振り出すことによって、シロミ物産からクロキチ資材に代金を支払ってもらうのです。

なお、為替手形を振り出すときには、支払いをお願いする人（シロミ物産）に承諾してもらう（これを**引き受ける**といいます）ことが必要です。

シロミ物産が「支払うよ」と言ってくれなければ、為替手形を振り出せません。

為替手形を振り出したときの仕訳

ゴエモン建設が為替手形を振り出すと、クロキチ資材に対する工事未払金をシロミ物産が支払ってくれることになるので、クロキチ資材に対する**工事未払金（負債）が減ります**。

（工 事 未 払 金） 100（　　　　　　）

クロキチ資材に対する
工事未払金の減少⬇

また、シロミ物産に対する完成工事未収入金で支払ってもらうと考えるので、シロミ物産に対する**完成工事未収入金（資産）が減ります**。

CASE31の仕訳

（工 事 未 払 金） 100（完成工事未収入金） 100

シロミ物産に対する
完成工事未収入金の減少⬇

振り出した為替手形が決済されたときの仕訳

為替手形の支払期日に手形代金が決済されますが、為替手形を振り出した人（ゴエモン建設）には、受取手形（資産）も支払手形（負債）もありません。

したがって、為替手形が決済されたとしても、為替手形を振り出した人はなんの仕訳もしません。

受取手形も支払手形もないので、為替手形が決済されてもなにも処理するものがないのです。

仕 訳 な し

問題集
問題20

CASE 32 為替手形

為替手形を受け取ったときの仕訳

CASE31の為替手形の取引を、クロキチ資材の立場からみてみましょう。クロキチ資材は、ゴエモン建設に対する完成工事未収入金100円の回収として、ゴエモン建設が振り出した為替手形を受け取りました。

取引 クロキチ資材は、ゴエモン建設に対する完成工事未収入金100円を、ゴエモン建設振出、シロミ物産を名宛人とする為替手形（シロミ物産の引き受けあり）で受け取った。

ここまでの知識で仕訳をうめると…

（　　　　　）		（完成工事未収入金）	100

完成工事未収入金の決済↓

クロキチ資材もシロミ物産も建設業会計を採用しています。

為替手形を受け取ったときの仕訳

為替手形を受け取った人は、あとで代金を受け取ることができます。この為替手形の代金を受け取ることができる権利は、**受取手形（資産）**として処理します。

約束手形でも為替手形でも、（他店が振り出した）手形を受け取ったら受取手形（資産）で処理します。

CASE32の仕訳

（受　取　手　形）	100	（完成工事未収入金）	100

資産の増加↑

受け取った為替手形が決済されたときの仕訳

なお、受け取った為替手形が決済されたときは、**受取手形（資産）の減少**として処理します。

問題集
問題21

CASE 33 為替手形

為替手形を引き受けたときの仕訳

CASE31の為替手形の取引を、シロミ物産の立場からみてみましょう。
シロミ物産は、ゴエモン建設から「工事未払金を減額する代わりにクロキチ資材に代金を支払ってほしい」という為替手形の引き受けをお願いされたので、これを引き受けました。

取引 シロミ物産は、ゴエモン建設に対する工事未払金100円について、ゴエモン建設振出、シロミ物産を名宛人、クロキチ資材を指図人とする為替手形の引き受けを求められたので、これを引き受けた。

用語 **名宛人**(為替手形の場合)…手形代金を支払う人
指図人…手形代金を受け取る人

為替手形を引き受けたときの仕訳

「為替手形を引き受ける」とは、「為替手形の代金の支払義務を引き受ける」ことです。

為替手形を引き受けた人は、あとで代金を支払う義務が生じます。この為替手形の代金の支払義務は、**支払手形(負債)**として処理します。

( )	(支 払 手 形) 100

負債の増加⬆

また、為替手形を引き受ける代わりに工事未払金を減らしてもらうので、**工事未払金(負債)が減ります**。

CASE33の仕訳

（工事未払金）　100（支　払　手　形）　100

負債の減少⬇

引き受けた為替手形を決済したときの仕訳

なお、引き受けていた為替手形が決済されたときは、**支払手形（負債）の減少**として処理します。

為替手形を取りまく登場人物の呼び名

為替手形の取引において、為替手形を振り出した人（ゴエモン建設）を**振出人**（ふりだしにん）、為替手形を受け取った人（あとで代金を受け取ることができる人：クロキチ資材）を**指図人**（さしずにん）、為替手形を引き受けた人（あとで代金を支払わなければならない人：シロミ物産）を**名宛人**（なあてにん）といいます。

約束手形では「あとで代金を受け取ることができる人」を名宛人といいましたが、為替手形では「あとで代金を支払う人」を名宛人といいます。

これらの呼び名は問題文中にも出てきますが、問題を解く際には、文末のことばで次ページ（表）のように判断できるので、無理して覚える必要はありません。

為替手形では、「シロミ物産を名宛人とする」や「シロミ物産宛て」など、「宛」がつく人に手形代金の支払義務があります。

為替手形の処理

文末の言葉	処理
(為替手形を) …**振り出した**	振出人の処理
(為替手形を) …**受け取った**	手形代金を受け取る権利が発生 ⇒「**受取手形**」で処理(指図人の処理)
(為替手形を) …**引き受けた**	手形代金の支払義務が発生 ⇒「**支払手形**」で処理(名宛人の処理)

参考

自己受為替手形と自己宛為替手形

為替手形は、自分を手形代金の受取人(指図人)として振り出すことも、自分を手形代金の支払人(名宛人)として振り出すこともできます。

完成工事未収入金だと「あとで払う」と言って、払ってくれないこともありますが、手形は支払期日が明確なので、確実に代金を回収できるのです。

(1) 自己受為替手形

自分が手形代金の受取人(指図人)となる為替手形を振り出した場合の為替手形を、**自己受為替手形**(じこうけかわせてがた)といいます。

このような手形は、完成工事未収入金の支払期日を明確にして確実に回収したいときなどに用いられます。

次の例を使って、自己受為替手形の処理をみてみましょう。

[例] 自己受為替手形を振り出したとき

ゴエモン建設は、得意先シロミ物産に対する完成工事未収入金100円について、シロミ物産を名宛人、ゴエモン建設を指図人とする為替手形100円を振り出し、シロミ物産の引き受けを得た。

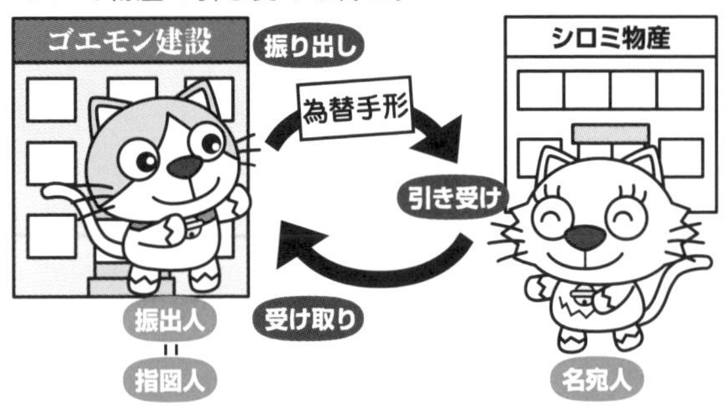

①自己受為替手形の振出人（ゴエモン建設）の仕訳

自己受為替手形は、振出人＝手形代金の受取人（指図人）となるため、為替手形の振出人に手形代金を受け取る権利が生じます。

したがって、自己受為替手形の振出人は、**受取手形の増加**として処理します。

（受取手形）	100	（完成工事未収入金）	100

②自己受為替手形の名宛人（シロミ物産）の仕訳

為替手形の名宛人（引き受けた人）には、手形代金の支払義務が生じます。

したがって、自己受為替手形の名宛人は、**支払手形の増加**として処理します。

（工事未払金）	100	（支払手形）	100

名**宛**人＝手形代金を支払う人→「支払手形」で処理。

ゴエモン建設にとって完成工事未収入金の決済ということは、逆の立場のシロミ物産にとっては工事未払金の決済になります。

(2) 自己宛為替手形

自分が手形代金の支払人（名宛人）となる為替手形を振り出した場合の為替手形を、**自己宛為替手形**（じこあてかわせてがた）といいます。

このような手形は、たとえば東京の本店が、名古屋の仕入先に対する工事未払金を名古屋支店に支払ってもらいたいときなどに、名古屋支店に宛てて振り出されます。

次の例を使って、自己宛為替手形の処理をみてみましょう。

［例］自己宛為替手形を振り出したとき

ゴエモン建設は、名古屋のヤマネコ資材に対する工事未払金100円について、ヤマネコ資材を指図人、ゴエモン建設名古屋支店を名宛人とする為替手形100円を振り出し、名古屋支店の引き受けを得て渡した。

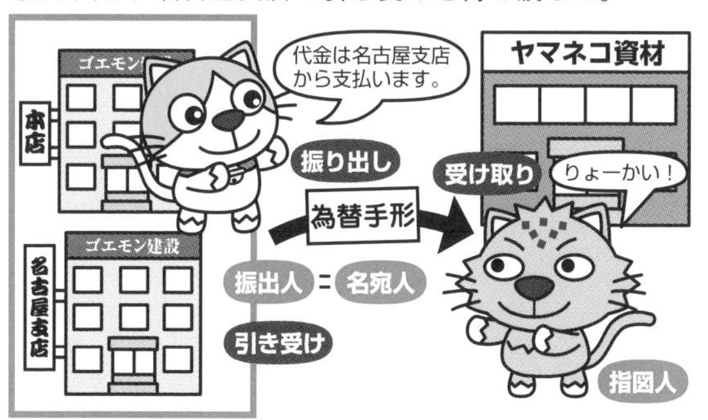

名宛人＝手形代金を支払う人→「支払手形」で処理。

①自己宛為替手形の振出人（ゴエモン建設）の仕訳

自己宛為替手形は、振出人＝手形代金の支払人（名宛人）となるため、為替手形の振出人に手形代金の支払義務が生じます。

したがって、自己宛為替手形の振出人は、**支払手形の増加**として処理します。

（工事未払金）	100	（支払手形）	100

ゴエモン建設にとって工事未払金の決済ということは、逆の立場のヤマネコ資材にとっては完成工事未収入金の決済になります。

②自己宛為替手形の指図人（ヤマネコ資材）の仕訳

為替手形の指図人（受取人）には、手形代金を受け取る権利が生じます。

したがって、自己宛為替手形の指図人（受取人）は、**受取手形の増加**として処理します。

（受取手形）	100	（完成工事未収入金）	100

問題集
問題22

CASE 34

手形の裏書き

約束手形を裏書きして渡したときの仕訳

クロキチ資材から材料を仕入れたとき、前にシロミ物産から受け取っていた約束手形がちょうど目に入りました。

「仕入代金の支払いにこれが使えないかな？」と思って調べたら、裏書きというワザを使えば、それができることがわかりました。

取引 7月2日　ゴエモン建設は、クロキチ資材から材料100円を仕入れ、代金は先にシロミ物産から受け取っていた約束手形を裏書譲渡した。

用語 **裏書譲渡**…持っている手形の裏側に記名等をして、ほかの人に渡すこと

ここまでの知識で仕訳をうめると…

（材　　　　料）　100（　　　　　　）

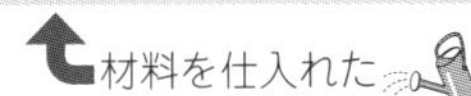

手形の裏側に書いて渡すから裏書譲渡！

約束手形や為替手形を持っている人は、その手形をほかの人に渡すことによって、仕入代金や工事未払金を支払うことができます。

持っている手形をほかの人に渡すときに、手形の裏面に名前や日付を記入するため、これを手形の**裏書**(うらがき)**譲渡**(じょうと)といいます。

> 手形の支払期日前に渡さなければなりません。

> 単に「裏書き」ということもあります。

為替手形を裏書きして渡したときも処理は同じです。

約束手形を裏書きして渡したときの仕訳

ゴエモン建設は、先にシロミ物産から受け取っていた約束手形をクロキチ資材に渡すため、**受取手形（資産）の減少**として処理します。

CASE34の仕訳

（材　　　　料）	100	（受 取 手 形）	100
		資産の減少⬇	

手形を受け取ったら「受取手形」！

裏書きした約束手形を受け取ったときの仕訳

なお、裏書きした約束手形を受け取った側（クロキチ資材）は、**受取手形（資産）の増加**として処理します。

したがって、CASE34をクロキチ資材の立場から仕訳すると次のようになります。

（受 取 手 形）	100	（売　　　　上）	100
資産の増加⬆			

クロキチ資材の立場からは「クロキチ資材は、ゴエモン建設に材料100円を売り上げ、代金はシロミ物産振出の約束手形を裏書譲渡された」となります。

問題集
問題23

CASE 35 手形の割引き

約束手形を割り引いたときの仕訳

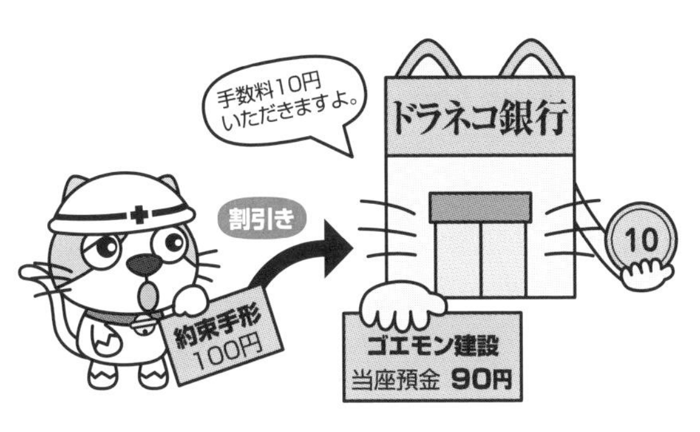

「支払期日が3カ月後の約束手形の代金を、いま受け取るなんてこと、できないよな～」と思って調べてみたら、なんと、銀行に持っていって割り引けば、すぐに現金を受け取ることができるとのこと…。さっそく約束手形を割り引くことにしました。

取引 7月20日　ゴエモン建設は先にシロミ物産から受け取っていた受取手形100円を割り引き、割引料10円を差し引いた残額を当座預金に預け入れた。

用語 **割引き**…持っている手形を支払期日前に銀行に持ち込んで、現金に換えてもらうこと

ここまでの知識で仕訳をうめると…

（当　座　預　金）　（　　　　　　）

割引きは手形を銀行に買ってもらったのと同じ！

約束手形や為替手形を持っている人は、支払期日前にその手形を銀行に買い取ってもらうことができます。これを**手形の割引き**（わりびき）といいます。

なお、手形を割り引くことによって、手形の支払期日よりも前に現金などを受け取ることができますが、利息や手数料がかかるため、受け取る金額は手形に記載された金額よりも少なくなります。

割引きにかかる費用なので、割引料といいます。

為替手形を割り引いたときも処理は同じです。

約束手形を割り引いたときの仕訳

ゴエモン建設は、先に受け取っていた約束手形を銀行で割り引く（銀行に売る）ため、**受取手形（資産）の減少**として処理します。

（当座預金）		（受取手形）	100

資産の減少⬇

「～損」は費用の勘定科目です。

費用	収益
利益	

また、手形を割り引く際にかかった手数料は、**手形売却損**（てがたばいきゃくそん）という費用の勘定科目で処理します。

（当座預金）		（受取手形）	100
（手形売却損）	10		

費用の発生⬆

なお、受け取る金額は約束手形の金額から手数料を差し引いた90円（100円－10円）となります。

100円の約束手形を90円で銀行に売った（割り引いた）ということになるので、10円だけ損をしたことになります。ですから、差し引かれた手数料（割引料）10円は「手形売却損」で処理するのです。

CASE35の仕訳

（当座預金）	90	（受取手形）	100
（手形売却損）	10		

問題集
問題24

CASE 36 手形の不渡り

裏書きした手形が不渡りとなったときの仕訳

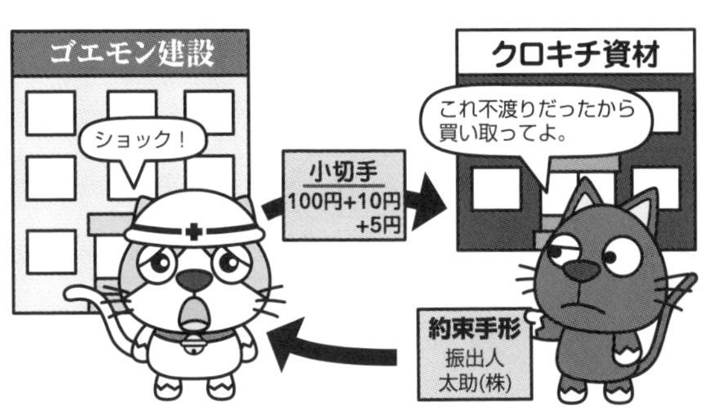

今日、クロキチ資材から「あなたから受け取った太助㈱振出の約束手形の代金が支払われなかったから、代わりに払ってよ」と請求されました。
この場合、どのような処理をするのでしょうか？

取引 クロキチ資材に裏書譲渡していた約束手形（太助㈱振出）100円（保証債務の時価0円）が不渡りとなり、クロキチ資材より償還請求費用10円とともに償還請求されたため、延滞利息5円とともに小切手を振り出して支払った。

用語 （手形の）不渡り…手形の満期日に手形代金が決済できないこと
償還請求費用…拒絶証書（手形が決済されなかったことを証明する文書）の作成費用など、償還請求にかかる費用

裏書きした手形が不渡りとなったときの仕訳

手形の満期日に手形代金が決済されないことを**手形の不渡り**といいます。

裏書きした手形が不渡りになった場合、手形の受取人（クロキチ資材）から代金を支払うように請求（**償還請求**（しょうかんせいきゅう）といいます）されます。

このとき、手形を裏書きした人（ゴエモン建設）は、手形の受取人（クロキチ資材）に対して、手形金額のほか、不渡りに関する諸費用を含めて支払わなければなりません。

CASE36でゴエモン建設がクロキチ資材に支払う金額

・100円＋10円＋5円＝115円
手形金額　償還請求費用　延滞利息

（　　　　）	（当座預金）	115

なお、ゴエモン建設がクロキチ資材に支払った115円は、手形の振出人である太助㈱に請求することができます。

「不渡」とつきますが代金の請求権なので、資産です。

資　産	負　債
	純資産

この太助㈱に対する代金請求権は、**不渡手形（資産）**として処理します。

以上より、CASE36の仕訳は次のようになります。

CASE36の仕訳

（不渡手形）	115	（当座預金）	115

不渡手形の代金を回収できたときの仕訳

不渡手形の代金を回収できたときは、**不渡手形（資産）**を減らします。

したがって、仮にCASE36の不渡手形の代金（115円）を、現金で回収できたとした場合の仕訳は次のようになります。

（現　　金）	115	（不渡手形）	115

受け取った手形が不渡りになったとき

受け取った手形が不渡りになった場合、手形を振り出した人（または裏書きした人）に対して、改めて代金を支払うように請求できます。

ですから、手形が不渡りになったからといって必ずしも手形代金が回収できないというわけではありませんが、通常の受取手形と区別するために、**受取手形（資産）**から**不渡手形（資産）**に振り替えます。

［例］所有する約束手形100円が不渡りになった旨の連絡を受けた。

資産の減少↓

（不渡手形）	100	（受取手形）	100

資産の増加↑

偶発債務の処理

約束手形の代金は、はじめに手形を振り出した人（本来の支払義務者）が支払わなければなりません。手形を裏書き（または割引き）した場合にも、満期日になったら本来の支払義務者が支払うことになります。

しかし、もし本来の支払義務者が支払わなかった場合には、手形を裏書した人（または割引きした人）がその手形の代金を支払わなければなりません。

このように、現実にはまだ発生していなくても、一定のことが起きたとき（本来の支払義務者が支払わないとき）に実際の債務になる可能性のあるものを**偶発債務**といいます。

手形を裏書き（または割引き）した場合には、偶発債務に備えた処理として、保証債務を計上します。

具体的には、保証債務の時価を**保証債務（負債）**で処理するとともに、相手勘定は**保証債務費用（費用）**で処理します。

ここでは手形の裏書きについての処理をみていきます。

[例] 額面200円の約束手形を裏書譲渡して工事未払金を支払った。なお、保証債務の時価は額面の1%である。

(1) 手形を裏書きしたとき

保証債務の時価は、2円(200円×1%)です。

(工事未払金)	200	(受取手形)	200
(保証債務費用)	2	(保証債務)	2

(2) 手形が無事に決済されたとき

手形が無事に決済された後は、裏書きした人(または割引きした人)に支払義務が生じることはありません。したがって、計上していた保証債務を取り崩し、相手勘定は**保証債務取崩益(収益)**で処理します。

(保証債務)	2	(保証債務取崩益)	2

対照勘定法の処理

手形の裏書額(割引額)がいったいいくらなのか、明らかにする方法として、対照勘定法があります。

なお、対照勘定は以下のものを用います。

> 手形の裏書きの場合:　手形裏書義務、手形裏書義務見返
> 手形の割引きの場合:　手形割引義務、手形割引義務見返

ここでは手形の裏書きの場合の処理をみていきます。

[例] 額面200円の約束手形を裏書譲渡して工事未払金を支払った。なお、保証債務の時価は額面の1%である。

(1) 手形を裏書きしたとき

なくなった受取手形を減らすとともに、対照勘定によって同額を計上します。

(工事未払金)	200	(受取手形)	200
(手形裏書義務見返)	200	(手形裏書義務)	200
(保証債務費用)	2	(保証債務)	2

(2) 手形が無事に決済されたとき

受取手形はすでに減らしてあるので、対照勘定を取り消すための逆仕訳を行います。

(手形裏書義務)	200	(手形裏書義務見返)	200
(保証債務)	2	(保証債務取崩益)	2

評価勘定法の処理

手形の裏書額(割引額)がいったいいくらなのか、明らかにするもう一つの方法として、評価勘定法があります。

なお、評価勘定は以下のものを用います。

手形の裏書きの場合： 裏書手形
手形の割引きの場合： 割引手形

ここでは手形の裏書きの場合の処理をみていきます。

[例] 額面200円の約束手形を裏書譲渡して工事未払金を支払った。なお、保証債務の時価は額面の1%である。

(1) 手形を裏書きしたとき

受取手形は手許からなくなっていますが、ここでは受取手形勘定は減らさずに、評価勘定である**裏書手形(資産のマイナス勘定)**を用います。

(工事未払金)	200	(裏書手形)	200
(保証債務費用)	2	(保証債務)	2

(2) 手形が無事に決済されたとき

手形が無事に決済されると、裏書きした人に支払義務が生じることはなくなります。このとき、評価勘定を減らすとともに、受取手形を減らします。

(裏書手形)	200	(受取手形)	200
(保証債務)	2	(保証債務取崩益)	2

問題集
問題25

CASE 37

手形貸付金と手形借入金

お金を貸し付け、手形を受け取ったときの仕訳

ゴエモン建設は、クロキチ資材に現金を貸しました。
そしてこのとき、借用証書ではなく、約束手形を受け取りました。

取引 ゴエモン建設は、クロキチ資材に現金100円を貸し付け、約束手形を受け取った。

ここまでの知識で仕訳をうめると…

( )		(現 金)	100

現金を貸し付けた↓

お金を貸し付け、手形を受け取ったときの仕訳

お金を貸し付けたときは、通常は借用証書を受け取りますが、借用証書の代わりに約束手形を受け取ることもあります。この場合は、通常の貸付金と区別するために**手形貸付金**（てがたかしつけきん）**（資産）**として処理します。

手形による貸付金だから「手形貸付金」。そのまんまですね。なお、貸付金の処理についてはCASE39で解説しています。

CASE37の仕訳

(手形貸付金)	100	(現 金)	100

資産の増加↑

問題集
問題26

CASE 38

手形貸付金と手形借入金

お金を借り入れ、手形を渡したときの仕訳

CASE37（手形貸付金）の取引を、クロキチ資材の立場からみてみましょう。

こちら側の処理

取引 クロキチ資材は、ゴエモン建設から現金100円を借り入れ、約束手形を渡した。

ここまでの知識で仕訳をうめると…

（現　　　金）　100（　　　　　）

お金を借り入れ、手形を渡したときの仕訳

お金を借り入れて、借用証書の代わりに手形を渡したときは、通常の借用証書による借入金と区別するために**手形借入金**（てがたかりいれきん）**（負債）**として処理します。

手形による借入金だから「手形借入金」ですね。
なお、借入金の処理についてはCASE41で解説しています。

CASE38の仕訳

（現　　　金）　100（手 形 借 入 金）　100

負債の増加

問題集
問題27

営業保証手形

取引先との良好な関係を維持するために、取引先に保証金を預けることがあります。この保証金について手形を用いた場合、これを営業保証手形といいます。

(1) 預ける側

（差入営業保証金）	500	（営業保証支払手形）	500

(2) 預かる側

（営業保証受取手形）	500	（営業保証預り金）	500

第5章

その他の債権・債務

建設業で学習する債権・債務のうち、
完成工事未収入金・工事未払金、未成工事支出金、
受取手形・支払手形、手形貸付金・手形借入金についてはわかったけど…。

ここでは、それ以外の債権・債務の処理についてみていきましょう。

貸付金と借入金

お金を貸し付けたときの仕訳

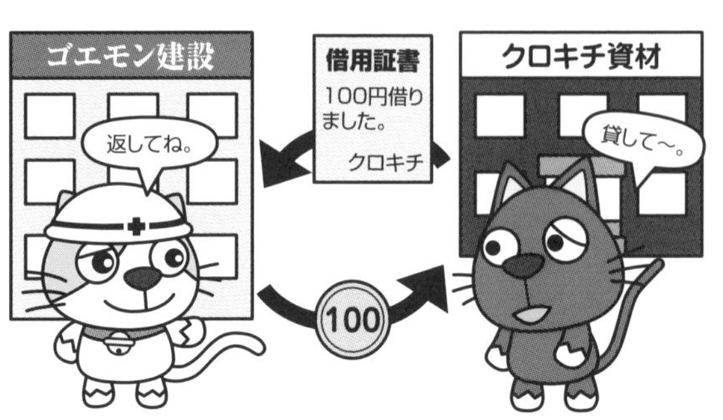

ゴエモン建設はクロキチ資材から「お金を貸してほしい」と頼まれたので、借用証書を書いてもらい、現金100円を貸しました。

取引 ゴエモン建設は、クロキチ資材に現金100円を貸し付けた。

用語 **貸付け**…お金を貸すこと

お金を貸し付けたときの仕訳

CASE39では、ゴエモン建設はクロキチ資材に現金100円を渡しているので、**現金（資産）が減っています**。

（　　　　）	（現　　金）	100

資産の減少⬇

また、貸し付けたお金はあとで返してもらうことができます。この、あとでお金を返してもらえる権利は、**貸付金**（かしつけきん）**（資産）**として処理します。

貸付金は資産なので、増えたら借方！

資　産	負　債
	純資産

CASE39の仕訳

（貸　付　金）	100	（現　　金）	100

資産の増加⬆

CASE 40　貸付金と借入金

貸付金を返してもらったときの仕訳

ゴエモン建設はクロキチ資材から貸付金100円を返してもらい、貸付けにかかる利息10円とともに現金で受け取りました。

取引　ゴエモン建設は、クロキチ資材から貸付金100円の返済を受け、利息10円とともに現金で受け取った。

ここまでの知識で仕訳をうめると…

(現　　　金)		(　　　　)	

貸付金を返してもらったときの仕訳

貸付金を返してもらったときは、あとでお金を返してもらえる権利がなくなるので、**貸付金（資産）の減少**として処理します。

また、貸付金にかかる利息は、**受取利息**（うけとりりそく）**（収益）**として処理します。

「受取〜」は収益の勘定科目！

費　用	収　益
利　益	

CASE40の仕訳

(現　　　金)	110	(貸　付　金)	100
		(受 取 利 息)	10

貸付金と利息の合計

収益 の発生↑

問題集　問題28

CASE 41

貸付金と借入金

お金を借り入れたときの仕訳

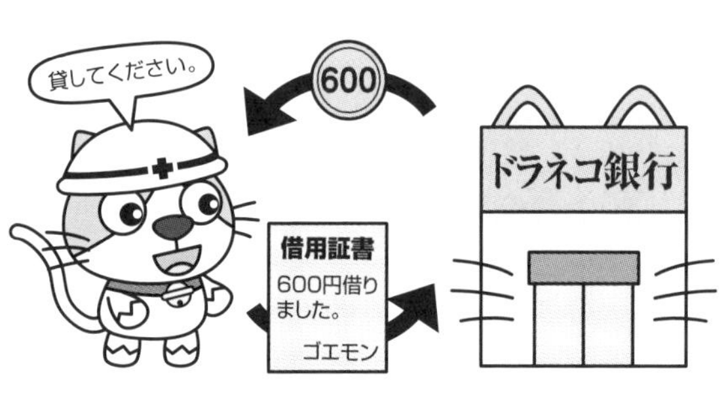

ゴエモン建設はお店を大きくするため、資金が必要になりました。
そこで、取引銀行からお金を借りてくることにしました。

取引 ゴエモン建設は、取引銀行から現金600円を借り入れた。

用語 **借入れ**…お金を借りてくること

ここまでの知識で仕訳をうめると…

（現　　金）	600	（　　　　）	

現金を借り入れた↑

お金を借り入れたときの仕訳

銀行などから借りたお金はあとで返さなければなりません。このあとでお金を返さなければならない義務は、**借入金**（かりいれきん）**（負債）**として処理します。

借入金は負債なので、増えたら貸方！

資　産	負　債
	純資産

CASE41の仕訳

（現　　金）	600	（借　入　金）	600

負債の増加↑

CASE 42 貸付金と借入金

借入金を返したときの仕訳

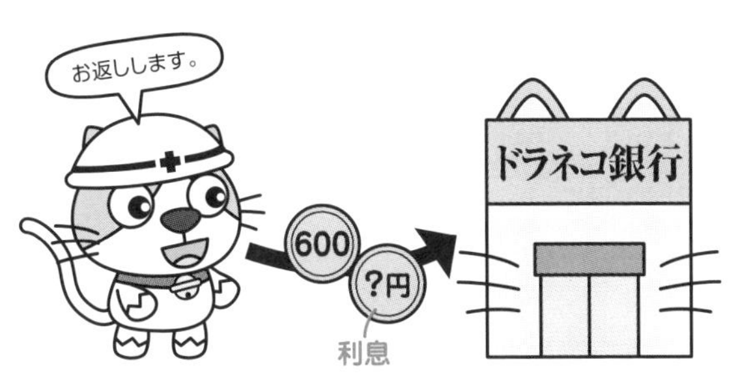

銀行からお金を借りて10カ月後、当初の約束どおりゴエモン建設は取引銀行からの借入金を返済しました。
また、借り入れていた10カ月分の利息もあわせて支払いました。

取引 ゴエモン建設は、取引銀行に借入金600円を返済し、利息とともに現金で支払った。なお、利息の年利率は2%で借入期間は10カ月である。

借入金を返したときの仕訳

借入金を返したときは、あとでお金を返さなければならない義務がなくなるので、**借入金（負債）の減少**として処理します。

また、借入金にかかる利息は、次の計算式によって**月割りで計算**し、**支払利息（費用）**として処理します。

> 「支払～」は費用の勘定科目！
>
> | 費用 | 収益 |
> | --- | --- |
> | 利益 | |

$$\text{利息} = \text{借入（貸付）金額} \times \text{年利率} \times \frac{\text{借入（貸付）期間}}{12\text{カ月}}$$

> 貸付金の受取利息を計算するときもこの式で計算します。

CASE42の支払利息

$$\cdot\ 600\text{円} \times 2\% \times \frac{10\text{カ月}}{12\text{カ月}} = 10\text{円}$$

CASE42の仕訳

> 借入金と利息の合計

（借入金）	600	（現金）	610
（支払利息）	10		

費用の発生↑

> 問題集
> 問題29

CASE 43

未払金と未収入金

工事に係るもの以外を後払いで買ったときの仕訳

ゴエモン建設は、シロミ物産から機械を買い、代金は月末に支払うことにしました。
「代金後払いということは工事未払金？」と思い、仕訳をしようとしましたが、どうやら「工事未払金」で処理するのではないようです。

取引 ゴエモン建設は、シロミ物産から機械を100円で購入し、代金は月末に支払うこととした。

工事に係るもの以外を後払いで買ったときの仕訳

CASE43では機械（資産）を買っているので、**機械（資産）**が増えます。

（機　　　械）	100	（　　　　）	

資産の増加↑

また、機械や土地、有価証券など工事に係るもの以外を代金後払いで買ったときの、あとで代金を支払わなければならない義務は**未払金**（みばらいきん）**（負債）**で処理します。

未払金は負債なので、増えたら貸方！

資　産	負　債
	純資産

CASE43の仕訳

（機　　　械）	100	（未　払　金）	100

負債の増加↑

つまり、工事に係るものを買ったときの未払額は**工事未払金**で、工事に係るもの以外を買った（購入した）ときの未払額は**未払金**で処理するのです。

まちがえやすいので要注意！
有価証券も工事に係るもの以外なので、有価証券を買って代金を後払いとしたときは未払金で処理します。

とても重要

工事未払金と未払金の違い

何を買った？	勘定科目
工事に係るもの	工事未払金(負債)
工事に係るもの以外 (機械や有価証券など)	未払金(負債)

未払金を支払ったときの仕訳

なお、後日未払金を支払ったときは、**未払金（負債）の減少**として処理します。

したがって、仮に、CASE43の未払金を現金で支払ったとした場合の仕訳は次のようになります。

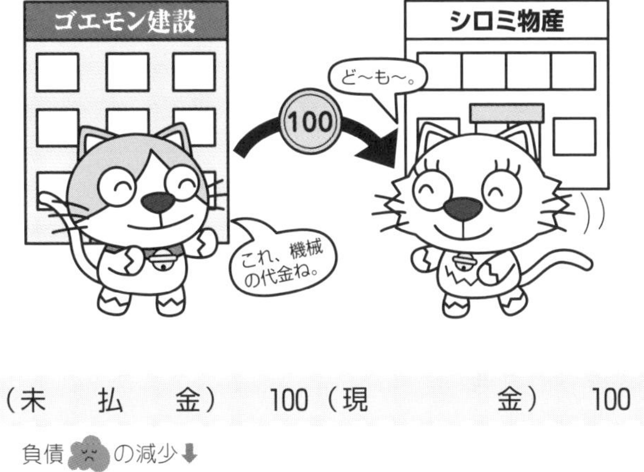

（未　払　金）　100（現　　　金）　100

負債の減少⬇

問題集
問題30

CASE 44

未払金と未収入金

工事に係るもの以外を売って代金はあとで受け取るときの仕訳

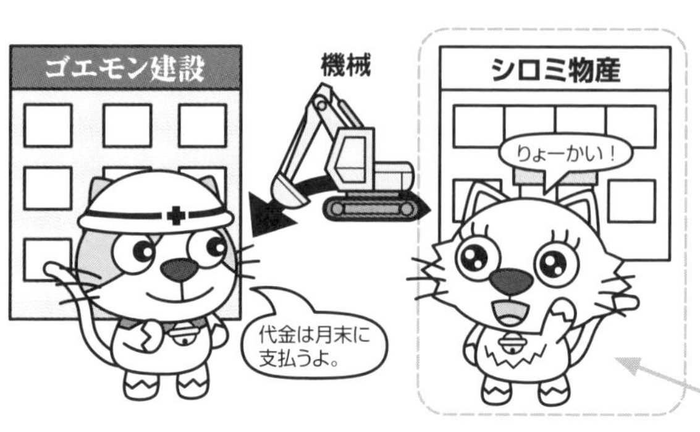

CASE43の取引（機械の売買）をシロミ物産の立場からみてみましょう。シロミ物産はゴエモン建設に対して機械を100円で売り、代金は月末に受け取ることにしました。

こちら側の処理

取引 シロミ物産は、ゴエモン建設に機械を100円で売却し、代金は月末に受け取ることとした。

工事に係るもの以外を売ったときの仕訳

CASE44では、機械を売っているので、**機械（資産）**が減ります。

（　　　　　）		（機　　　械）	100

資産の減少⬇

また、機械や土地、有価証券など、工事に係るもの以外のものを売って、あとで代金を受け取るときの、あとで代金を受け取ることができる権利は**未収入金（資産）**で処理します。

「未払金の逆だから、未収入金かな？」って想像できましたか？

資　産	負　債
	純資産

CASE44の仕訳

（未　収　入　金）	100	（機　　　械）	100

資産の増加⬆

シロミ物産も建設業会計を採用しています。

つまり、工事に係るものを売った（売り上げた）ときの未収額は**完成工事未収入金**で、工事に係るもの以外を売った（売却した）ときの未収額は**未収入金**で処理するのです。

とても重要 完成工事未収入金と未収入金の違い

何を売った？	勘定科目
工事に係るもの	完成工事未収入金（資産）
工事に係るもの以外（機械や有価証券など）	未収入金（資産）

未収入金を回収したときの仕訳

なお、後日、未収入金を回収したときは、**未収入金（資産）の減少**として処理します。

したがって、CASE44の未収入金を現金で回収した場合の仕訳は、次のようになります。

こちら側の処理

（現　　　金）	100	（未　収　入　金）	100

資産の減少

問題集 問題31

CASE 45

立替金

従業員が支払うべき金額を会社が立て替えたときの仕訳

ゴエモン建設は、本来従業員のミケ君が支払うべき個人の生命保険料を、現金で立て替えてあげました。

取引 ゴエモン建設は、従業員が負担すべき生命保険料40円を現金で立て替えた。

ここまでの知識で仕訳をうめると…

( )		(現 金)	40

現金で立て替えた
会社の現金の減少

従業員に対する立替金は、「従業員立替金」という勘定科目で処理することもあります。

従業員が支払うべき金額を会社が立て替えたときの仕訳

本来従業員が支払うべき金額を会社が立て替えたときは、あとで従業員からその金額を返してもらう権利が生じます。したがって、**立替金（資産）**として処理します。

CASE45の仕訳

(立 替 金)	40	(現 金)	40

資産の増加

CASE 46 立替金

従業員に賃金を支払ったときの仕訳①

今日は給料日。
従業員のミケ君に支払うべき賃金は500円ですが、先にミケ君のために立て替えた金額が40円あるので、それを差し引いた残額を現金で支払いました。

取引 従業員に支払う賃金500円のうち、先に立て替えた40円を差し引いた残額を現金で支払った。

従業員に賃金を支払ったときの仕訳

従業員に賃金を支払ったときは、**賃金（費用）**として処理します。

（賃　　　金）	500	（　　　　）	

費用の発生⬆

> 従業員が働いてくれるおかげで会社の売上げが上がるので、賃金は収益を上げるために必要な支出＝費用ですね。
>
> | 費用 | 収益 |
> |---|---|
> | 利益 | |

また、CASE46では従業員に対する立替金分を差し引いているため、**立替金（資産）を減らし**、残額460円（500円－40円）を**現金（資産）の減少**として処理します。

CASE46の仕訳

資産の減少⬇

（賃　　　金）	500	（立　替　金）	40
		（現　　　金）	460

問題集
問題32

CASE 47 預り金

従業員に賃金を支払ったときの仕訳②

従業員が受け取る賃金のうち、一部は所得税として国に納めなければなりません。ゴエモン建設では、従業員が納めるべき所得税を賃金の支払時に会社で預かり、あとで従業員に代わって国に納めることにしています。

取引 賃金500円のうち、源泉徴収税額50円を差し引いた残額を従業員に現金で支払った。

用語 **源泉徴収税額**…賃金から天引きされた所得税額

ここまでの知識で仕訳をうめると…

（賃　　　金）	500	（現　　　金）	

↑賃金の支払い　　↑現金で支払った↓

従業員に賃金を支払ったときの仕訳

賃金の支払時に賃金から天引きした源泉徴収税額は、あとで従業員に代わって会社が国に納めなければなりません。つまり、源泉徴収税額は一時的に従業員から預かっているお金なので、**預り金（負債）**として処理します。

預り金は、預かったお金をあとで返さなければならない（国に納めなければならない）義務なので、負債です。

資　産	負　債
	純資産

CASE47の仕訳　　負債の増加↑

（賃　　　金）	500	（預　り　金）	50
		（現　　　金）	450

貸借差額

問題集
問題33

CASE 48 預り金

預り金を支払ったときの仕訳

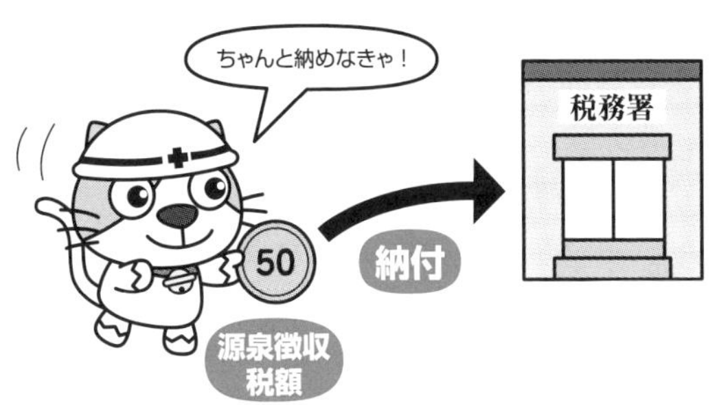

ゴエモン建設は、従業員から預かっていた所得税（源泉徴収税額）50円を、今日、現金で納付しました。

取引 預り金として処理していた源泉徴収税額50円を、税務署に現金で納付した。

ここまでの知識で仕訳をうめると…

（　　　　）		（現　　金）	50

現金で納付した⬇

預り金を支払ったときの仕訳

預かっていた源泉徴収税額を現金で納付したときは、預かったお金をあとで返さなければならない義務がなくなるので、**預り金（負債）の減少**として処理します。

CASE48の仕訳

（預　り　金）	50	（現　　金）	50

負債の減少⬇

問題集
問題34

CASE 49 仮払金と仮受金

旅費の概算額を前渡ししたときの仕訳

従業員のトラ君が名古屋に出張に行くことになりました。旅費としていくらかかるかわからないので、概算額として100円をトラ君に渡しました。
この場合は、旅費として処理してよいのでしょうか？

取引 従業員の出張のため、旅費の概算額100円を現金で前渡しした。

用語 **旅　費**…バス代、タクシー代、電車代、宿泊費など

ここまでの知識で仕訳をうめると…

（　　　　）		（現　　　金）	100

現金で前渡しした⬇

旅費の概算額を前渡ししたときの仕訳

従業員の出張にかかる電車代やバス代、宿泊費などの概算額を前渡ししたときには、**仮払金**（かりばらいきん）という**資産**の勘定科目で処理しておきます。

支払いの内容と金額が確定するまでは、旅費などの勘定科目で処理してはいけません。

CASE49の仕訳

（仮　払　金）	100	（現　　　金）	100

資産の増加⬆

仮払金は資産なので、増えたら借方！

資　産	負　債
	純資産

CASE 50 仮払金と仮受金

仮払金の内容と金額が確定したときの仕訳

名古屋に出張に行っていたトラ君が帰ってきました。
名古屋までの電車代や宿泊費の合計（旅費）は80円だったという報告があり、20円については現金で戻されました。

取引 従業員が出張から戻り、概算払額100円のうち、旅費として80円を支払ったと報告を受け、残金20円は現金で受け取った。

ここまでの知識で仕訳をうめると…

（現　　　　金）　20（　　　　　　）

残金は現金で受け取った

仮払金の内容と金額が確定したときの仕訳

仮払いとして前渡ししていた金額について、支払いの内容と金額が確定したときは、**仮払金（資産）を該当する勘定科目に振り替えます**。

CASE50では、旅費として80円を使い、残金20円を現金で受け取っているため、**仮払金（資産）100円**を**旅費（費用）80円**と**現金20円**に振り替えます。

「振り替える」とは、計上している仮払金を減らして、該当する勘定科目で処理することをいいます。

CASE50の仕訳

（旅　　　　費）　80（仮　払　金）　100
（現　　　　金）　20

CASE 51 仮払金と仮受金

内容不明の入金があったときの仕訳

名古屋に出張中のトラ君から当座預金口座に入金がありましたが、なんのお金なのかはトラ君が戻ってこないとわかりません。
この場合の処理はどうしたらよいのでしょう?

取引 出張中の従業員から当座預金口座に100円の入金があったが、その内容は不明である。

ここまでの知識で仕訳をうめると…

（当　座　預　金）　100（　　　　　）

当座預金口座に入金があった↑

入金自体は当座預金の増加として処理します。

内容不明の入金があったときの仕訳

内容不明の入金があったときは、その内容が明らかになるまで**仮受金**（かりうけきん）という**負債**の勘定科目で処理しておきます。

仮受金は負債なので、増えたら貸方！

資　産	負　債
	純資産

CASE51の仕訳

（当　座　預　金）　100（仮　　受　　金）　100

負債の増加↑

CASE 52 仮受金の内容が明らかになったときの仕訳

名古屋に出張に行っていたトラ君が帰ってきたので、先の入金100円の内容を聞いたところ、「名古屋の得意先の完成工事未収入金を回収した金額」ということがわかりました。

取引 従業員が出張から戻り、先の当座預金口座への入金100円は、得意先から完成工事未収入金を回収した金額であることが判明した。

ここまでの知識で仕訳をうめると…

( )		(完成工事未収入金)	100

仮受金の内容が明らかになったときの仕訳

仮受金の内容が明らかになったときは、**仮受金（負債）を該当する勘定科目に振り替えます。**

CASE52では、仮受金の内容が完成工事未収入金の回収と判明したので、**仮受金（負債）を完成工事未収入金（資産）に振り替えます。**

CASE52の仕訳

(仮　受　金)	100	(完成工事未収入金)	100

負債の減少

問題集
問題35、36

第6章

費用・収益の繰延べと見越し

1年間の費用を前払いしたときや、1年間の収益を前受けしたときは、
当期分の費用や収益が正しく計上されるように
決算日に調整しなくてはいけないらしい…。

ここでは、費用・収益の繰延べと
見越しについてみていきましょう。

CASE 53

費用の繰延べ

家賃を支払った（費用を前払いした）ときの仕訳

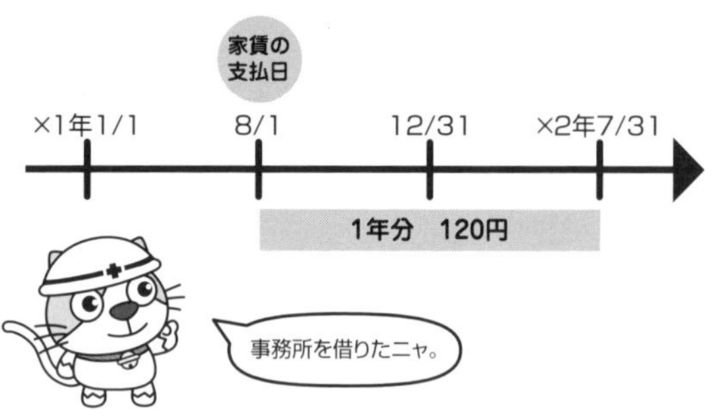

8月1日　ゴエモン建設は、事務所用として建物の一部屋を借りることにしました。
そして、1年分の家賃120円を小切手を振り出して支払いました。

取引 ×1年8月1日　事務所の家賃120円（1年分）を、小切手を振り出して支払った。

ここまでの知識で仕訳をうめると…

（　　　　　）		（当　座　預　金）	120

小切手を振り出した⬇

家賃を支払った（費用を前払いした）ときの仕訳

事務所や店舗の家賃を支払ったときは、**支払家賃（費用）**として処理します。

1年分の家賃を支払っているので、1年分の金額で処理します。

CASE53の仕訳

（支　払　家　賃）	120	（当　座　預　金）	120

費用の発生⬆

CASE 54

費用の繰延べ

決算日の処理（費用の繰延べ）

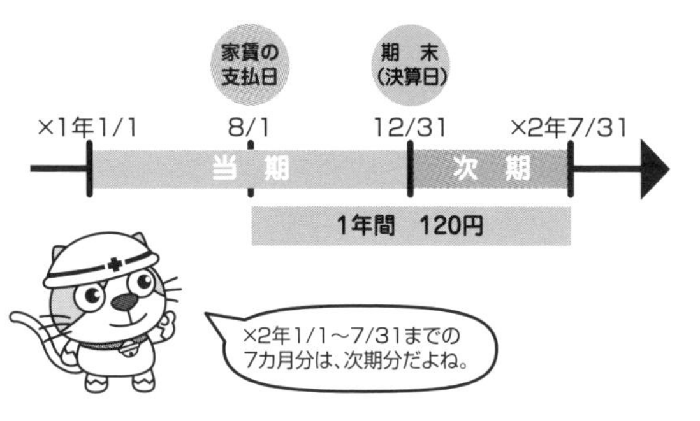

今日は決算日。ゴエモン建設は、×1年8月1日に1年分の家賃（120円）を支払っています。このうち8月1日から12月31日までの分は当期の費用ですが、×2年1月1日から7月31日までの分は次期の費用です。この場合、どんな処理をしたらよいでしょう？

取引 12月31日　決算日（当期：×1年1月1日～12月31日）につき次期の家賃を繰り延べる。なお、ゴエモン建設は8月1日に家賃120円（1年分）を支払っている。

用語 **繰延べ**…（費用の場合）当期に支払った費用のうち、次期分を当期の費用から差し引くこと

費用の繰延べ

CASE53では、×1年8月1日（1年分の家賃を支払ったとき）に、支払家賃（費用）として処理しています。

◆1年分の家賃を支払ったときの仕訳

（支払家賃）	120	（当座預金）	120

このうち、×1年8月1日から12月31日までの5カ月分は当期の家賃ですが、×2年1月1日から7月31日までの7カ月分は次期の家賃です。

したがって、いったん計上した1年分の支払家賃（費用）のうち、**7カ月分を減らします**。

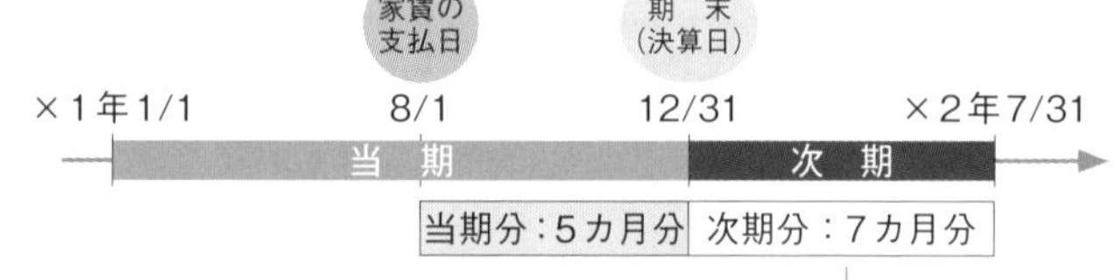

CASE54の次期の支払家賃

・次期の支払家賃：120円×$\frac{7カ月}{12カ月}$＝ 70円

（　　　　　）		（支 払 家 賃）	70

費用 の取り消し⬇

前払費用…先に支払っている→支払った分だけサービスを受けることができる権利→資産

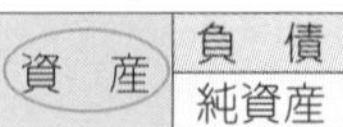

なお、CASE54は、次期分の費用を当期に前払いしているので、前払いしている金額だけ次期にサービスを受ける権利があります。そこで、借方は**前払費用**（まえばらいひよう）**（資産）**で処理します。

CASE54の仕訳

家賃の前払いなので、「前払家賃」で処理します。

（前 払 家 賃）	70	（支 払 家 賃）	70

資産 の増加⬆

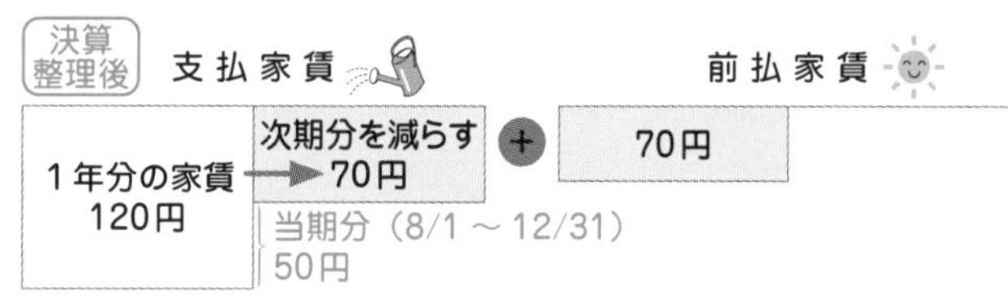

このように、当期に支払った費用のうち、次期分を当期の費用から差し引くことを**費用の繰延べ**（くりの）といいます。

CASE 55

再振替仕訳

翌期首の仕訳（費用の繰延べ）

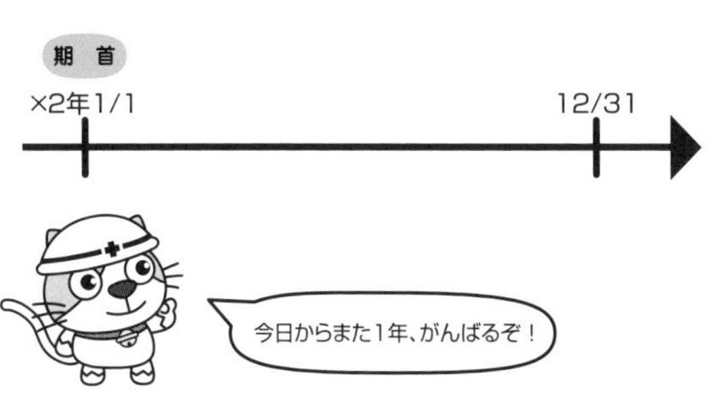

×２年１月１日（期首）。今日から新しい期が始まります。

取引はまだなにもしてませんが、帳簿上では、前期に繰り延べた支払家賃70円を戻す処理をするそうです。

取引 ×2年1月1日　期首につき、前期末に繰り延べた支払家賃70円の再振替仕訳を行う。

用語 **再振替仕訳**…前期末に行った繰延べ（または見越し）の仕訳の逆仕訳

再振替仕訳

決算日（前期末）において、次期分として繰り延べた費用は、翌期首（次期の期首）に逆の仕訳をして振り戻します。この仕訳を**再振替仕訳**（さいふりかえしわけ）といいます。

◆決算日の仕訳

（前払家賃）　70（支払家賃）　70

逆の仕訳

CASE55の仕訳

（支払家賃）　70（前払家賃）　70

再振替仕訳をすることによって、前期（×1年度）に繰り延べた費用が当期（×2年度）の費用となります。

CASE 56

費用の見越し

お金を借り入れた（利息を後払いとした）ときの仕訳

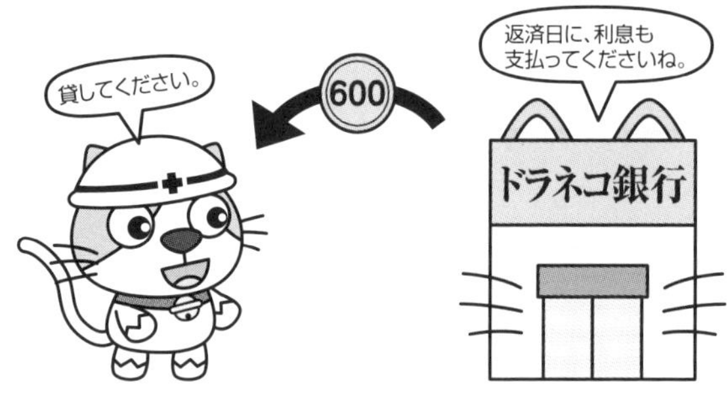

9月1日　ゴエモン建設は、事業拡大のため、銀行から現金600円を借りました。
この借入金にかかる利息（利率は２％）は１年後の返済時に支払うことになっています。

取引　×1年9月1日　ゴエモン建設は銀行から、借入期間1年、年利率2%、利息は返済時に支払うという条件で、現金600円を借り入れた。

これはすでに学習しましたね。

お金を借り入れたとき（利息は後払い）の仕訳

銀行からお金を借り入れたときは、**現金（資産）が増加**するとともに**借入金（負債）**が増加します。

なお、返済時に利息を支払うため、この時点では利息の処理はしません。

CASE56の仕訳

（現　　　金）	600	（借　入　金）	600

CASE 57

費用の見越し

決算日の処理（費用の見越し）

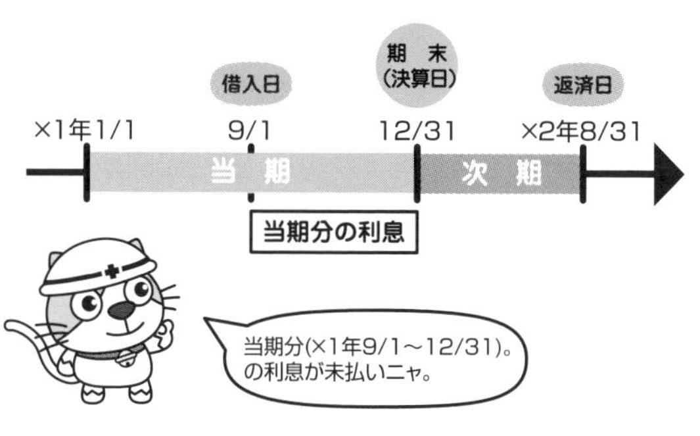

今日は決算日（12月31日）。
ゴエモン建設は、9月1日に銀行から現金600円を借り入れていますが、利息（利率2%）は返済時に払う約束です。
この場合、決算日にどんな仕訳をしたらよいでしょう？

取引　×1年12月31日　決算日（当期：×1年1月1日～12月31日）につき、当期分の利息を見越計上する。なお、ゴエモン建設は9月1日に銀行から、借入期間1年、年利率2%、利息は返済時に支払うという条件で、現金600円を借り入れている。

用語　**見越し**…（費用の場合）当期に支払うべき費用のうち、まだ支払っていない金額を費用として計上すること

費用の見越し

借入金の利息は返済時（×2年8月31日）に支払うため、まだ費用として計上していません。しかし、×1年9月1日から12月31日までの4カ月分の利息は当期の費用なので、この4カ月分を**支払利息（費用）**として処理します。

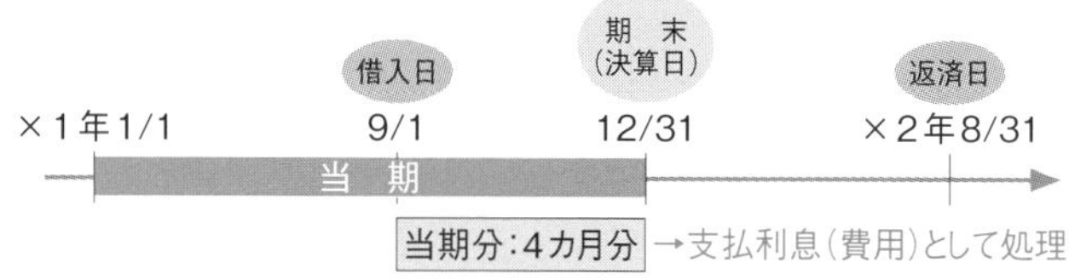

CASE57の当期の支払利息

・当期の支払利息：600円×２％×$\frac{4カ月}{12カ月}$＝4円

（支　払　利　息）　　4（　　　　　　　　）

費用の発生⬆

なお、CASE57では、当期分の費用をまだ支払っていないので、次期に支払わなければならないという義務が生じます。

そこで、貸方は未払費用（負債）で処理します。

未払費用…まだ支払っていない→あとで支払わなければならない義務→負債

資　産	負　債
	純資産

CASE57の仕訳

利息の未払いなので、「未払利息」で処理します。

（支　払　利　息）　　4（未　払　利　息）　　4

負債の増加⬆

決算整理後　支払利息：当期分　4円　＋　未払利息：当期分　4円

このように、当期の費用にもかかわらず支払いがされていない分を、当期の費用として計上することを**費用の見越し**といいます。

再振替仕訳

決算日に当期分として見越した費用は、翌期首（次期の期首）に逆の仕訳をして振り戻します。

（未　払　利　息）　　4（支　払　利　息）　　4

CASE 58

収益の繰延べ

地代を受け取った（収益を前受けした）ときの仕訳

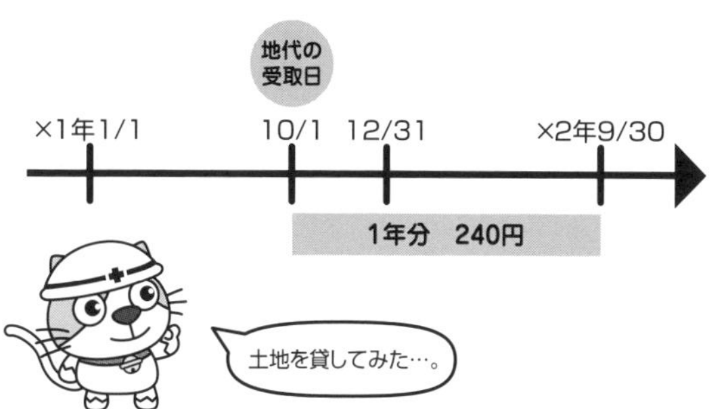

10月1日　ゴエモン建設は、余っている土地を有効利用しようと、トラミ㈱に貸すことにしました。このとき、トラミ㈱から1年分の地代240円を小切手で受け取りました。

取引　×1年10月1日　ゴエモン建設はトラミ㈱に土地を貸し、地代240円（1年分）を小切手で受け取った。

ここまでの知識で仕訳をうめると…

（現　金）	240		

小切手で受け取った

地代を受け取った（収益を前受けした）ときの仕訳

土地を貸し付けて、地代を受け取ったときは、**受取地代（収益）**として処理します。

「受取〜」とついたら収益です。

費　用	収　益
利　益	

CASE58の仕訳

（現　金）	240	（受　取　地　代）	240

収益の発生

CASE 59

収益の繰延べ

決算日の処理（収益の繰延べ）

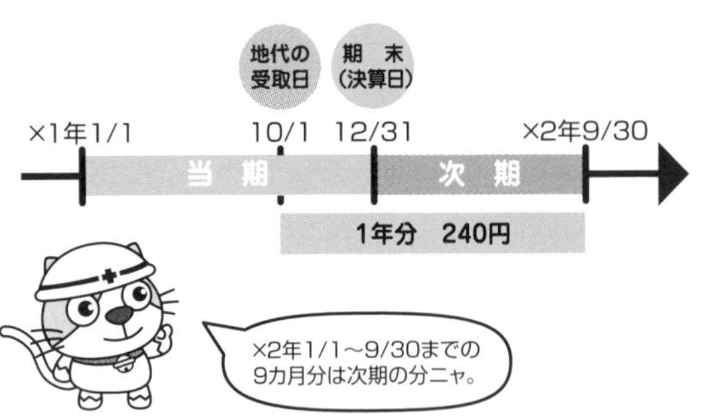

今日は決算日（12月31日）。

ゴエモン建設は、×1年10月1日に受け取った1年分の地代（240円）のうち、次期分（×2年1月1日から9月30日）について繰り延べました。

取引 12月31日　決算日（当期：×1年1月1日～12月31日）につき次期分の地代を繰り延べる。なお、ゴエモン建設は10月1日に地代240円（1年分）を受け取っている。

用語 **繰延べ**…（収益の場合）当期に受け取った収益のうち、次期分を当期の収益から差し引くこと

収益の繰延べ

CASE58では、×1年10月1日（1年分の地代を受け取ったとき）に、受取地代（収益）として処理しています。

◆1年分の地代を受け取ったときの仕訳

（現　　　金）	240	（受　取　地　代）	240

このうち、×1年10月1日から12月31日までの3カ月分は当期の地代ですが、×2年1月1日から9月30日までの9カ月分は次期の地代です。

したがって、いったん計上した1年分の受取地代（収益）のうち、**9カ月分を減らします。**

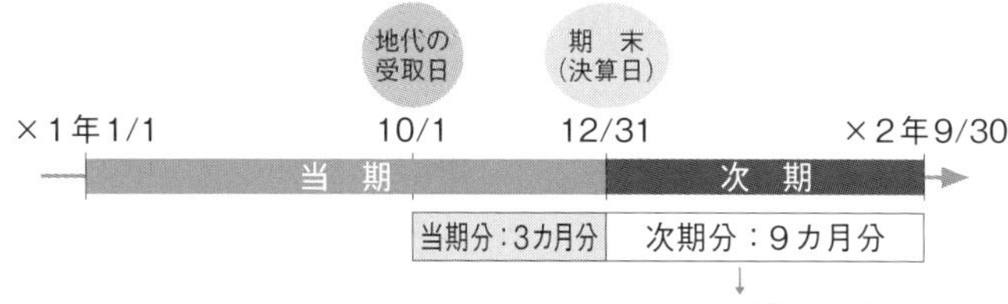

CASE59の次期の受取地代

・次期の受取地代：240円×$\frac{9カ月}{12カ月}$＝180円

（受　取　地　代）　180（　　　　　　　）

収益の取り消し⬇

CASE59では、次期分の収益を当期に前受けしているので、その分のサービスを提供する義務が生じます。そこで、貸方は**前受収益（負債）**で処理します。

前受収益…受け取った分だけサービスを提供する義務
→負債

資　産	負　債
	純資産

CASE59の仕訳

（受　取　地　代）　180（前　受　地　代）　180

負債の増加⬆

地代の前受けなので、「前受地代」で処理します。

決算整理後　受取地代　　　前受地代

次期分を減らす 180円 ← 1年分の地代 240円

当期分（10/1～12/31）60円

＋　前受地代 180円

このように、当期に受け取った次期分の収益を当期の収益から差し引くことを**収益の繰延べ**といいます。

再振替仕訳

決算日に次期分として繰り延べた収益は、翌期首に逆の仕訳をして振り戻します。

（前　受　地　代）　180（受　取　地　代）　180

CASE 60

収益の見越し

お金を貸し付けた（利息をあとで受け取る）ときの仕訳

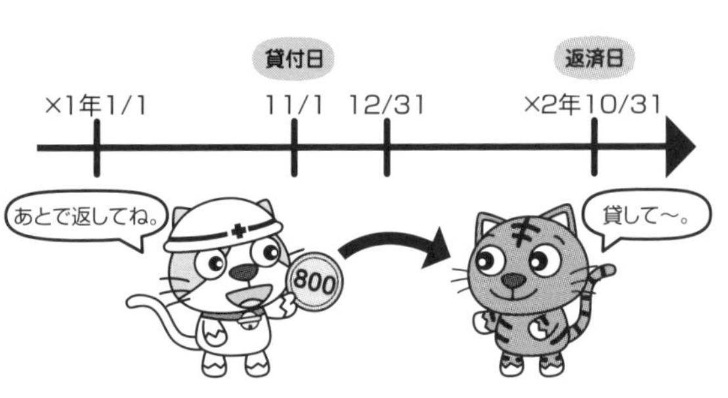

11月1日　ゴエモン建設は、トラノスケ㈱に現金800円を貸しました。
この貸付金にかかる利息（利率は3%）は1年後の返済時に受け取ることになっています。

取引 ×1年11月1日　ゴエモン建設は、トラノスケ㈱に貸付期間1年、年利率3%、利息は返済時に受け取るという条件で現金800円を貸し付けた。

これはすでに学習しましたね。

お金を貸し付けたときの仕訳

お金を貸し付けたときは、**現金（資産）が減少**するとともに**貸付金（資産）が増加**します。

なお、返済時に利息を受け取るため、この時点では利息の処理はしません。

CASE60の仕訳

（貸 付 金）	800	（現 金）	800

CASE 61

収益の見越し

決算日の処理（収益の見越し）

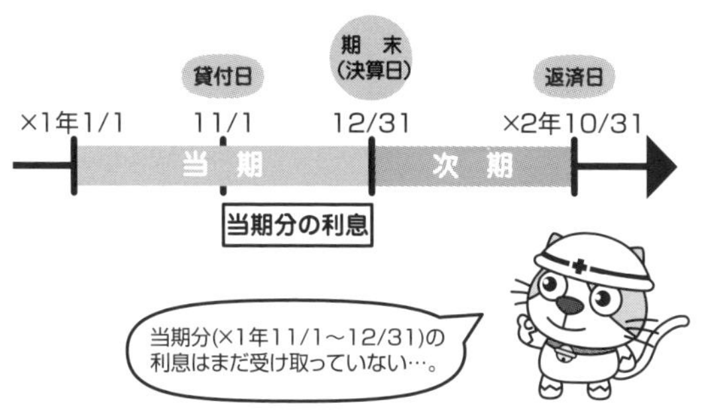

今日は決算日（12月31日）。

ゴエモン建設は、×1年11月1日にトラノスケ㈱に現金800円を貸していますが、利息（利率3%）は返済時（×2年10月31日）に受け取る約束です。したがって、当期分の利息を見越計上しました。

取引 ×1年12月31日　決算日（当期：×1年1月1日～12月31日）につき当期分の利息を見越計上する。なお、ゴエモン建設は11月1日にトラノスケ㈱に貸付期間1年、年利率3%、利息は返済時に受け取るという条件で現金800円を貸し付けている。

用語 **見越し**…（収益の場合）当期に受け取るべき収益のうち、まだ受け取っていない金額を収益として計上すること

収益の見越し

貸付金の利息は返済時（×2年10月31日）に受け取るため、まだ収益として計上していません。しかし、×1年11月1日から12月31日までの2カ月分の利息は当期の収益なので、この2カ月分を**受取利息（収益）**として処理します。

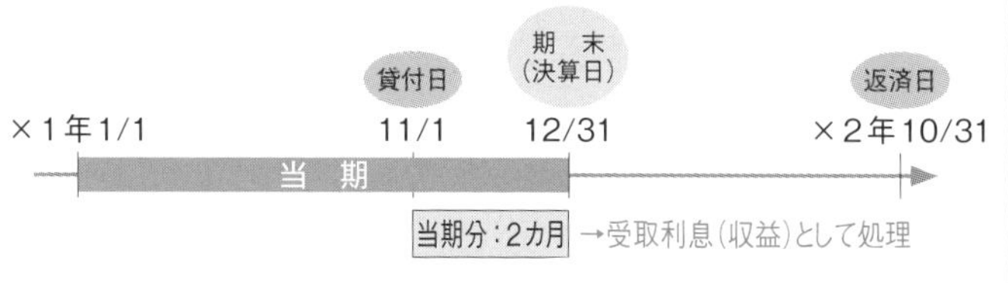

CASE61の当期の受取利息

・当期の受取利息：800円×3％×$\frac{2カ月}{12カ月}$＝4円

（　　　　　）	（受 取 利 息）	4

収益の発生↑

未収収益…まだ受け取っていない→あとで受け取ることができる権利→資産

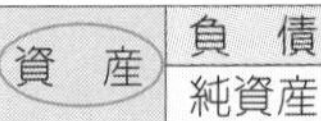

なお、CASE61では、当期分の収益をまだ受け取っていないため、次期に受け取ることができます。そこで、借方は**未収収益（資産）**で処理します。

CASE61の仕訳

利息の未収なので、「未収利息」で処理します。

（未 収 利 息）	4	（受 取 利 息）	4

資産の増加↑

決算整理後

受取利息	未収利息
当期分 4円 ＋	4円

このように、当期の収益にもかかわらずまだ受け取っていない分を、当期の収益として計上することを**収益の見越し**といいます。

再振替仕訳

決算日に当期分として見越した収益は、翌期首に逆の仕訳をして振り戻します。

（受 取 利 息）	4	（未 収 利 息）	4

繰延べと見越しのまとめ

費用、収益ともに「**繰延べ**」といったら、決算日において、当期に支払った費用または受け取った収益のうち**次期分を減らします**。そして、相手科目は**前払○○（資産）**または**前受××（負債）**で処理します。

繰延べ…「前払○○」、「前受××」

また、費用、収益ともに「**見越し**」といったら、決算日において、**当期分の費用または収益を計上します**。そして相手科目は**未払○○（負債）**または**未収××（資産）**で処理します。

見越し…「未払○○」、「未収××」
「見（み）」が付いたら「未（み）」の勘定科目で！

とても重要

繰延べと見越しのまとめ

		費用・収益の処理	経過勘定
繰延べ	費用	減らす	前払○○（資産）
	収益		前受××（負債）
見越し	費用	増やす	未払○○（負債）
	収益		未収××（資産）

前払費用、前受収益、未払費用、未収収益は経過勘定といいます。なお、経過勘定ということばは覚える必要はありません。

問題集
問題37、38

第7章
有価証券

余っている資金を預金としておくなら、株式や社債を購入して、
上手に運用すれば資金を増やすこともできるなぁ…。

ここでは有価証券の処理についてみていきましょう。

CASE 62 有価証券の分類と表示

売買目的有価証券

満期保有目的債券

子会社株式・関連会社株式

その他有価証券

有価証券は、その保有目的によって4種類に分類されます。ここでは、有価証券の分類についてみてみましょう。

有価証券の分類

有価証券は保有目的によって、(1)売買目的有価証券、(2)満期保有目的債券、(3)子会社株式・関連会社株式、(4)その他有価証券に分類されます。

(1) 売買目的有価証券

売買目的有価証券とは、時価の変動を利用して、短期的に売買することによって利益を得るために保有する株式や社債のことをいいます。

(2) 満期保有目的債券

満期まで保有するつもりの社債等を満期保有目的債券といいます。

子会社株式と関連会社株式をあわせて、関係会社株式といいます。

(3) 子会社株式・関連会社株式

子会社や関連会社が発行した株式を、それぞれ子会社株式、関連会社株式といいます。

たとえばゴエモン建設が、サブロー㈱の発行する株式のうち、過半数（50%超）を所有しているとします。

会社の基本的な経営方針は、株主総会で持ち株数に応じた多数決によって決定しますので、過半数の株式を持っているゴエモン建設が、ある議案について「賛成」といったら、たとえほかの人が反対でも「賛成」に決まります。

このように、ある企業（ゴエモン建設）が他の企業（サブロー㈱）の意思決定機関を支配している場合の、ある企業（ゴエモン建設）を**親会社**、支配されている企業（サブロー㈱）を**子会社**といいます。

意思決定機関とは、会社の経営方針等を決定する機関、つまり株主総会や取締役会のことをいいます。

また、意思決定機関を支配しているとまではいえないけれども、人事や取引などを通じて他の企業の意思決定に重要な影響を与えることができる場合の、他の企業を**関連会社**といいます。

(4) その他有価証券

上記(1)から(3)のどの分類にもあてはまらない有価証券を**その他有価証券**といい、これには、業務提携のための相互持合株式などがあります。

相互持合株式とは、お互いの会社の株式を持ち合っている場合の、その株式をいいます。

有価証券の表示

有価証券の貸借対照表上の表示区分と表示科目は、次のとおりです。

(1) 売買目的有価証券

売買目的有価証券は短期的に保有するものなので、**流動資産**に**有価証券**として表示します。

ただし、満期日まで1年以内のものについては、流動資産に有価証券として表示します。

(2) 満期保有目的債券

満期保有目的債券は長期的に保有するものなので、**固定資産**に**投資有価証券**として表示します。

ただし、子会社株式や関連会社株式として、別々に表示することがあります。

(3) 子会社株式・関連会社株式

子会社株式や関連会社株式は支配目的で長期的に保有するものなので、**固定資産**に**関係会社株式**として表示します。

(4) その他有価証券

その他有価証券は、**固定資産**に**投資有価証券**として表示します。

有価証券の分類と表示

分類	表示科目	表示区分
(1) 売買目的有価証券	有価証券	流動資産
(2) 満期保有目的債券	投資有価証券	固定資産
	有価証券	流動資産
(3) 子会社株式・関連会社株式	関係会社株式	固定資産
(4) その他有価証券	投資有価証券	固定資産

CASE 63　有価証券

有価証券を購入したときの仕訳

ゴエモン建設では、A社株式とB社社債を購入することにしました。このうち、A社株式は値上がりしたらすぐに売り、B社社債は利息を受け取るため、満期まで保有するつもりです。

取引　×1年4月1日　ゴエモン建設はA社株式（売買目的）10株を1株100円で購入し、代金は売買手数料100円とともに現金で支払った。また、B社社債（満期保有目的）2,000円（額面総額）を額面100円につき95円で購入し、代金は現金で支払った。

有価証券を購入したときの仕訳

有価証券を購入したときは、有価証券本体の価額である**購入代価**に、売買手数料などの**付随費用**を足した金額を、取得原価とします。

有価証券の取得原価 ＝ 購入代価 ＋ 付随費用

CASE63の有価証券の取得原価

・売買目的有価証券：@100円×10株＋100円＝1,100円

・満期保有目的債券：@95円×20口*＝1,900円

＊購入口数：$\frac{2{,}000円}{@100円}$＝20口

CASE63の仕訳

（有価証券）	1,100	（現　　　金）	3,000
（投資有価証券）	1,900		

1,100円＋1,900円

CASE 64 有価証券

配当金や利息を受け取ったときの仕訳

先日購入したA社株式について配当金領収証を受け取りました。
また、今日はB社社債の利払日です。
そこで、配当金と利息について処理しました。

取引 所有しているA社株式について、配当金領収証30円を受け取った。また、所有しているB社社債について社債利札50円の期限が到来した。

配当金や利息を受け取ったときの仕訳

株式会社から送られてくる配当金領収証や、社債についている利札（期限が到来したもの）を銀行などに持っていくと、現金に換えてもらうことができます。

配当金領収証や期限到来後の公社債利札は通貨代用証券。だから現金で処理します。

そこで、配当金領収証を受け取ったときや社債の利払日に、**現金（資産）の増加**として処理するとともに、**受取配当金（収益）**や**有価証券利息（収益）**を計上します。

CASE64の仕訳

（現　　　　金）	80	（受 取 配 当 金）	30
		（有 価 証 券 利 息）	50

30円＋50円

収益の発生↑

CASE 65 有価証券

有価証券を売却したときの仕訳

ゴエモン建設は当期中に2回に分けて購入したC社株式の一部を売却しました。
売却分の帳簿価額を計算したいのですが、1回目に購入したときと2回目に購入したときの単価が違う場合、どのように計算したらよいのでしょう？

取引 当期中に2回にわたって売買目的で購入したC社株式20株のうち、15株を1株あたり13円で売却し、代金は月末に受け取ることとした。なお、C社株式の購入状況は次のとおりであり、平均原価法によって記帳している。

	1株あたり購入単価	購入株式数
第1回目	@10円	10株
第2回目	@12円	10株

用語 **平均原価法**…複数回に分けて同じ銘柄の株式を購入したときに、取得原価の合計を購入株式数の合計で割った平均単価で、株式の単価を記帳・処理する方法

これまでの知識で仕訳をうめると…

（未　収　入　金）　195（有　価　証　券）

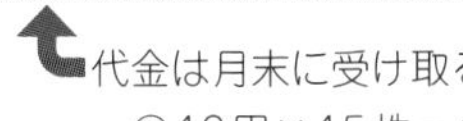

代金は月末に受け取る
→@13円×15株＝195円

有価証券の売却⬇

公社債の場合も同様です。

複数回にわたって購入した株式を売却したときの仕訳

同じ会社の株式を複数回に分けて購入し、これを売却したときは、株式の平均単価（取得原価の合計額÷取得株式数の合計）を求め、平均単価に売却株式数を掛けて売却株式の帳簿価額を計算します。

$$平均単価＝\frac{1回目の取得原価＋2回目の取得原価＋\cdots}{1回目の取得株式数＋2回目の取得株式数＋\cdots}$$

売却株式の帳簿価額 ＝ @平均単価 × 売却株式数

CASE65の売却株式の帳簿価額

$$平均単価：\frac{@10円×10株＋@12円×10株}{10株＋10株}＝@11円$$

売却株式の帳簿価額：@11円×15株＝165円

（未収入金）	195	（有価証券）	165

また、売却価額と帳簿価額との差額（貸借差額）は、**有価証券売却益（収益）**または**有価証券売却損（費用）**で処理します。

売却手数料が生じている場合、売却手数料を差し引いた手取額と帳簿価額の差額が有価証券売却益（損）となります。

CASE65の仕訳

（未収入金）	195	（有価証券）	165
		（有価証券売却益）	30

貸借差額が貸方に生じるので有価証券売却益（収益）です。

貸借差額

上記のように、平均単価で株式や社債の帳簿価額を計算する方法を**平均原価法**（へいきんげんかほう）といいます。

CASE 66 有価証券

有価証券の決算時の仕訳①

今日は決算日。こぶた商事株式会社の株式（取得原価55円）は、まだ売らずに持っています。
決算日のこぶた商事株式会社の時価は60円なのに、55円のまま帳簿に計上していてよいのでしょうか？

取引 12月31日　決算において、ゴエモン建設が所有するこぶた商事株式会社の株式（帳簿価額55円）を時価60円に評価替えする。

用語 **時　価**…そのとき（ここでは決算日）の価値
評価替え…有価証券の帳簿価額を時価に替えること

決算日における処理（評価益の場合）

売買目的有価証券の帳簿価額は、決算において時価に修正します。これを**有価証券の評価替え**（ひょうかがえ）といいます。

CASE66では、売買目的有価証券の帳簿価額は55円ですが、時価は60円です。

つまり、売買目的有価証券の価値が5円（60円－55円）増えていることになるので、**有価証券（資産）**を5円だけ増やします。

（有　価　証　券）	5	（　　　　　　）	

資産の増加↑

時価が上がっていたら評価益（収益）、下がっていたら評価損（費用）です。

費　用	収　益
利　益	

時価と帳簿価額との差額は、**有価証券評価益（収益）**または**有価証券評価損（費用）**で処理します。

CASE66では、帳簿価額（55円）よりも時価（60円）が高いので、価値が高くなっている状態です。したがって、時価と帳簿価額との差額5円は**有価証券評価益（収益）**で処理します。

CASE66の仕訳

（有　価　証　券）	5	（有価証券評価益）	5

収益の発生↑

売買目的有価証券の価値を増やしたときに、貸方があくので、収益の勘定科目（有価証券評価益）を記入することがわかります。

決算日における処理（評価損の場合）

たとえば、決算日において時価が53円に下がっていた場合には、時価（53円）と帳簿価額（55円）との差額2円（55円－53円）だけ**有価証券（資産）を減らし、借方は有価証券評価損（費用）**で処理します。

（有価証券評価損）	2	（有　価　証　券）	2

問題集
問題39～41

有価証券の決算時の仕訳②

今日は決算日。
決算日において、ゴエモン建設はD社株式（売買目的）とE社社債（満期保有目的）をもっています。

取引 ×2年3月31日　決算につき決算整理仕訳を行う。
・D社株式（売買目的）の帳簿価額は1,100円、時価は1,200円である。
・E社社債（満期保有目的）は×1年4月1日に2,000円（額面総額）を1,900円で購入したものである（満期日：×6年3月31日）。当該債券に対して償却原価法（定額法）を適用する。

これまでの知識で仕訳をうめると…

（有　価　証　券）　100（有価証券評価益）　100

売買目的有価証券の評価替え
1,100円＜1,200円　→　価値が100円増加
帳簿価額　時　価

売買目的有価証券はすぐに売るつもりのものなので、「いまいくらか」が重要ですが、満期保有目的債券は売る予定がないので、時価で評価する意味が乏しいのです。

満期保有目的債券の決算時の仕訳

満期保有目的債券は満期まで保有するため、決算時に評価替えをしてもあまり意味がありません。そのため**満期保有目的債券については評価替えをしません。**

試験では「償却原価法で処理する」というような指示がつきます。

ただし、額面金額（債券金額）よりも低い価額、または高い価額で社債などを購入したときに生じる額面金額と取得原価との差額が、金利を調整するための差額（**金利調整差額**といいます）であるときは、**償却原価法**で処理します。

償却原価法とは、金利調整差額を社債の取得日から満期日までの間、一定の方法で有価証券の帳簿価額に加算または減算する方法をいいます。

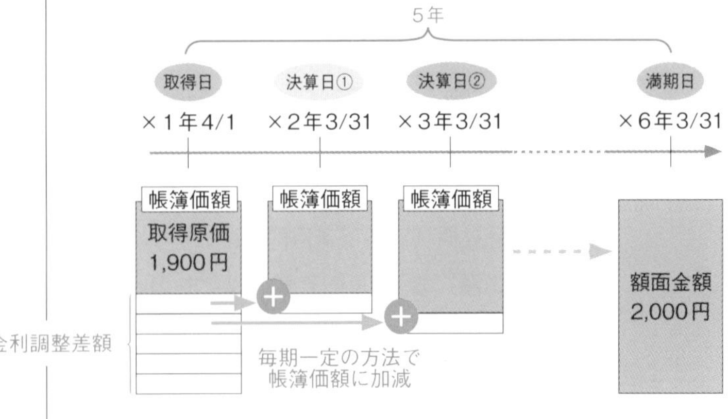

なお、当期に加算または減算する金利調整差額は次の計算式によって求めます。

償却原価法には定額法と利息法がありますが、このテキストでは定額法の処理を前提とします。

$$\text{金利調整差額の当期加減額} = \underset{\text{額面金額}-\text{取得原価}}{\text{金利調整差額}} \times \frac{\text{当期の所有月数}}{\text{取得日から満期日までの月数}}$$

CASE67の社債は、取得日（×1年4月1日）から満期日（×6年3月31日）までが5年（60カ月）なので、金利調整差額を5年（60カ月）で調整します。

CASE67の金利調整差額の当期加減額

①金利調整差額：2,000円 − 1,900円 = 100円
（2,000円：額面金額、1,900円：取得原価）

②当期加減額：$100円 \times \frac{12カ月（1年）}{60カ月（5年）} = 20円$

（投資有価証券）	20	（　　　　）	

額面金額＞取得原価なので、帳簿価額に加算

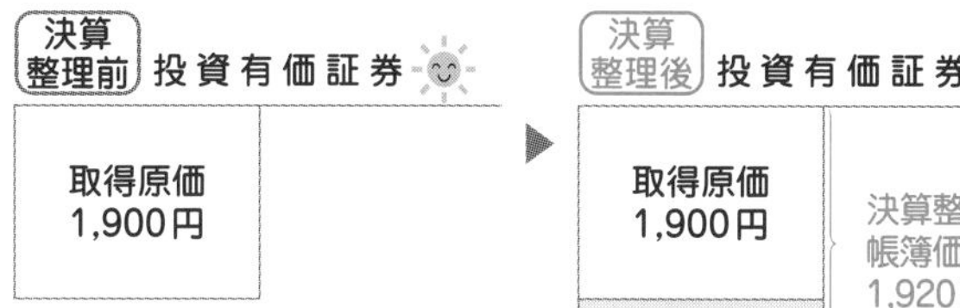

なお、相手科目は**有価証券利息（収益）**で処理します。

金利調整差額なので、有価証券利息で処理するんですね。

（投資有価証券）	20	（有価証券利息）	20

以上より、CASE67の仕訳は次のとおりです。

CASE67の仕訳

（有価証券）	100	（有価証券評価益）	100
（投資有価証券）	20	（有価証券利息）	20

問題集
問題42

CASE 68 端数利息

利払日以外の日に公社債を売却したときの仕訳

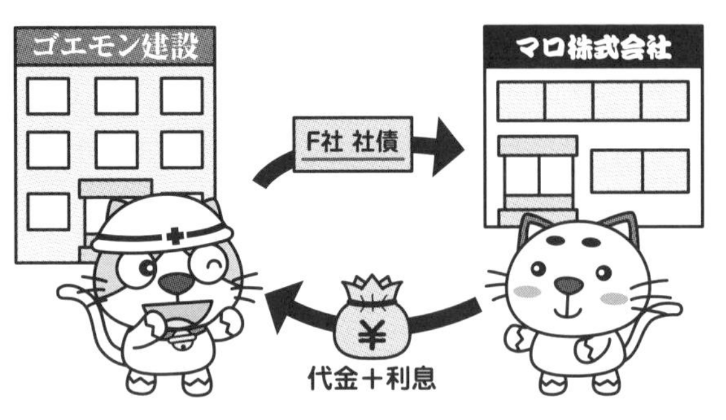

×２年９月10日。ゴエモン建設は利払日が６月末と12月末のＦ社社債をマロ㈱に売りました。
また、７月１日から９月10日までの利息をマロ㈱から受け取りました。

取引 ×2年9月10日　ゴエモン建設は、売買目的で額面100円につき97円で購入した額面総額10,000円（100口）のＦ社社債を、額面100円につき98円でマロ㈱に売却し、代金は直前の利払日の翌日から売却日までの利息とともに現金で受け取った。なお、この社債は年利率7.3％、利払日は6月末と12月末の年2回である。

これまでの知識で仕訳をうめると…

（現　　　金）		（有 価 証 券）	9,700

現金で受け取った↑　　有価証券の売却↓
→@97円×100口＝9,700円

利払日以外の日に公社債を売却したときの仕訳

公社債の利息は利払日に発行会社（Ｆ社）から受け取ります。そして、CASE68のように、所有する公社債を利払日以外の日に売却したときは、前回の利払日（６月末）の翌日（７月１日）から売却日（９月10日）までの利息（**端数利息**（はすうりそく）といいます）を買主（マロ㈱）から受け取ります。

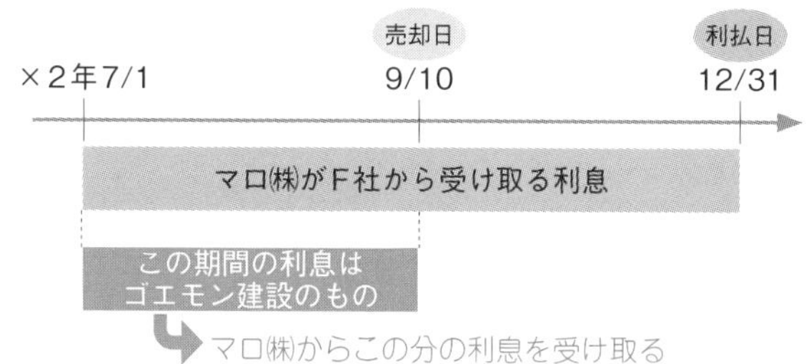

なお、端数利息の計算式は次のとおりです。

$$\text{端数利息} = 1\text{年分の利息} \times \frac{\text{前回の利払日の翌日から売却日までの日数}}{365\text{日}}$$

CASE68の端数利息の金額

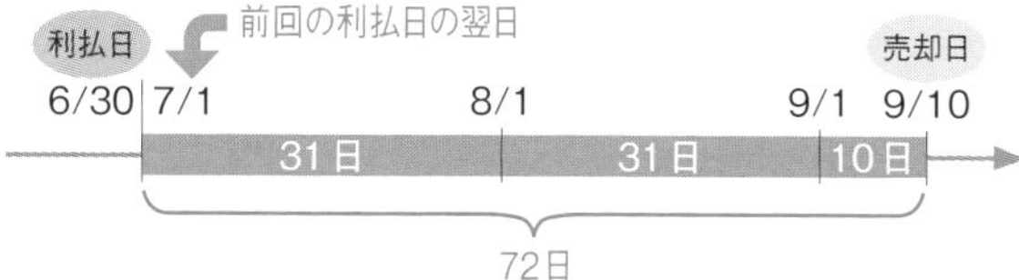

①1年分の利息：10,000円×7.3%＝730円

②端　数　利　息：$730\text{円} \times \frac{72\text{日}}{365\text{日}} = 144\text{円}$

CASE68の仕訳

（現　　　　金）	9,944	（有　価　証　券）	9,700
		（有価証券利息）	144
		（有価証券売却益）	100

売却代金：@98円×100口＝9,800円
端数利息：　144円
合　　計：　9,944円

貸借差額

CASE 69

端数利息

利払日以外の日に公社債を購入したときの仕訳

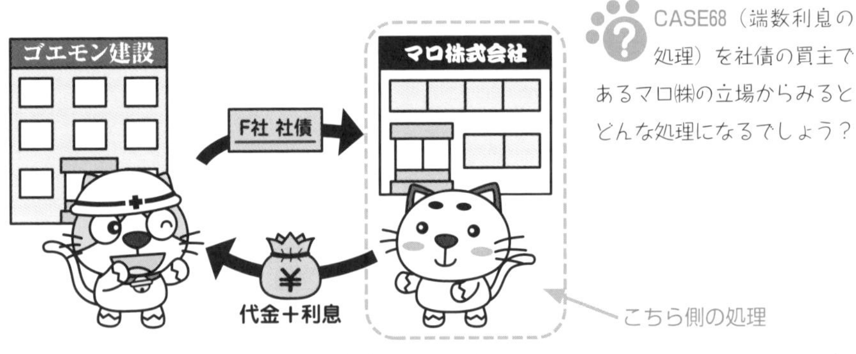

取引 ×2年9月10日　マロ㈱は、ゴエモン建設より売買目的で額面総額10,000円（100口）のＦ社社債を、額面100円につき98円で購入し、代金は直前の利払日の翌日から購入日までの利息とともに現金で支払った。なお、この社債は年利率7.3%、利払日は6月末と12月末の年2回である。

これまでの知識で仕訳をうめると…

現金で支払った⬇

（有　価　証　券）　9,800（現　　　　　金）

有価証券の購入⬆
→@98円×100口＝9,800円

利払日以外の日に公社債を購入したときの仕訳

公社債の買主であるマロ㈱は、利払日（12月末）にＦ社から７月１日から12月31日までの半年分の利息を受け取ります。

しかし、このうち７月１日から９月10日までの分は、前の所有者であるゴエモン建設のものです。

そこで、利払日以外の日に公社債を購入したときは、前回の利払日（6月30日）の翌日（7月1日）から購入日（9月10日）までの利息（**端数利息**）を売主（ゴエモン建設）に支払います。

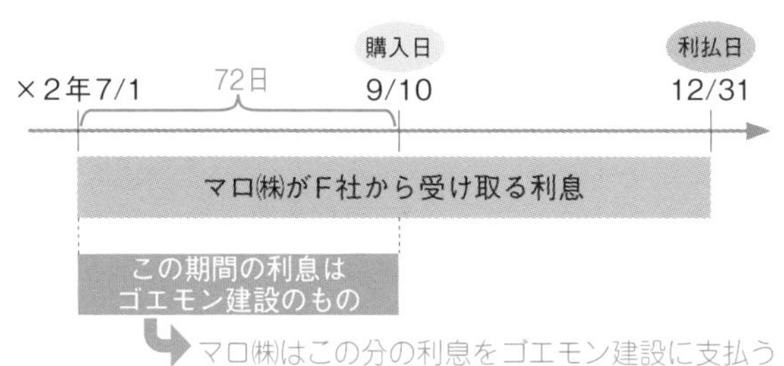

このとき、マロ㈱は有価証券利息を立替払いしたとして、**有価証券利息（収益）の減少**として処理します。

端数利息の計算式は先ほどのCASE68と同じです。

CASE69の端数利息の金額

①1年分の利息：10,000円×7.3％＝730円

②端　数　利　息：$730円 \times \frac{72日}{365日} = 144円$

CASE69の仕訳

（有　価　証　券）	9,800	（現　　　　　　金）	9,944
（有価証券利息）	144		

借方合計

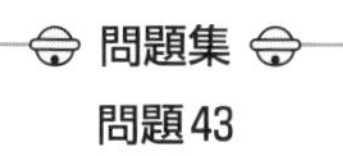

CASE 70

有価証券の評価

時価を把握することが極めて困難と認められる有価証券の評価

今日は決算日。ゴエモン建設で保有するG社株式は、その他有価証券ですが、その時価を把握するのは困難です。このような株式の評価はどうするのでしょう？

取引 ゴエモン建設はG社株式（取得原価1,000円、その他有価証券）を保有している。G社株式の時価を把握することは極めて困難である。決算における仕訳をしなさい。

時価を把握することが極めて困難と認められる有価証券

時価を把握することが極めて困難と認められる有価証券については**取得原価**で評価します。

ただし、社債その他の債券については、金銭債権に準じて**取得原価**または**償却原価**で評価します。

時価を把握することが極めて困難と認められる有価証券の評価
①株式…取得原価
②社債その他の債券…取得原価または償却原価

したがって、CASE70のG社株式については、決算において評価替えをしません。

CASE70の仕訳

仕訳なし

CASE 71 有価証券

強制評価減と実価法

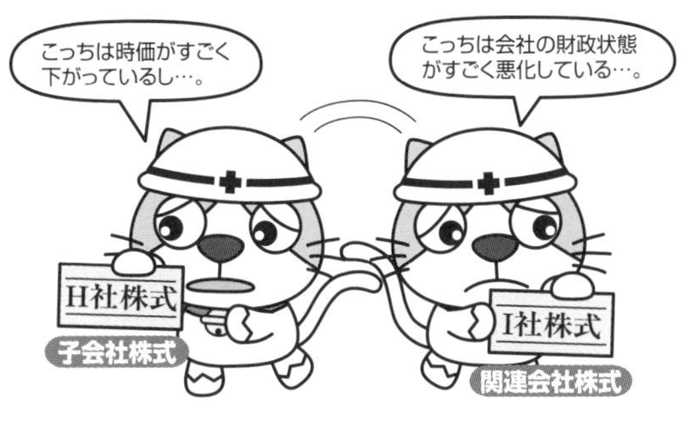

ゴエモン建設で保有するＨ社株式は子会社株式ですが、時価が著しく下落しています。また、Ｉ社株式は関連会社株式ですが、Ｉ社は財政状態が著しく悪化しています。このような場合でも、子会社株式や関連会社株式は評価替えをしないのでしょうか？

取引 ゴエモン建設はＨ社株式とＩ社株式を保有している。次の資料にもとづき、決算における仕訳をしなさい。

［資　料］

1．Ｈ社株式は子会社株式（取得原価2,000円、期末時価800円）である。なお、期末時価の下落は著しい下落であり、回復の見込みはない。

2．Ｉ社株式は関連会社株式（取得原価1,500円、時価は不明、保有株式数30株）である。なお、Ｉ社（発行済株式100株）の財政状態は次のとおり著しく悪化しているので、実価法を適用する。

（Ｉ社）　貸借対照表　（単位：円）

諸資産	10,000	諸負債	8,000

有価証券の減損処理

売買目的有価証券以外の有価証券の時価が著しく下落した場合や、時価を把握することが極めて困難と認められる株式の実質価額が著しく下落した場合には、評価替えが強制されます。

これを有価証券の**減損処理**(げんそんしょり)といい、減損処理には**強制評価減**と**実価法**(じっかほう)があります。

回復の見込みがない場合だけでなく、回復する見込みが不明な場合も時価で評価します。

強制評価減

売買目的有価証券以外の有価証券について、時価が著しく下落した場合は、回復する見込みがあると認められる場合を除いて、時価を貸借対照表価額とし、評価差額を当期の損失（**特別損失**）として計上しなければなりません。これを**強制評価減**といいます。

なお、「著しい下落」とは、時価が取得原価の50％程度以上下落した場合などをいいます。

> **強制評価減**
> 時価が著しく下落し、かつ、回復の見込みがあると認められる場合を除いて、時価で評価

800円 ＜ 2,000円×50％なので、著しい下落に該当します。なお、著しい下落かどうかは通常、問題文に与えられます。

CASE71のＨ社株式は子会社株式なので、通常は決算において評価替えしませんが、時価が著しく下落し(800円)、かつ、回復の見込みがありません。したがって、強制評価減が適用されます。

CASE71の仕訳　Ｈ社株式

（子会社株式評価損）	1,200	（子 会 社 株 式）	1,200

特別損失

2,000円－800円＝1,200円

実価法

時価を把握することが極めて困難と認められる株式について、その株式を発行した会社の財政状態が著しく悪化したときは、**実質価額**まで帳簿価額を切り下げます。これを**実価法**といいます。

なお、実質価額は発行会社の１株あたりの純資産に、所有株式数を掛けて計算します。

実質価額の計算

① 発行会社の純資産＝資産－負債

② 1株あたりの純資産（実質価額）＝$\frac{純資産}{発行済株式総数}$

③ 所有株式の実質価額＝②×所有株式数

CASE71　I社株式の実質価額

①発行会社の純資産：10,000円－8,000円＝2,000円

②1株あたりの純資産：$\frac{2,000円}{100株}$＝@20円

③所有株式の実質価額：@20円×30株＝600円

以上よりCASE71のI社株式の処理は次のようになります。

CASE71の仕訳　I社株式

（関連会社株式評価損）	900	（関 連 会 社 株 式）	900

特別損失

1,500円－600円＝900円

強制評価減や実価法が適用された場合の表示

強制評価減や実価法が適用された場合の評価損は、損益計算書上、**特別損失**に計上します。

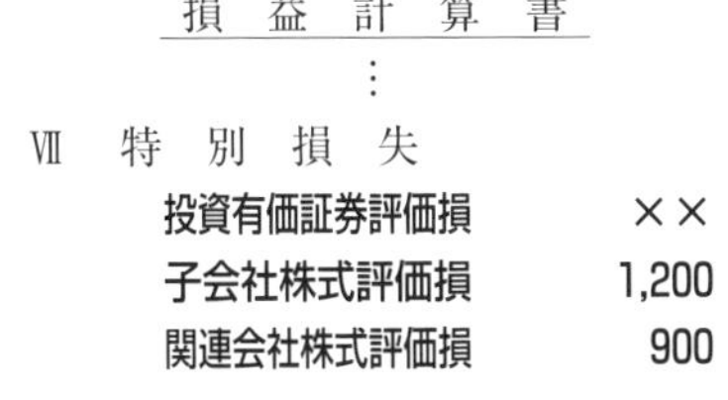

損 益 計 算 書

⋮

Ⅶ 特 別 損 失	
投資有価証券評価損	××
子会社株式評価損	1,200
関連会社株式評価損	900

営業外費用に計上する場合もありますので、問題文の指示に従ってください。

問題集
問題44

有価証券の差し入れ・保管

営業保証金または借入金の担保として、有価証券を預け入れることを差し入れ、預かることを保管といいます。債務を履行すれば同一の有価証券を返還してもらえるので、本来は簿記上の取引は行いませんが、備忘記録として仕訳をします。

(1) 差し入れた側の処理

手許にある有価証券と区分するため、**差入有価証券**を用いて処理します。

なお、差入有価証券は将来返還を受ける権利を表すため、**簿価**により計上します。

[例] 現金1,500円を借り入れ、担保として満期保有目的で取得した社債（額面金額2,000円、帳簿価額@96円、時価@97円）を差し入れた。

（現　　　　金）	1,500	（借　入　金）	1,500
（差入有価証券）	1,920	（投資有価証券）	1,920

(2) 預かる側の処理

手許にある有価証券と区分するため、**保管有価証券**を用いて処理し、相手科目は将来その有価証券を返還しなければならない債務を示すために**預り有価証券**を用いて処理します。

なお、保有有価証券および預り有価証券は担保能力を示すものなので、**時価**で計上します。

[例] 現金1,500円を貸し付け、担保として社債（額面金額2,000円、時価@97円）を受け取った。

（貸　付　金）	1,500	（現　　　　金）	1,500
（保管有価証券）	1,940	（預り有価証券）	1,940

2,000円×@97円/@100円

有価証券の貸付け・借入れ

有価証券の貸付けや借入れは、有価証券を取引先から借り入れ、①担保として資金の貸付けを受け、または②それを利用して現金化することにより資金を調達するという金融手段の一つとして利用されています。

(1) 貸した側の処理

貸した分だけ手許から有価証券がなくなるので、**貸付有価証券**に**帳簿価額**で振り替える仕訳を行います。

[例] 売買目的で所有している株式（帳簿価額900円、時価1,000円）を貸し付けた。

(貸付有価証券)	900	(有価証券)	900

簿価

(2) 借りた側の処理

自分の本来の資産である有価証券と区別するため**保管有価証券**とし、一方、返還すべき義務を**借入有価証券**とします。なお、この時の金額は**時価**によります。

[例] 株式（帳簿価額900円、時価1,000円）を借り入れた。

(保管有価証券)	1,000	(借入有価証券)	1,000

なお、借主が有価証券を他に差し入れたときは、次のようになります。

[例] 借りている有価証券（帳簿価額1,000円）を担保として差し入れた。

(差入有価証券)	1,000	(保管有価証券)	1,000

第8章

固定資産

固定資産は決算において減価償却をしなければならないけど、
減価償却の方法には定額法以外の方法もあるらしい。
また、営業用車を買い換えたときや
火災で倉庫が燃えてしまったときなどは
どんな処理をするんだろう?

ここでは、固定資産の処理についてみていきましょう。

CASE 72 有形固定資産の取得

有形固定資産を取得したときの仕訳

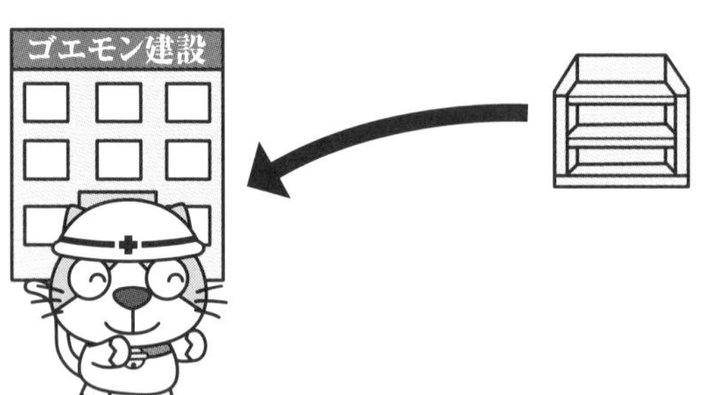

ゴエモン建設では、備品1,000円を購入し、運送費20円とともに現金で支払いました。この場合、どんな処理をするのでしょう？

取引 売価1,000円の備品を100円の値引きを受けて購入し、代金は運賃20円とともに現金で支払った。

有形固定資産とは？

土地や建物、備品など、企業が長期にわたって自社利用するために保有する資産で、形のあるものを**有形固定資産**といいます。

償却資産と非償却資産

建物や備品等については決算において減価償却を行います。このように、有形固定資産のうち決算において減価償却を行うものを**償却資産**といいます。

一方、土地のように減価償却を行わないものを**非償却資産**といいます。

土地は利用によって価値が減らないので、減価償却をしません。

有形固定資産		
	償却資産	建物、構築物、備品、機械、車両など
	非償却資産	土地など

有形固定資産の取得原価

有形固定資産を購入したときは、購入代価に引取運賃や購入手数料、設置費用などの付随費用を加算した金額を取得原価として処理します。

なお、購入に際して、値引きや割戻しを受けたときは、これらの金額を購入代価から差し引きます。

取得原価＝(購入代価－値引き・割戻額)＋付随費用

したがって、CASE72の備品購入時の仕訳は次のようになります。

CASE72の仕訳

1,000円－100円＋20円＝920円

（備　品）	920	（現　金）	920

取得原価の決定

固定資産を特殊な状態で取得した場合の取得原価は次のようになります。

(1) 一括購入

たとえば土地付建物を一括して購入し、代金6,000円を支払った場合のように、複数の固定資産を一括して購入した場合は、取得原価（6,000円）を各固定資産（土地と建物）の**時価の比で按分**します。

例 土地付建物を購入し、代金6,000円は小切手を振り出して支払った。なお、土地の時価は5,000円、建物の時価は3,000円である。

$$6{,}000円 \times \frac{5{,}000円}{5{,}000円 + 3{,}000円} = 3{,}750円$$

(土　　　　　地)	3,750	(当　座　預　金)	6,000
(建　　　　　物)	2,250		

$$6{,}000円 \times \frac{3{,}000円}{5{,}000円 + 3{,}000円} = 2{,}250円$$

(2) 自家建設

商品倉庫を自社で建設した場合など、自家建設の場合には原則として、**適正な原価計算基準にしたがって製造原価**（材料費、労務費、経費）を計算し、この製造原価を取得原価とします。

ただし、自家建設のための借入金にかかる利息（自家建設に要する**借入資本利子**といいます）で**固定資産の稼働前の期間に属するもの**は、取得原価に算入することができます。

通常、借入資本利子（支払利息）は取得原価に含めませんが、自家建設の場合に限って、固定資産の稼働前の期間のものは、取得原価に算入することが容認されています。

(3) 現物出資

株式を発行する際、通常は現金等による払込みを受けますが、土地や建物などの現物によって払込みが行われることがあります。このような現物による払込みを**現物出資**といい、現物出資によって固定資産を取得した場合、**時価等を基準とした公正な評価額**を取得原価とします。

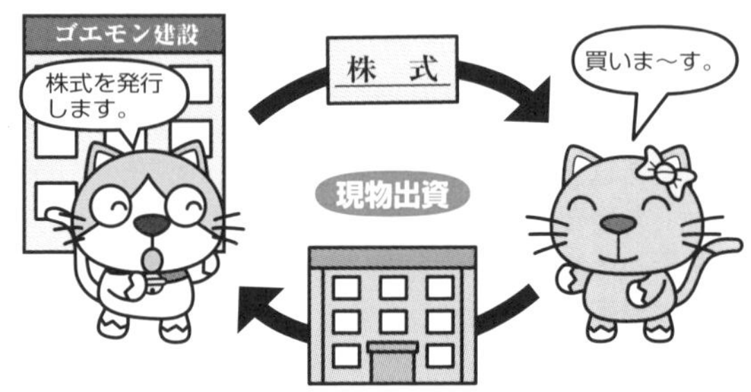

例　建物の現物出資を受け、株式6,000円（時価）を交付した。なお、払込金額の全額を資本金として処理する。

（建　　物）	6,000	（資　本　金）	6,000

(4) 有形固定資産との交換

保有している固定資産と交換で、固定資産を受け入れた場合には、**相手に渡した自己資産の適正な帳簿価額**を取得原価とします。

つまり、旧資産の帳簿価額を新資産の帳簿価額に付け替えるのです。

例 自己所有の建物（帳簿価額4,000円、時価3,500円）と先方所有の建物（帳簿価額3,000円、時価3,500円）を交換した。

①等価交換のとき

（建　　物）	4,000	（建　　物）	4,000

②交換差金100円を現金で支払ったとき

（建　　物）	4,100	（建　　物）	4,000
		（現　　金）	100

(5) 有価証券との交換

建物を取得し、保有する有価証券を渡した場合など、固定資産と有価証券を交換した場合は、**交換時の有価証券の時価**（または**適正な帳簿価額**）を取得原価とします。

(6) 贈与

建物や土地の贈与を受けた場合は、**贈与時の時価等**を取得原価とします。なお、このときの相手科目は**固定資産受贈益（特別利益）**で処理します。

例 土地（時価5,500円）の贈与を受けた。

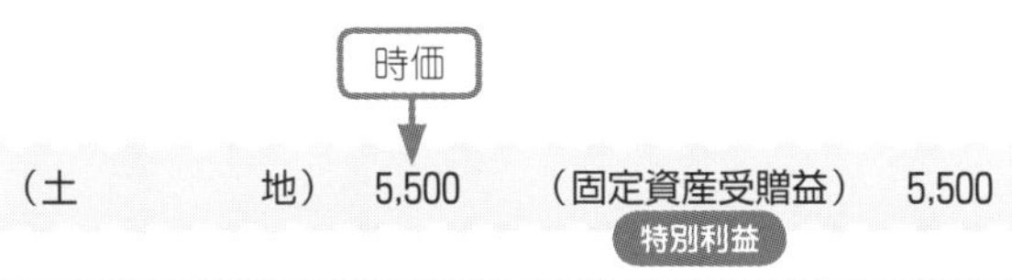

CASE 73 減価償却

固定資産の減価償却（定額法）の仕訳

今日は決算日。
固定資産をもっていると、決算日に減価償却を行わないといけません。
そこでゴエモン建設は当期首に買った自社利用の建物について減価償却を行うことにしました。

取引 ×2年3月31日　決算につき、当期首（×1年4月1日）に購入した自社利用の建物（取得原価2,000円）について減価償却を行う。なお、減価償却方法は定額法（耐用年数30年、残存価額は取得原価の10%）、記帳方法は間接法による。

減価償却とは

固定資産は長期的に企業で使われることによって、売上（収益）を生み出すのに貢献しています。また、固定資産を使用するとその価値は年々減っていきます。そこで、固定資産の価値の減少を見積って、毎年、費用として計上していきます。この手続きを**減価償却**（げんかしょうきゃく）といい、減価償却によって費用として計上される金額を**減価償却費**（げんかしょうきゃくひ）といいます。

なお、減価償却の方法には**定額法**、**定率法**（ていりつほう）、**生産高比例法**（せいさんだかひれいほう）などがあります。

定額法による減価償却費の計算

定額法は、固定資産の価値の減少分は毎年同額であると仮定して計算する方法で、**取得原価**から**残存価額**を差し引いた金額を**耐用年数**で割って計算します。

取得原価…固定資産の購入にかかった金額。
残存価額…最後まで使ったときに残っている価値。
耐用年数…固定資産の利用可能年数。

$$減価償却費（定額法）=\frac{取得原価－残存価額}{耐用年数}$$

CASE73の建物の減価償却費

$$\cdot\ \frac{2{,}000円-\underbrace{2{,}000円\times10\%}_{200円}}{30年}=60円$$

もし残存価額が0円なら、取得原価（2,000円）を耐用年数（30年）で割るだけですね！

CASE73の仕訳

（減価償却費）	60	（減価償却累計額）	60

間接法では直接固定資産の帳簿価額を減額せず、減価償却累計額で処理します。一方、直接法では「建物」で処理し、直接帳簿価額を修正します。

期中に取得した固定資産の減価償却費の計算

期首に取得した固定資産については、1年分の減価償却費を計上しますが、**期中に取得した固定資産の減価償却費は、使った期間だけ月割りで計算します。**

とても重要

たとえば、CASE73の建物をゴエモン建設が×1年7月1日に購入した場合は、取得日（×1年7月1日）から決算日（×2年3月31日）までの9カ月分の減価償却費を計上します。

9カ月分の減価償却費

①1年分の減価償却費：60円

②9カ月分の減価償却費：$60円\times\frac{9カ月}{12カ月}=45円$

（減価償却費）	45	（減価償却累計額）	45

減価償却

固定資産の減価償却（定率法）の仕訳

ゴエモン建設では、備品については定率法という方法で減価償却を行っています。
定額法は毎期一定額ずつ減価償却費を計上しましたが、定率法はどんな減価償却方法なのでしょう？

取引 ×2年3月31日　決算につき、当期首（×1年4月1日）に購入した備品（取得原価1,000円）について減価償却を行う。なお、減価償却方法は定率法（償却率20%）、記帳方法は間接法による。

定率法…期首時点の帳簿価額に償却率を掛けて減価償却費を計算する方法

定率法による減価償却費の計算

定率法（ていりつほう）は、期首時点の帳簿価額（**未償却残高**（みしょうきゃくざんだか）といいます）に一定の償却率を掛けて減価償却費を計算する方法です。

なお、定率法の場合も、期中に取得した場合は月割りで計算します。

減価償却費（定率法）＝（取得原価－期首減価償却累計額）×償却率

（取得原価－期首減価償却累計額）：期首帳簿価額（未償却残高）

したがって、CASE74の減価償却費は次のように求めます。

CASE74の備品の減価償却費

・(1,000円 − 0円) × 20% = 200円

期首に購入しているので、期首減価償却累計額は0円です。

CASE74の仕訳

(減価償却費)	200	(減価償却累計額)	200

なお、購入後2年目(×3年3月31日)と3年目(×4年3月31日)の減価償却費は次のようになります。

購入後2年目の備品の減価償却費

・(1,000円 − 200円) × 20% = 160円

期首減価償却累計額
(1年目の減価償却費)

(減価償却費)	160	(減価償却累計額)	160

購入後3年目の備品の減価償却費

・(1,000円 − 360円) × 20% = 128円

期首減価償却累計額
(200円 + 160円)

(減価償却費)	128	(減価償却累計額)	128

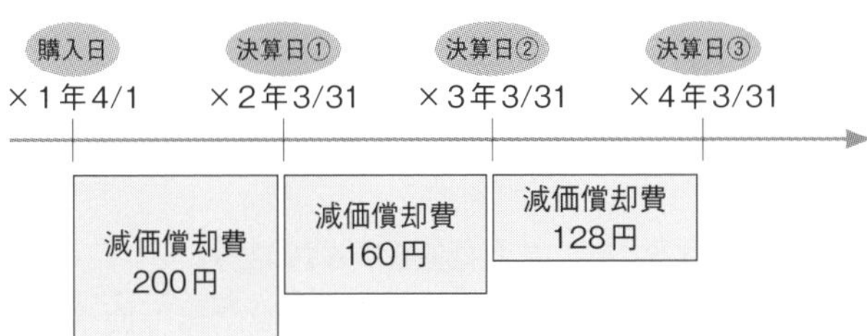

以上のように、定率法によると、初めは減価償却費が多く計上されますが、年々少なくなっていきます。

したがって、定率法はパソコンなど、すぐに価値が下がる固定資産に対して適用されます。

問題集
問題45

CASE 75

減価償却

固定資産の減価償却（生産高比例法）の仕訳

ゴエモン建設の営業用車の総可能走行距離は10,000km、当期の走行距離は1,000kmでした。「車は乗れば乗っただけ価値が減るんだから、走行距離に応じて減価償却費を計上すべきでは？」そう思って調べてみると生産高比例法という方法がありました。

取引 ×2年3月31日　決算につき、車両（取得原価2,000円）について生産高比例法により減価償却を行う（記帳方法は間接法）。なお、この車両の総可能走行距離は10,000km、当期の走行距離は1,000km、残存価額は取得原価の10%である。

用語 **生産高比例法**…固定資産の耐用年数にわたって、利用度合いに応じて減価償却費を計算する方法

これまでの知識で仕訳をうめると…

（減価償却費）　　（減価償却累計額）

生産高比例法による減価償却費の計算

自動車や航空機は、総可能走行距離や総可能飛行距離が明らかです。このように総利用可能量が確定できる固定資産には**生産高比例法**（せいさんだかひれいほう）を適用することができます。

生産高比例法は、当期に利用した分（当期の走行距離など）だけ減価償却費を計上する方法で、次の式によって減価償却費を計算します。

$$\text{減価償却費（生産高比例法）} = (\text{取得原価} - \text{残存価額}) \times \frac{\text{当期利用量}}{\text{総利用可能量}}$$

残存価額を差し引くことを忘れずに！

CASE75の車両の減価償却費

200円（残存価額）

・$(2,000\text{円} - 2,000\text{円} \times 10\%) \times \dfrac{1,000\text{km}}{10,000\text{km}} = 180\text{円}$

CASE75の仕訳

（減価償却費）	180	（減価償却累計額）	180

とても重要

以上より、減価償却方法（計算式）をまとめると次のとおりです。

減価償却方法（計算式）

定額法	$\dfrac{\text{取得原価－残存価額}}{\text{耐用年数}}$
定率法	（取得原価－期首減価償却累計額）×償却率
生産高比例法	（取得原価－残存価額）× $\dfrac{\text{当期利用量}}{\text{総利用可能量}}$

問題集
問題46

減価償却の月次計上が行われているとき

減価償却費は通常、決算時に1年分をまとめて計上しますが、毎月の損益を計算するために、月ごとに予定額を計上することがあります。

この場合、年度末の決算において、月ごとに計上した予定計上額と実際発生額の差額を当期の工事原価（未成工事支出金）に加減する必要があります。

減価償却費の他に退職給付引当金なども同様の処理が必要になる場合があります。

例 工事現場で使用している機械の減価償却費については、月次原価計算において、毎月5円を未成工事支出金に予定計上しており、当期の予定計上額と実際発生額との差額は当期の工事原価（未成工事支出金）に加減する。なお、当期の実際発生額は70円であった。

年度末の調整額

① 月次計上された合計額（予定計上額）
5円×12カ月＝60円

② 当年度に計上すべき額（実際発生額）
70円

③ 年度末の調整額（②－①）
10円（追加計上）

（未成工事支出金）	10	（減価償却累計額）	10

問題文の指示により、機械の減価償却費は未成工事支出金とします。

CASE 76

総合償却

総合償却を行ったときの処理

ゴエモン建設では、複数の固定資産を保有しており、ゴエモン君はこれらの固定資産を一括して減価償却したいと考えました。この場合、どんな処理をするのでしょう?

取引 次の資産を総合償却（定額法）によって減価償却を行う。なお、残存価額は取得原価の10%とする。

	取得原価	耐用年数
機械A	1,200円	3年
機械B	1,800円	4年
機械C	2,000円	5年

総合償却とは

これまで見てきたように、有形固定資産ごとに減価償却を行う方法を個別償却といいます。これに対して、一定の基準によってひとまとめにした有形固定資産について、一括して減価償却を行う方法を**総合償却**といいます。

総合償却では、一般的に定額法が用いられますが、耐用年数の異なる有形固定資産をまとめて償却するため、各有形固定資産の平均耐用年数を求めて、平均耐用年数を用いて計算します。

$$減価償却費 = \frac{取得原価合計 - 残存価額合計}{平均耐用年数}$$

なお、平均耐用年数は①各資産の要償却額合計（取得原価－残存価額）と②各有形固定資産の定額法による1年分の減価償却費の合計を計算し、①を②で割って計算します。

$$平均耐用年数 = \frac{各資産の要償却額合計}{各資産の1年分の減価償却費の合計}$$

(1) 平均耐用年数の計算

	要償却額	1年分の減価償却費
機械A	1,200円×0.9＝1,080円	1,080円÷3年＝ 360円
機械B	1,800円×0.9＝1,620円	1,620円÷4年＝ 405円
機械C	2,000円×0.9＝1,800円	1,800円÷5年＝ 360円
合　計	4,500円	1,125円

平均耐用年数：$\frac{4{,}500円}{1{,}125円} = 4年$

(2) 総合償却による減価償却費の計算

減価償却費：$\frac{4{,}500円}{4年} = 1{,}125円$

CASE76の仕訳

（減 価 償 却 費） 1,125（減価償却累計額） 1,125

総合償却資産の一部を平均耐用年数前に除却、売却した場合には、その資産を耐用年数到来時まで使用したあと、除却または売却したと仮定して処理します。

問題集
問題47、48

CASE 77

固定資産の売却

期中に固定資産を売却したときの仕訳

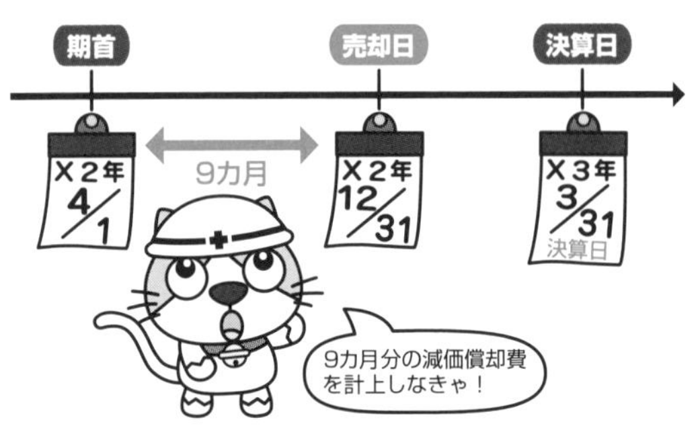

ゴエモン建設は期中（12月31日）に備品を売りました。ゴエモン建設の決算日は3月31日なので、当期に使った期間は9カ月。したがって、9カ月分の減価償却費も計上しなければなりません。

取引 ×2年12月31日　ゴエモン建設（決算年1回、3月31日）は、備品（取得原価1,000円、期首減価償却累計額360円）を600円で売却し、代金は月末に受け取ることとした。なお、減価償却方法は定率法（償却率20%）、間接法で記帳している。

期中に売却したときは減価償却費を計上！

期中（または期末）に固定資産を売却したときは、当期首から売却日までの減価償却費を計上します。

期首に売却したときは、減価償却費は計上しません。また、期末に売却したときは1年分の減価償却費を計上します。

したがって、CASE77では期首（×2年4月1日）から売却日（×2年12月31日）までの9カ月分の減価償却費を計上します。

CASE77の当期分の減価償却費

$$\cdot (1{,}000\text{円} - 360\text{円}) \times 20\% \times \frac{9\text{カ月}}{12\text{カ月}} = 96\text{円}$$

CASE77の仕訳

借方		貸方	
（減価償却累計額）	360	（備　　　品）	1,000
（減 価 償 却 費）	96	（固定資産売却益）	56
（未　収　入　金）	600		

貸借差額が貸方に生じるので固定資産売却益（収益）です。

貸借差額

問題集　問題49

CASE 78 固定資産の買換え

固定資産を買い換えたときの仕訳

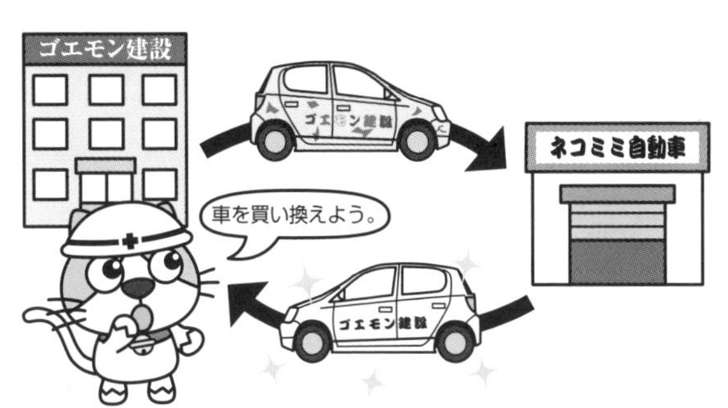

ゴエモン建設は、いままで使っていた営業用車を下取り（下取価格900円）に出し、新しい車（3,000円）を買いました。このときはどんな処理をするのでしょう？

取引 当期首において、ゴエモン建設は車両（取得原価2,000円、減価償却累計額1,200円、間接法で記帳）を下取りに出し、新車両3,000円を購入した。なお、旧車両の下取価格は900円であり、新車両の購入価額との差額は現金で支払った。

固定資産の買換えとは

いままで使っていた旧固定資産を下取りに出し、新しい固定資産を買うことを**固定資産の買換え**といいます。

固定資産を買い換えたときの仕訳

固定資産の買換えでは、旧固定資産を売却したお金を新固定資産の購入にあてるので、**(1)旧固定資産の売却**と**(2)新固定資産の購入**の処理に分けて考えます。

(1) 旧固定資産の売却の仕訳

旧固定資産の売却価額は**下取価格**となります。したがって、CASE78では旧車両を売却し、下取価格900円を現金で受け取ったと考えて仕訳します。

「車両（取得原価2,000円、減価償却累計額1,200円、間接法で記帳）を下取価格900円で売却した」という取引ですね。

(減価償却累計額)	1,200	(車　　　　　両)	2,000
(現　　　　　金)	900	(固定資産売却益)	100

下取価格で売却し、現金を受け取ったと考えて処理します。

貸借差額が貸方に生じるので固定資産売却益(収益)ですね。

貸借差額

「新車両3,000円を購入した」という取引ですね。

(2) 新固定資産の購入の仕訳

次に、新固定資産の購入の仕訳をします。

(車　　　　　両)	3,000	(現　　　　　金)	3,000

「現金で支払った」とあるので、現金で処理します。

(3) 固定資産の買換えの仕訳

上記(1)旧固定資産の売却と(2)新固定資産の購入の仕訳をあわせた仕訳が固定資産の買換えの仕訳となります。

したがって、CASE78の仕訳は次のようになります。

CASE78の仕訳

(減価償却累計額)	1,200	(車　　　　　両)	2,000
(車　　　　　両)	3,000	(固定資産売却益)	100
		(現　　　　　金)	2,100

旧

新

3,000円－900円＝2,100円
売却したお金(下取価格)900円は新車両の購入代金にあてられています。

問題集
問題50

CASE 79 固定資産の除却

固定資産を除却したときの仕訳

ゴエモン建設では、4年前に購入したパソコン（備品）が古くなったので、業務用として使うのをやめることにしました。
しかし、まだ使えるかもしれないので、捨てずにしばらく倉庫に保管しておくことにしました。

取引 当期首において、ゴエモン建設は、備品（取得原価1,000円、減価償却累計額800円、間接法で記帳）を除却した。なお、この備品の処分価値は100円と見積られた。

用語 除　却…固定資産を業務の用からはずすこと

これまでの知識で仕訳をうめると…

（減価償却累計額）	800	（備　　　　品）	1,000

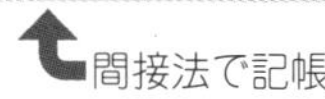

固定資産の除却とは

固定資産を業務用として使うのをやめることを**除却**（じょきゃく）といいます。そして、除却した固定資産はしばらく倉庫などに保管され、スクラップとしての価値で売却されるか、そのまま捨てられます。

固定資産を除却したときの仕訳

固定資産を除却したときは、スクラップとしての価値（処分価値）を見積り、この固定資産が売却されるまでは、**貯蔵品（資産）**として処理します。

CASE79では、除却する備品の処分価値は100円と見積られているので、**貯蔵品（資産）**100円を計上します。

（減価償却累計額）	800	（備　　　品）	1,000
（貯　蔵　品）	100		

処分価値と除去時の帳簿価額の差です。

なお、貸借差額は**固定資産除却損（費用）**として処理します。

以上より、CASE79の仕訳は次のようになります。

貯蔵品について問題文に指示がなく、処分価値も書かれていない場合、貯蔵品を計上せず、貸借差額を除却損とします。このとき除却の費用が生じていればこれも除却損に含めます。

CASE79の仕訳

（減価償却累計額）	800	（備　　　品）	1,000
（貯　蔵　品）	100		
（固定資産除却損）	100		

貸借差額

CASE 80 固定資産を廃棄したときの仕訳

ゴエモン建設では、5年前に購入したパソコン（備品）がもはや使い物にならなくなったので、捨てることにしました。このとき、廃棄費用がかかったのですが、この廃棄費用はどのように処理したらよいのでしょうか。

取引 ゴエモン建設は、備品（取得原価1,000円、減価償却累計額850円、間接法で記帳）を廃棄した。なお、廃棄費用20円は現金で支払った。

用語 廃　棄…固定資産を捨てること

これまでの知識で仕訳をうめると…

（減価償却累計額）	850	（備　　　品）	1,000
		（現　　　金）	20

固定資産を廃棄したときの仕訳

固定資産を廃棄（はいき）したときは、スクラップとしての価値（処分価値）はありませんので、固定資産の帳簿価額を全額、**固定資産廃棄損（費用）**として処理します。なお、**廃棄費用は固定資産廃棄損に含めて処理**します。

要するに貸借差額を固定資産廃棄損（費用）で処理すればよいということです。

CASE80の仕訳

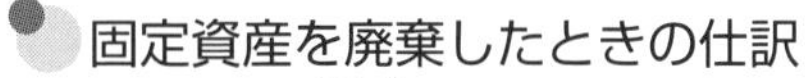

（減価償却累計額）	850	（備　　　品）	1,000
（固定資産廃棄損）	170	（現　　　金）	20

170：貸借差額

問題集
問題51、52

CASE 81 建設仮勘定

建設中の固定資産について代金を支払ったときの仕訳

ゴエモン建設は自社利用の資材用倉庫（建物）を新築することにし、契約代金の一部について手付金を支払いました。
このようにまだ完成していない自社利用の建物に対する支払いは、どのように処理したらよいのでしょう？

取引 ゴエモン建設は、自社倉庫の新築のため建設会社に、工事契約代金の一部100円を小切手を振り出して支払った。

これまでの知識で仕訳をうめると…

（　　　　　　）		（当　座　預　金）	100

小切手を振り出して支払った

建設中の固定資産の代金を支払ったときの仕訳

自社で利用する倉庫やビルなどの建設は、契約してから引き渡しを受けるまでの期間が長いため、建設中に代金の一部を手付金として支払うことがあります。

このようにまだ完成していない固定資産について、代金を支払ったときは、その支払額を**建設仮勘定**（けんせつかりかんじょう）という資産の仮勘定で処理しておきます。

建設仮勘定は建設中の固定資産を表す勘定科目です。

資　産	負　債
	純資産

自社で作る場合（自家建設）に材料を払い出したときは、当座預金ではなく材料勘定を減額します。

CASE81の仕訳

（建設仮勘定）	100	（当　座　預　金）	100

CASE 82 建設仮勘定

固定資産が完成し、引き渡しを受けたときの仕訳

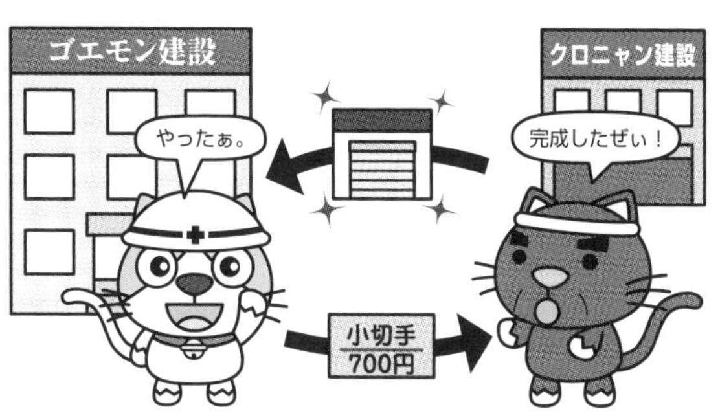

ゴエモン建設の自社利用の資材用倉庫（建物）が完成し、今日、引き渡しを受けたので、工事契約代金800円から手付金100円を差し引いた700円を、小切手を振り出して支払いました。

取引 ゴエモン建設の新築自社倉庫が完成し、引き渡しを受けたので、工事契約代金800円のうち未払分700円を小切手を振り出して支払った。なお、建設仮勘定の残高は100円である。

これまでの知識で仕訳をうめると…

（　　　）		（当座預金）	700

小切手を振り出して支払った

固定資産が完成し、引き渡しを受けたときの仕訳

固定資産が完成して引き渡しを受けたときは、工事契約金額で、建物や構築物などの固定資産の勘定科目で処理します。また、固定資産が完成することにより、建設中の固定資産はなくなります。したがって、**建設仮勘定（資産）の減少**として処理します。

建設仮勘定の金額を建物勘定に振り替えるわけですね。

CASE82の仕訳

（建物）	800	（建設仮勘定）	100
		（当座預金）	700

問題集
問題53、54

改良と修繕

固定資産を改良、修繕したときの仕訳

ゴエモン建設は、自社利用の資材用倉庫の一部が雨漏りしていたのでこれを直し、また、一部のカベについて防火加工を施しました。そして、雨漏りの修繕費200円とカベの防火加工費100円の合計300円を小切手を振り出して支払いました。

取引 ゴエモン建設は、自社建物の改良と修繕を行い、その代金300円を小切手を振り出して支払った。なお、このうち100円は改良とみなされた。

用語 修　繕…壊れたり悪くなったところを繕い直すこと
改　良…固定資産の価値を高めるよう、不備な点を改めること

自社で利用する建物（固定資産）の話です。

改良と修繕の違いと処理

非常階段を増設したり、建物の構造を防火・防音加工にするなど、固定資産の**価値を高める**ための支出を**資本的支出**（しほんてきししゅつ）**（改良）**といい、資本的支出は**固定資産の取得原価に加算**します。

また、雨漏りを直したり、汚れを落とすなど単に**現状を維持する**ための支出を**収益的支出**（しゅうえきてきししゅつ）**（修繕）**といい、収益的支出は**修繕費（費用）**で処理します。

CASE83の仕訳

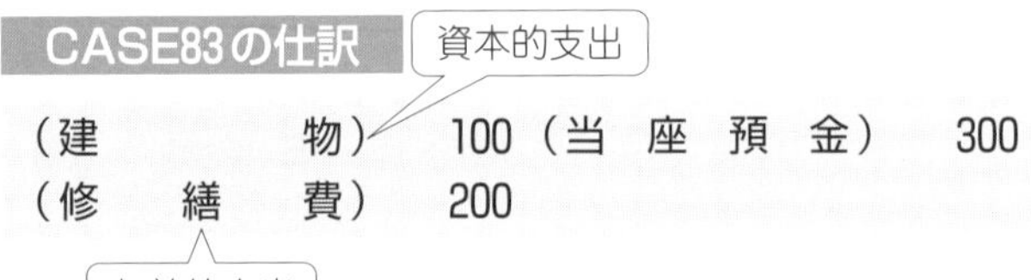

（建　　　物）	100	（当　座　預　金）	300
（修　繕　費）	200		

改良と修繕

「建設仮勘定」を工事完成時に資本的支出（固定資産（建物や機械など））と収益的支出（修繕費）として処理することもあります。

例 自社倉庫に係る工事が完了し、建設仮勘定として処理していた300円のうち、200円は改良費とし、残額を修繕費として処理した。

（建　　　物）	200	（建設仮勘定）	300
（修　繕　費）	100		

問題集
問題55

CASE 84

固定資産の滅失

固定資産が火災で滅失したときの仕訳

昨夜、ゴエモン建設で火災が発生し、建物（資材用倉庫）が燃えてしまいました。
この建物には幸い火災保険を掛けていたので、すぐに保険会社に連絡し、必要な書類を取り寄せました。

取引 ゴエモン建設の建物（取得原価1,000円、減価償却累計額600円、間接法で処理）が火災により焼失した。なお、この建物には500円の火災保険が掛けられている。

これまでの知識で仕訳をうめると…

（減価償却累計額）	600	（建　　　　物）	1,000

建物が焼失⬇

損害を受けて固定資産の価値が減ることを滅失（めっしつ）といいます。

固定資産が火災で滅失したときの仕訳①

固定資産が火災や水害などで損害を受けたときは、その固定資産に保険を掛けているかどうかによって処理が異なります。

CASE84では、火災保険を掛けているので、保険会社から保険金支払額の連絡があるまでは、火災による損失額は確定しません。

したがって、固定資産の帳簿価額（取得原価－減価償却累計額）を**火災未決算**（かさいみけっさん）（または**未決算**）という資産の勘定科目で処理しておきます。

CASE84の仕訳

（減価償却累計額）	600	（建　　　　物）	1,000
（火 災 未 決 算）	400		

保険を掛けているときは「火災未決算」で！

貸借差額

固定資産が火災で滅失したときの仕訳②

一方、固定資産に保険を掛けていないときは、火災が発生した時点で損失額が確定します。

したがって、固定資産の帳簿価額（取得原価－減価償却累計額）を全額、**火災損失（費用）**で処理します。

たとえば、CASE84で焼失した建物に保険が掛けられていなかった場合の仕訳は、次のようになります。

（減価償却累計額）	600	（建　　　　物）	1,000
（火　災　損　失）	400		

保険を掛けていないときは「火災損失（費用）」で！

費　用	収　益
利　益	

貸借差額

CASE 85 固定資産の滅失

保険金額が確定したときの仕訳

今日、保険会社から、CASE84の火災（火災未決算400円）について、保険金500円を支払うという連絡がありました。
このように火災未決算の金額と支払われる金額が異なる場合、どのような処理をするのでしょう？

取引 先の火災（火災未決算400円）について、保険金500円を支払う旨の連絡が保険会社からあった。

保険金額が確定したときの仕訳

連絡があっただけで支払いはまだなので、未収入金（資産）で処理します。

保険会社からの連絡で、支払われる保険金額が確定したら、確定した金額を**未収入金（資産）**で処理するとともに、計上している**火災未決算**を減らします。

◆固定資産が火災で滅失したときの仕訳

（減価償却累計額）	600	（建　　　物）	1,000
（火 災 未 決 算）	400		

（未 収 入 金）	500	（火 災 未 決 算）	400

また、貸借差額は**保険差益（収益）**または**火災損失（費用）**で処理します。

CASE85では、火災未決算400円より受け取る保険金500円のほうが多いので、仕訳の貸方に貸借差額が生じます。

したがって、**保険差益（収益）**として処理します。

貸借差額が貸方に生じたら保険差益（収益）です。

CASE85の仕訳

（未収入金）	500	（火災未決算）	400
		（保険差益）	100

収益の発生↑　貸借差額

なお、仮にCASE85で確定した保険金額が350円だったとした場合は、火災未決算400円より受け取る保険金350円のほうが少ないので、仕訳の借方に貸借差額が生じます。

したがって、この場合は**火災損失（費用）**として処理します。

貸借差額が借方に生じたら火災損失（費用）です。

費用	収益
利益	

（未収入金）	350	（火災未決算）	400
（火災損失）	50		

費用の発生↑　貸借差額

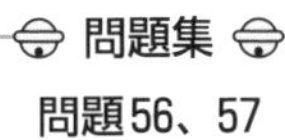

問題56、57

第9章

合併、無形固定資産と繰延資産

会社を合併したり、特許権を取得したときはどんな処理をするんだろう?
また、費用なのに資産として処理できるものがあるんだって!

ここでは、会社の合併、無形固定資産、
繰延資産の処理についてみていきましょう。

CASE 86 合　併

合併したときの仕訳

ゴエモン建設は、市場での競争力を高めるため、これまでパートナーとして付き合ってきたサスケ建設を吸収合併することにしました。

取引 ゴエモン建設はサスケ建設を吸収合併し、サスケ建設の株主に対して新株を10株（発行時の時価は@80円）で発行し、全額を資本金として処理した。なお、合併直前のサスケ建設の資産・負債の公正な価値（時価）は諸資産2,000円、諸負債1,400円であった。

用語 合　併…2つ以上の会社が合体して1つの会社になること

なお、「買収」という表現が使われることもあります。

合併ってなんだろう

商品の市場占有率を高めたり、会社の競争力を強化するため、複数の会社が合体して1つの会社になることがあります。これを**合併**（がっぺい）といいます。

合併の形態には、ある会社がほかの会社を吸収する形態（**吸収合併**（きゅうしゅうがっぺい）といいます）と、複数の会社がすべて解散して新しい会社を設立する形態（**新設合併**（しんせつがっぺい）といいます）があります。

このテキストでは吸収合併についてみていきます。

なお、吸収合併によりなくなってしまう（消滅する）会社を**被合併会社**、残る（存続する）会社を**合併会社**といいます。

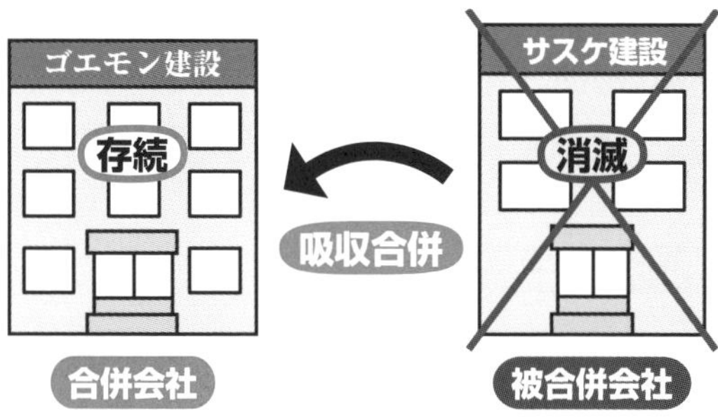

吸収合併したときの仕訳

吸収合併をしたときは、合併会社（ゴエモン建設）が**時価**で被合併会社（サスケ建設）を買ったと考えます。

したがって、ゴエモン建設では、サスケ建設の**資産、負債を時価で受け入れます。**

（諸　資　産）	2,000	（諸　負　債）	1,400
	時価		時価

また、対価としてゴエモン建設の株式を渡している（新株を発行している）ので、**資本金（純資産）の増加**として処理します。

CASE86で増加する資本金

・@80円×10株＝800円

（諸　資　産）	2,000	（諸　負　債）	1,400
		（資　本　金）	800

800円を払ってでも、600円の会社が欲しいわけです。この差額の200円はサスケ建設の経営ノウハウがすばらしいとか、ブランド力があるなど、目に見えない価値なんですね。

ここで、仕訳を見ると借方が2,000円、貸方が2,200円（1,400円＋800円）なので、貸借差額が生じています。

この差額200円は、純資産600円（2,000円－1,400円）の価値のサスケ建設を800円で取得したため生じた差額で、**のれん（資産）**として処理します。

CASE86の仕訳

（諸　資　産）	2,000	（諸　負　債）	1,400
（の　れ　ん）	200	（資　本　金）	800

貸借差額

合併差益は払込資本の一種のため、純資産の性質を持っています。

なお、合併により新たに交付される株式の資本金組入額が時価などよりも少ないときは、**合併差益（純資産）**として処理します。

問題集
問題58

CASE 87 無形固定資産

無形固定資産を取得したときの仕訳

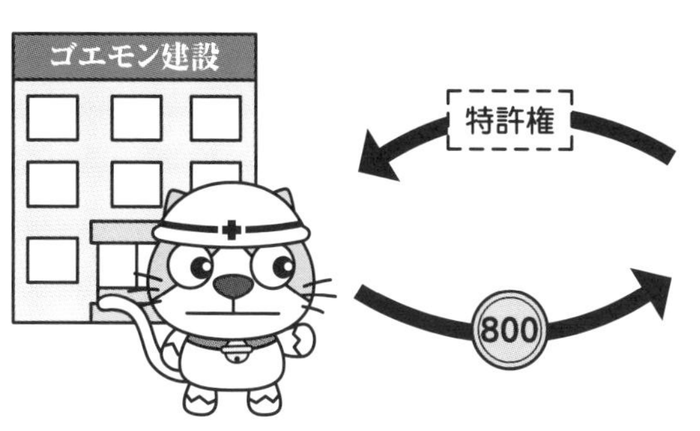

ゴエモン建設では、特許権を取得しました。特許権は建物などと異なり、形のないものですが、このような形のないものを取得したときはどのような処理をするのでしょうか？

取引 特許権を800円で取得し、代金は現金で支払った。

用語 **特許権**…新規の発明を独占的に利用できる権利

無形固定資産を取得したときの仕訳

特許権（とっきょけん）や**商標権**（しょうひょうけん）など、モノとしての形はないが長期的にわたってプラスの効果をもたらす資産を**無形固定資産**（むけいこていしさん）といいます。

無形固定資産	
特許権	新規の発明を独占的に利用できる権利
商標権	文字や記号などの商標を独占的に利用できる権利
のれん	合併や買収で取得したブランド力やノウハウなど、ほかの会社に対して優位になるもの

無形固定資産を取得したときは取得にかかった支出額を無形固定資産の名称（**特許権**など）で処理します。

商標権を取得したなら「商標権」で処理します。

CASE87の仕訳

(特　許　権)	800	(現　　　金)	800

無形固定資産

無形固定資産の決算時の仕訳

特許権

今日は決算日。
ゴエモン建設は、当期首に特許権800円を取得しています。
この特許権（無形固定資産）は、決算において「償却」する必要があるのですが、建物や備品の減価償却と同じ処理なのでしょうか？

取引 決算につき、当期首に取得した特許権800円を8年で償却する。

用語 **償　却**…無形固定資産の価値の減少分を費用として計上すること

無形固定資産の償却

無形固定資産の場合は単に「償却」といいます。

決算時に建物などの有形固定資産を減価償却したように、無形固定資産も時間の経過にともなって価値が減るので、償却する必要があります。

無形固定資産の償却は、**残存価額をゼロ**とした**定額法**で、記帳方法は**直接法**（無形固定資産の帳簿価額を直接減らす方法）によって行います。

無形固定資産の償却と減価償却の違い

	無形固定資産の償却	減価償却
残存価額	ゼロ	残存価額あり
償却方法	定額法	定額法以外もあり
記帳方法	直接法	直接法または間接法

CASE88では、特許権800円を8年で償却するので、当期の償却額は100円（800円÷8年）となります。

なお、無形固定資産の償却額は、**特許権償却（費用）**のように「○○償却」で処理します。

CASE88の仕訳

（特許権償却）	100	（特　許　権）	100

費用の発生⬆　　直接法で記帳
→特許権の減少⬇

のれんの償却

のれんも無形固定資産なので、決算において、償却します。なお、のれんは取得後**20年以内**に定額法により償却します。

したがって、たとえば当期首に取得したのれん200円を、償却期間20年で償却する場合の仕訳は次のようになります。

（のれん償却）	10	（の　れ　ん）	10

費用の発生⬆　　200円÷20年

なお、無形固定資産であっても、借地権と電話加入権については、通常は償却しません。

問題集
問題59、60

繰延資産

株式交付費（繰延資産）を支出したときの仕訳

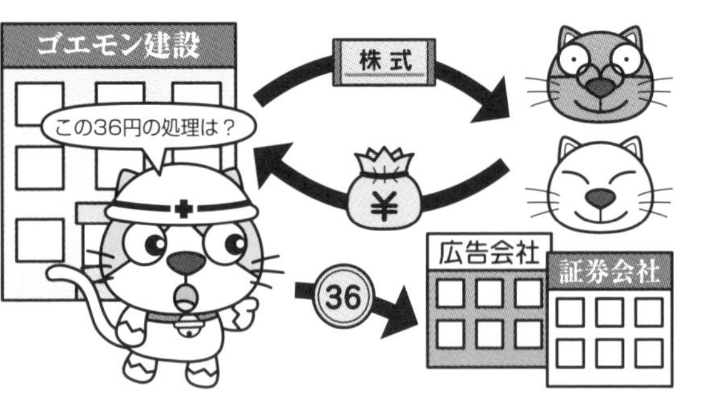

ゴエモン建設では、事業資金を集めるために、新たに株式100株を@10円で発行しました。
このとき、株主募集の広告費や証券会社に対する発行手数料などの費用36円を支払いましたが、この費用はどのように処理するのでしょう？

取引 ゴエモン建設は増資にあたり、株式100株を1株あたり10円で発行し、全株式について払い込みを受け、当座預金とした。なお、株式発行のための費用36円は現金で支払った。

これまでの知識で仕訳をうめると…

原則 → 全額資本金
@10円×100株＝1,000円

（当 座 預 金）	1,000	（資　本　金）	1,000
（　　　　）		（現　　　金）	36

増資の処理についてはCASE111で解説しています。

株式交付費を支出したときの仕訳

株式を発行するときには、株主募集の広告費や証券会社への手数料などの費用がかかります。

このような株式の発行（増資時）にかかった費用は**株式交付費**（かぶしきこうふひ）として処理します。

CASE89の仕訳

（当 座 預 金）	1,000	（資　本　金）	1,000
（株式交付費）	36	（現　　　金）	36

なお、会社設立時の株式の発行にかかった費用は、会社設立にかかったほかの費用とともに**創立費**（そうりつひ）として処理します。

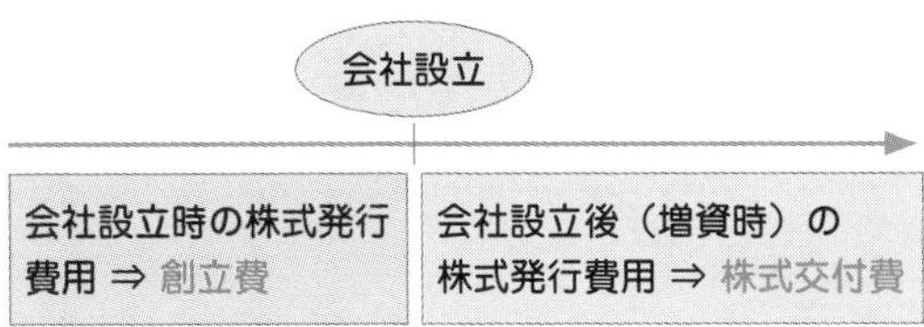

費用なのに資産？

株式交付費や創立費は費用ですが、その支出の効果は支出した期だけでなく、長期にわたって期待されます。

株式を発行している期間や会社が存続している期間の費用と考えられるわけですね。

そこで、このような費用のうち一定の要件を満たしたものは、資産として計上し、数年間にわたって決算時に費用化（償却）する処理が認められています。

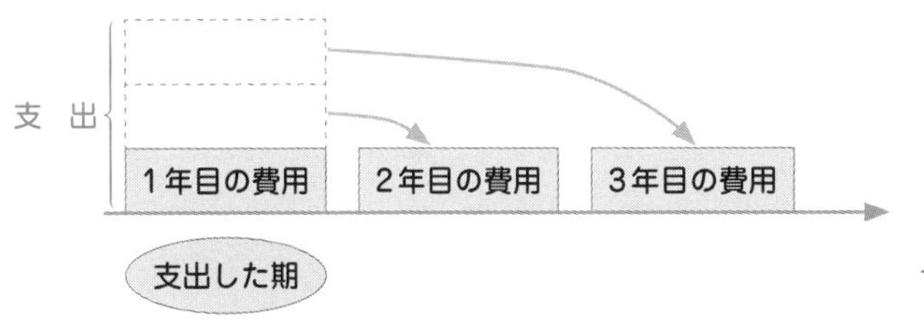

繰延資産とした場合も支出時の処理は変わりません。変わるのは決算時の処理だけです。

この場合の資産として計上した費用を**繰延資産**（くりのべしさん）といいます。繰延資産には次のものがあります。

試験でよく出題されるのは、創立費、株式交付費、社債発行費です。

繰延資産

創立費	会社の設立に要した費用
開業費	会社の設立後、営業を開始するまでに要した費用
開発費	新技術の採用や市場の開拓などに要した費用
株式交付費	会社の設立後、株式の発行に要した費用
社債発行費	社債の発行に要した費用

繰延資産

繰延資産の決算時の仕訳

今日は決算日。
ゴエモン建設では、当期の6月1日に支出した株式交付費を繰延資産として処理しているため、決算でこれを償却することにしました。

取引 ×2年3月31日　決算につき、×1年6月1日に支出した株式交付費36円を定額法（3年間）で月割償却する（当期：×1年4月1日〜×2年3月31日）。

繰延資産の償却

株式交付費や創立費などを繰延資産として処理したときは、決算において償却しなければなりません。

各繰延資産の償却期間は次のように決まっています。

繰延資産の償却期間

創　立　費	5年以内
開　業　費	5年以内
開　発　費	5年以内
株式交付費	3年以内
社債発行費	社債償還期間内

社債発行費の償却は詳しくは第11章社債で学習します。

また、繰延資産の償却は、**残存価額をゼロ**とした**定額法**で、記帳方法は**直接法**によって行い、期中に支出したときは**月割りで計算**します。

繰延資産の償却

残存価額	ゼロ
償却方法	定額法
記帳方法	直接法

CASE90では、株式交付費を当期の6月1日に支出しているので、6月1日から3月31日までの10カ月分を償却します。

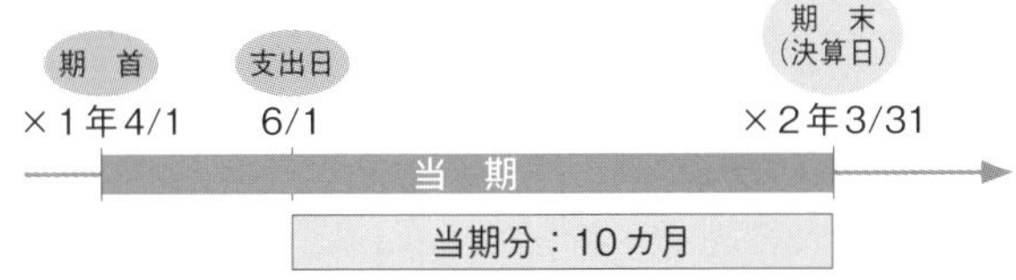

1年分の償却額を計算してから、当期分を月割計算しましょう。

CASE90の株式交付費の当期償却額

①1年分の償却額：36円÷3年＝12円

②当期の償却額：12円×$\frac{10カ月}{12カ月}$＝10円

CASE90の仕訳

(株式交付費償却)	10	(株式交付費)	10

直接法で記帳
→株式交付費の減少⬇

創立費の償却なら「創立費償却」となります。

問題集
問題61、62

第10章

引当金

先が読めない世の中だから、得意先が倒産してしまうことだってある。
そうなると完成工事未収入金や受取手形が回収できなくなるかもしれないから、
心の準備とともに帳簿上でもこれに備えておこう。

そして、当期に行うはずの建物の修繕を次期に行うことにした場合や、
将来、従業員に退職金を支払う場合などは、
お金は支払っていなくても、当期分の費用を計上して、
引当金というものを設定する必要があるんだって!

ここでは、引当金についてみていきましょう。

CASE 91

貸倒れと貸倒引当金

当期に発生した完成工事未収入金が貸し倒れたとき

当期からお付き合いしている得意先のシャム物産が倒産してしまい、当期に掛けで売り上げた代金100円が回収できなくなってしまいました。

取引 ×1年10月20日　得意先シャム物産が倒産し、完成工事未収入金100円（当期に発生）が貸し倒れた。

用語 **貸倒れ**…得意先の倒産などによって、完成工事未収入金や受取手形が回収できなくなること

貸倒れとは

得意先の倒産などにより、得意先に対する完成工事未収入金や受取手形が回収できなくなることを**貸倒れ**（かしだおれ）といいます。

完成工事未収入金が貸し倒れたときは、もはやその完成工事未収入金を回収することはできないので、**完成工事未収入金を減少**させます。

回収できない完成工事未収入金を残しておいてもしかたないので、完成工事未収入金を減少させます。

（　　　　　　）　　（完成工事未収入金）　100

また、借方科目は、貸し倒れた完成工事未収入金や受取手形が**当期に発生したもの**なのか、それとも**前期以前に発生していたもの**なのかによって異なります。

当期（今年度）に売り上げたか、前期（前年度）以前に売り上げたのかの違いですね。

当期に発生した完成工事未収入金が貸し倒れたときの仕訳

CASE91では、当期に発生した完成工事未収入金が貸し倒れています。

このように、**当期に発生した完成工事未収入金が貸し倒れたときは、貸倒損失（費用）として処理**します。

前期以前に発生した完成工事未収入金が当期に貸し倒れた場合は、CASE93で学習します。

CASE91の仕訳

（貸倒損失）	100	（完成工事未収入金）	100

費用の発生⬆

CASE 92 貸倒れと貸倒引当金

完成工事未収入金や受取手形の決算日における仕訳

今日は決算日。シャム物産の倒産によって、完成工事未収入金や受取手形は必ずしも回収できるわけではないことを痛感しました。そこで、万一に備えて決算日時点の完成工事未収入金400円について、2%の貸倒れを見積ることにしました。

取引 12月31日　決算日において、完成工事未収入金の期末残高400円について、2%の貸倒引当金を設定する。

期　末…（会社の）今年度（当期）の最後の日。決算日のこと
貸倒引当金…将来発生すると予想される完成工事未収入金や受取手形の貸倒れに備えて設定する勘定科目

貸倒引当金とは

CASE91のシャム物産のように、完成工事未収入金や受取手形は貸し倒れてしまうおそれがあります。

そこで、決算日に残っている完成工事未収入金や受取手形が、将来どのくらいの割合で貸し倒れる可能性があるかを見積って、あらかじめ準備しておく必要があります。

この貸倒れに備えた金額を**貸倒引当金**（かしだおれひきあてきん）といいます。

貸倒額を見積って、貸倒引当金として処理することを「貸倒引当金を設定する」といいます。

決算日における貸倒引当金の設定

CASE92では、完成工事未収入金の期末残高400円に対して2%の貸倒引当金を設定しようとしています。したがって、設定する貸倒引当金は8円（400円×

2%）となります。

なお、貸倒引当金の設定額は次の計算式によって求めます。

貸倒引当金の設定額	＝	完成工事未収入金、受取手形の期末残高	×	貸倒設定率

試験では、何%見積るか（貸倒設定率）は問題文に与えられます。

CASE92の貸倒引当金の設定額

・400円×2%＝8円

ここで、**貸倒引当金は資産（完成工事未収入金や受取手形）のマイナスを意味する勘定科目**なので、**貸方**に記入します。

（　　　　　）		（貸倒引当金）	8

また、借方は**貸倒引当金繰入**（かしだおれひきあてきんくりいれ）という**費用**の勘定科目で処理します。

貸倒引当金繰入…費用っぽくない勘定科目ですが、費用です。

費用	収益
利益	

したがって、CASE92の仕訳は次のようになります。

CASE92の仕訳

（貸倒引当金繰入）	8	（貸倒引当金）	8

費用の発生↑

CASE 93

貸倒れと貸倒引当金

前期以前に発生した完成工事未収入金が貸し倒れたときの仕訳

なんということでしょう！ 得意先のシロミ物産が倒産してしまいました。ゴエモン建設は、泣く泣くシロミ物産に対する完成工事未収入金50円（前期に売り上げた分）を貸倒れとして処理することにしました。

取引 ×2年3月10日　得意先シロミ物産が倒産し、完成工事未収入金（前期に発生）50円が貸し倒れた。なお、貸倒引当金の残高が8円ある。

ここまでの知識で仕訳をうめると…

（　　　　　）		（完成工事未収入金）	50

完成工事未収入金が貸し倒れた

前期以前に発生した完成工事未収入金が貸し倒れたときの仕訳

CASE93のように前期に発生した完成工事未収入金には、前期の決算日（×1年12月31日）において、貸倒引当金が設定されています。

したがって、**前期（以前）に発生した完成工事未収入金が貸し倒れたときは、まず貸倒引当金の残高8円を取り崩し**ます。

（貸倒引当金）	8	（完成工事未収入金）	50

貸倒引当金は、決算日に設定されるので、当期に発生した完成工事未収入金には貸倒引当金が設定されていません。ですから、当期に発生した完成工事未収入金が貸し倒れたとき（CASE91）は全額、貸倒損失（費用）で処理するのです。

貸倒引当金は貸方の科目なので、取り崩すときは借方に記入します。

そして、**貸倒引当金を超える金額**（42円）(50円－8円）は**貸倒損失（費用）**として処理します。

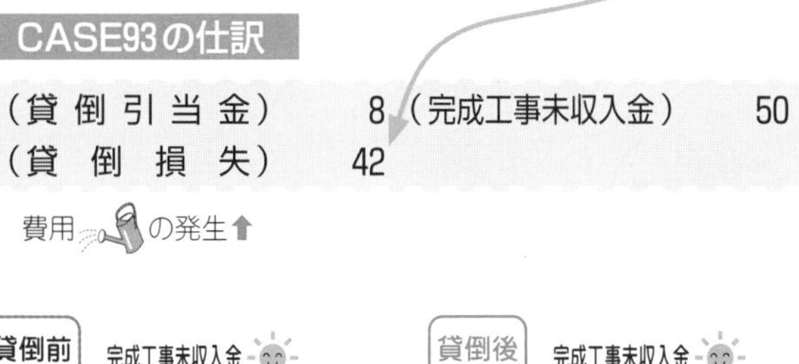

CASE93の仕訳

（貸倒引当金）	8	（完成工事未収入金）	50
（貸倒損失）	42		

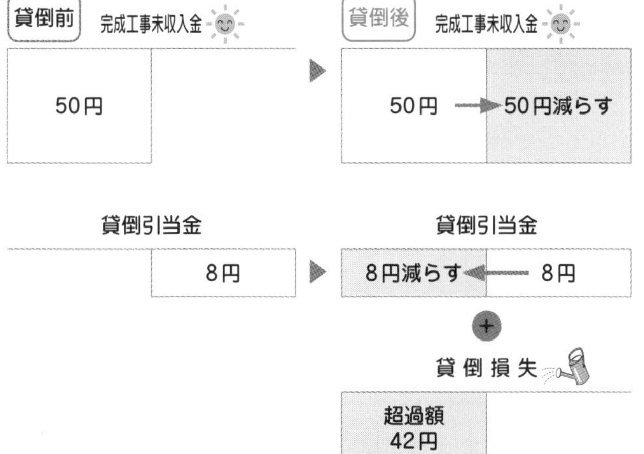

なお、貸倒れの処理をまとめると、次のようになります。

貸倒れの処理（まとめ）

いつ発生したもの？	処　理
当期に発生した完成工事未収入金等の貸倒れ	全額、**貸倒損失（費用）**で処理
前期以前に発生した完成工事未収入金等の貸倒れ	①**貸倒引当金を減らす** ②**貸倒引当金を超える額**は**貸倒損失(費用)**で処理

受取手形が貸し倒れたときも処理は同じです。

CASE 94

貸倒れと貸倒引当金

貸倒引当金の期末残高がある場合の決算日における仕訳

今日は決算日。

ゴエモン建設は、完成工事未収入金の期末残高600円について2%の貸倒れを見積ることにしましたが、決算日において貸倒引当金が5円残っています。

この場合は、どのような処理をするのでしょうか？

取引 ×2年12月31日　決算日において、完成工事未収入金の期末残高600円について、2%の貸倒引当金を設定する。なお、貸倒引当金の期末残高は5円である（差額補充法）。

用語 **差額補充法**…当期末に見積った貸倒引当金と貸倒引当金の期末残高の差額だけ、貸倒引当金として処理する方法

決算日における貸倒引当金の設定①

CASE94では、貸倒引当金が期末において5円残っています。このように、貸倒引当金の期末残高がある場合は、**当期の設定額と期末残高との差額だけ追加で貸倒引当金を計上**します。

この方法を差額補充法といいます。

CASE94の貸倒引当金の設定額

①貸倒引当金の設定額：600円×2%＝12円

②貸倒引当金の期末残高：5円

③追加で計上する貸倒引当金：12円－5円＝7円

CASE94の仕訳

（貸倒引当金繰入）	7	（貸倒引当金）	7

費用の発生↑

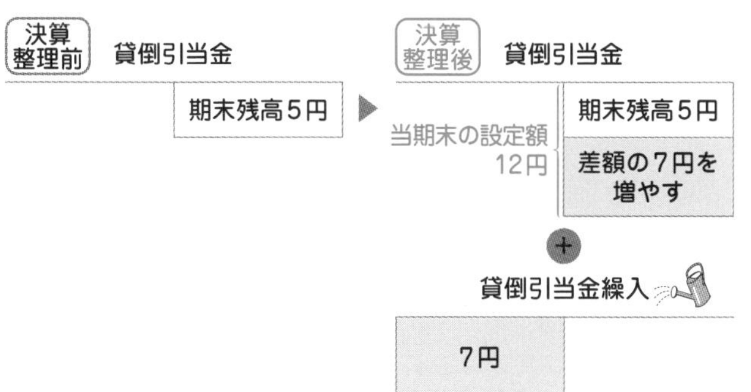

決算日における貸倒引当金の設定②

上記①は、貸倒引当金の期末残高が当期設定額よりも少ない場合でした。

この場合は貸倒引当金を追加計上します。

逆に、貸倒引当金の期末残高が当期設定額よりも多い場合は、その差額分だけ**貸倒引当金を減らします。**

この場合は貸倒引当金を減らします。

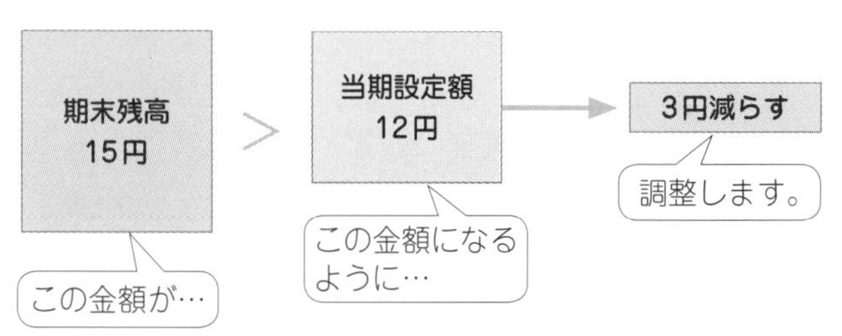

なお、この場合の貸方は**貸倒引当金戻入**（かしだおれひきあてきんもどしいれ）という**収益**の勘定科目で処理します。

貸倒引当金戻入は収益の勘定科目なので貸方に記入します。

したがって、仮にCASE94の貸倒引当金の期末残高が、15円であったとした場合、仕訳は次のようになります。

貸倒引当金の設定

①貸倒引当金の設定額：600円×２％＝12円
②貸倒引当金の期末残高：15円
③減少させる貸倒引当金：15円－12円＝３円

（貸 倒 引 当 金） 3 （貸倒引当金戻入） 3

収益の発生

問題集
問題63

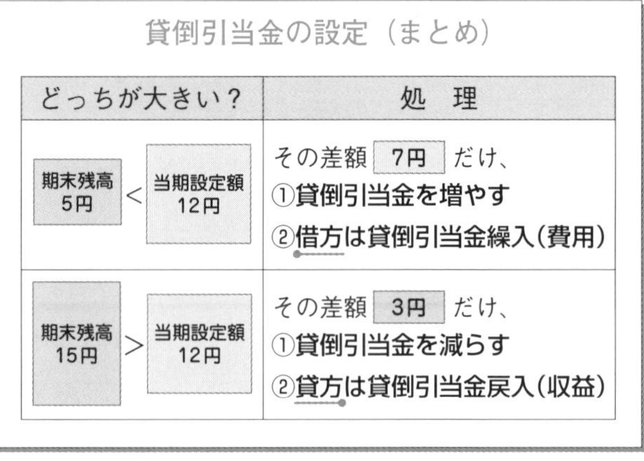

貸倒引当金の設定（まとめ）

どっちが大きい？	処　理
期末残高 5円 ＜ 当期設定額 12円	その差額 7円 だけ、 ①貸倒引当金を増やす ②借方は貸倒引当金繰入（費用）
期末残高 15円 ＞ 当期設定額 12円	その差額 3円 だけ、 ①貸倒引当金を減らす ②貸方は貸倒引当金戻入（収益）

CASE 95 貸倒れと貸倒引当金

前期に貸倒処理した完成工事未収入金を当期に回収したときの仕訳

シロミ物産が倒産した年の翌年1月20日。ゴエモン建設は、前期に貸倒処理したシロミ物産に対する完成工事未収入金50円を、運良く回収することができました。

取引 ×3年1月20日　前期（×2年度）に貸倒処理したシロミ物産に対する完成工事未収入金50円を現金で回収した。

ここまでの知識で仕訳をうめると…

（現　　　　金）	50	（　　　　　）	

現金で回収した↑

前期に貸倒処理した完成工事未収入金を回収したときの仕訳

前期（以前）に貸倒処理した完成工事未収入金が当期に回収できたときは、貸倒引当金や完成工事未収入金などの勘定科目は用いず、償却債権取立益（しょうきゃくさいけんとりたてえき）という収益の勘定科目で処理します。

償却（貸倒処理）した債権（完成工事未収入金や受取手形）を取り立てることができたということで、償却債権取立益ですね。

CASE95の仕訳

（現　　　　金）	50	（償却債権取立益）	50

収益の発生↑

問題集
問題64

CASE 96

完成工事補償引当金

決算時に完成工事補償引当金を設定したときの仕訳

ゴエモン建設では、完成し引き渡した建物の補修について、引き渡してから一定期間、無償でサービスをする契約をしています。
この場合、決算で処理が必要なようですが、どんな処理をするのでしょうか?

取引 決算につき、完成工事補償引当金を900円計上する。

用語 **完成工事補償引当金**…当期に負担するべき完成し、引き渡した建物の補修について計上する貸方項目

完成工事補償引当金を設定したときの仕訳

建物は高価な買い物なので、アフターサービスが充実していることが多いようです。中でも、一定期間無償で補修を受けられることは、売上の促進に役立ちます。

これを当期の費用とするため引当金を計上します。

この後、工事原価に振り替える仕訳をします。完成工事補償引当金繰入勘定を使うこともあります。

(未成工事支出金) 900 (　　　　　)

資産の増加↑

なお、このときの相手科目(貸方)は**完成工事補償引当金(負債)**で処理します。

CASE96の仕訳

(未成工事支出金) 900 (完成工事補償引当金) 900

負債の増加↑

CASE 97 完成工事補償引当金

完成工事補償引当金を取り崩したときの仕訳

翌期になり、シロミ物産に引き渡した建物の補修を行いました。前期末に設定した完成工事補償引当金は900円。
この場合、どのような処理をするのでしょう？

取引 欠陥が見つかり、シロミ物産に完成し引き渡した建物の補修を行った。その際、手持ちの材料500円を支出し、下請け業者への工事代金400円は、月末払いとした。

完成し引き渡した建物の補修を行ったときの仕訳

完成し引き渡した建物の補修をしたとき、計上してある**完成工事補償引当金（負債）**を取り崩します。

貸方に計上している完成工事補償引当金を取り崩すので、借方に記入することになります。

CASE97の仕訳

借方	金額	貸方	金額
（完成工事補償引当金）	900	（材　　　料）	500
		（未　払　金）	400

負債の増加↑

なお、完成し引き渡した後の外注業者への未払いは、工事未払金勘定ではなく未払金勘定を使うことになります。

また、引当金が不足するときは、その不足分は**前期工事補償費（費用）**として処理します。

問題集
問題65、66

CASE 98

退職給付引当金

決算時に退職給付引当金を設定したときの仕訳

ゴエモン建設では、従業員が退職したときには、退職金を支払うことになっています。

「退職金を支払ったときに処理をすればいい…」と思っていたのですが、そうではないようです。

取引 決算につき、退職給付引当金の当期繰入額100円を計上する。

用語 **退職給付引当金**…従業員の退職時に支払う退職金に備えて設定する引当金

退職給付引当金を設定したときの仕訳

従業員が会社を退職すると、退職時に会社から退職金が支払われます。この退職金は従業員が会社で働いてくれたことに対する支払いなので、退職時に一括して費用計上するのではなく、従業員が働いた分だけ毎期の費用として計上すべきです。

退職金の支払規定がある会社に限られます。

そこで、決算において将来支払う退職金のうち、当期の費用分を見積って、**退職給付費用（費用）**として計上します。なお、このときの相手科目（貸方）は**退職給付引当金（負債）**で処理します。

退職給付費用は、退職給付引当金繰入額という勘定科目で出題されることがあります。

CASE98の仕訳

（退職給付費用）	100	（退職給付引当金）	100
費用の発生↑		負債の増加↑	

CASE 99

退職給付引当金

退職金を支払ったときの仕訳

今月、ゴエモン建設では従業員が１人退職しました。
そのため、退職金60円を現金で支払いました。
この場合、どのような処理をするのでしょう？

取引 従業員が退職したので、退職金60円を現金で支払った。なお、退職給付引当金の残高は100円である。

これまでの知識で仕訳をうめると…

（　　　　）		（現　　金）	60

現金で支払った

退職金を支払ったときの仕訳

従業員が退職し、退職金を支払ったときは、計上してある**退職給付引当金（負債）**を取り崩します。

貸方に計上している退職給付引当金を取り崩すので、借方に記入することになります。

CASE99の仕訳

（退職給付引当金）	60	（現　　金）	60

問題集
問題67

CASE 100

修繕引当金

決算時に修繕引当金を設定したときの仕訳

今日は決算日。

ゴエモン建設では毎年、2月に自社の機械の修繕を行っています。でも、当期は都合がつかなかったので、次期に延期することにしました。

この場合、決算で処理が必要なようですが、どんな処理をするのでしょうか？

取引 決算につき、修繕引当金の当期繰入額100円を計上する。

用語 **修繕引当金**…当期に行うはずの修繕について、当期の費用として計上する際の相手科目（貸方科目）

修繕引当金を設定したときの仕訳

建物や機械、備品などの固定資産は毎年定期的に修繕が行われ、その機能を維持しています。したがって、毎年行う修繕を当期に行わなかったときでも、当期分の費用を**修繕引当金繰入（費用）**として計上します。

（修繕引当金繰入） 100 （　　　　　　）

費用の発生⬆

なお、このときの相手科目（貸方）は**修繕引当金（負債）**で処理します。

CASE100の仕訳

（修繕引当金繰入）	100	（修繕引当金）	100

負債の増加⬆

CASE 101

修繕引当金

修繕費を支払ったときの仕訳

翌期になり、前期に行うべき機械の修繕を行い、修繕費150円を小切手を振り出して支払いました。前期末に設定した修繕引当金は100円。
この場合、どのような処理をするのでしょう？

取引 機械の定期修繕を行い、修繕費150円を小切手を振り出して支払った。なお、修繕引当金100円がある。

修繕費を支払ったときの仕訳

修繕を行い、修繕費を支払ったときは、計上してある**修繕引当金（負債）**を取り崩します。また、修繕引当金を超える金額は、**修繕費（費用）**で処理します。

貸方に計上している修繕引当金を取り崩すので、借方に記入することになります。

CASE101の仕訳

（修繕引当金）	100	（当座預金）	150
（修繕費）	50		

150円－100円

費用の発生⬆

問題集
問題68

第11章

社　債

事業拡大のためにもっと資金が必要。
株式以外で一般の人から資金を集める方法はないかと
調べてみたところ、
社債を発行するという手があるらしい。

ここでは、社債の処理についてみていきましょう。

CASE 102 社 債

社債を発行したときの仕訳

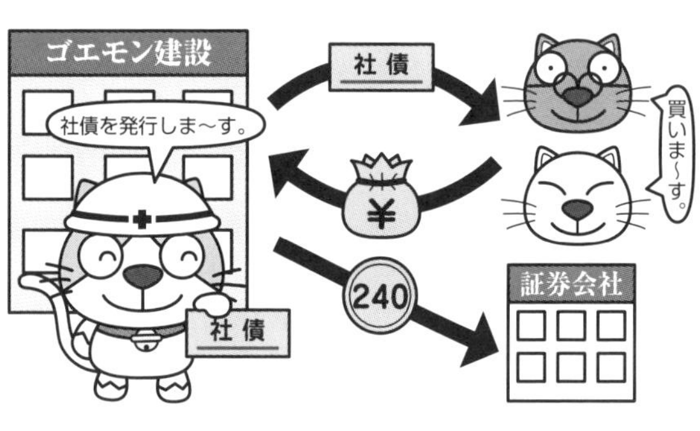

ゴエモン建設は事業拡大のため、多額の資金が必要になりました。
資金調達の方法には、株式を発行したり銀行などから借り入れるほか、社債を発行するという方法もあります。そこで、今回は社債を発行して資金を調達することにしました。

取引 ×1年7月1日　ゴエモン建設は額面総額10,000円の社債を、額面100円につき95円（償還期間5年、年利率3%、利払日は6月末と12月末）で発行し、払込金額は当座預金とした。なお、社債発行のための費用240円は現金で支払った。

用語 **社　　債**…株式会社の社債購入者に対する債務（負債）
償還期間…社債（負債）を返済するまでの期間

?

これまでの知識で仕訳をうめると…

払込金額は当座預金としした↑

（当 座 預 金）		（　　　　）	
（　　　　）		（現　　金）	240

現金で支払った↓

社債を発行したときの仕訳

株式会社が一般の人から資金を調達する方法には、株式の発行のほか、**社債の発行**があります。

社債は、一般の人（社債の購入者）からの借入れを意味し、社債を発行したら一定期間（**償還期間**（しょうかんきかん））後にお金を返さなければなりません。したがって、社債を発行したときは、**社債（負債）の増加**として会社に払い込まれた金額（**払込金額**）で処理します。

CASE102では、額面総額10,000円の社債を額面100円につき95円で発行しているので、社債の金額は次のようになります。

額面金額ではなく、払込金額で処理します。

資　産	負　債
	純資産

CASE102の社債の金額

①発行口数：$\frac{10,000円}{@100円}$ = 100口

②払込金額：@95円×100口＝9,500円

(当　座　預　金)	9,500	(社　　　　債)	9,500

また、社債の発行には広告費や証券会社への手数料などがかかります。この社債の発行にともなって生じる費用は、**社債発行費**として処理します。

社債発行費は費用ですが、繰延資産として処理することもできます。

CASE102の仕訳

(当　座　預　金)	9,500	(社　　　　債)	9,500
(社 債 発 行 費)	240	(現　　　　金)	240

社債発行の形態

社債は額面金額で発行すること（**平価発行**（へいかはっこう））もありますが、CASE102のように額面金額よりも低い金額で発行すること（**割引発行**（わりびきはっこう））も、また逆に額面金額よりも高い金額で発行すること（**打歩発行**（うちぶはっこう））もあります。

社債の発行形態

平価発行	額面金額で発行すること
割引発行	額面金額よりも低い金額で発行すること
打歩発行	額面金額よりも高い金額で発行すること

このテキストでは割引発行を前提として説明していきます。

CASE 103

社　債

社債の利息を支払ったときの仕訳

社債は借入金の一種なので、社債の購入者に対して利息を支払わなければなりません。
今日（12月31日）は7月1日に発行した社債の利払日なので、6カ月分の利息を当座預金口座から支払いました。

取引　×1年12月31日　当期の7月1日に発行した社債（額面総額10,000円、年利率3%、利払日は6月末と12月末）の利払日のため、利息を当座預金口座から支払った。

社債の利息を支払ったときの仕訳

社債は借入れの一種ですから、利息を支払う必要があります。そして、社債の利息を支払ったときは、**社債利息（費用）**として処理します。

なお、CASE103では、社債の発行日（７月１日）から利払日（12月31日）までの６カ月分の社債利息を計上します。

CASE103の社債利息

・10,000円×３%×$\frac{6\text{カ月}}{12\text{カ月}}$＝150円

CASE103の仕訳

（社　債　利　息）	150	（当　座　預　金）	150

費用の発生⬆

社債の決算時の仕訳①

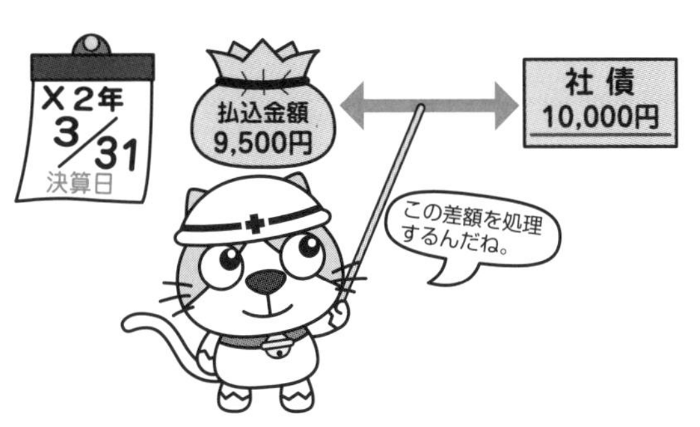

今日は決算日（3月31日）。

ゴエモン建設では、当期の7月1日に額面総額10,000円の社債を9,500円で発行していますが、どうやら決算時にはこの差額500円の処理が必要なようです。

取引　×2年3月31日　決算につき、×1年7月1日に発行した社債（額面総額10,000円、払込金額9,500円、償還期間5年）について、額面金額と払込金額との差額（金利調整差額）を償却原価法（定額法）により償却する。

金利調整差額とは

たとえば、市場（銀行）の利子率が3.5%、社債の利子率が３%の場合、社債を買うより銀行に預けたほうが得です。

これだと社債を買ってくれる人はいませんよね。

> ● 10,000円を銀行に年利率3.5%で５年間預けた場合の利息
> 10,000円×3.5%×５年＝ 1,750円
>
> ● 額面総額10,000円の社債（年利率３%）を購入した場合の５年間の利息
> 10,000円×３%×５年＝ 1,500円

そこで、社債を割引発行することによって、社債のほうが実質的に有利になるように調整します。

たとえば、額面総額10,000円の社債を9,500円で発

行したとき、社債の購入者は社債の発行時に9,500円を支払いますが、満期日には10,000円を受け取ることができます。

そうすると、社債の購入者は500円分得することになり、5年間で受け取る利息と合わせて合計2,000円(1,500円+500円)、得することになります。

これなら社債を買ったほうが得なので、社債を買ってくれますよね。

●10,000円を銀行に年利率3.5%で5年間預けた場合の利息：1,750円
●額面総額10,000円の社債（年利率3%）を9,500円で購入した場合の5年間の受取額：2,000円

このように、社債の利子率を調整するために割引発行（または打歩発行）が行われます。このとき生じる社債の額面金額と払込金額との差額を**金利調整差額**(きんりちょうせいさがく)といいます。

社債の決算時の処理には、これ以外に社債発行費の償却（CASE105）、社債利息の見越計上（CASE106）があります。

社債の決算時の仕訳①　社債の帳簿価額の調整

金利調整差額は、償還期間にわたって、毎期一定の方法で帳簿価額が額面金額に近づくように社債の帳簿価額に加減します。これを**償却原価法**(しょうきゃくげんかほう)といいます。

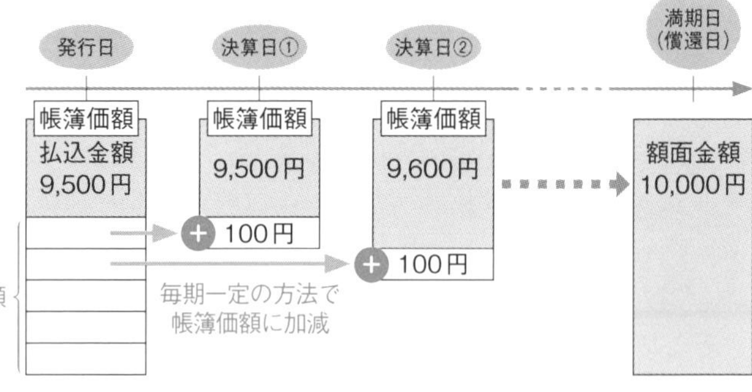

CASE104では、金利調整額500円（10,000円－9,500円）を償還期間（５年）にわたって定額法により月割償却するため、当期の社債の調整額は次のようになります。

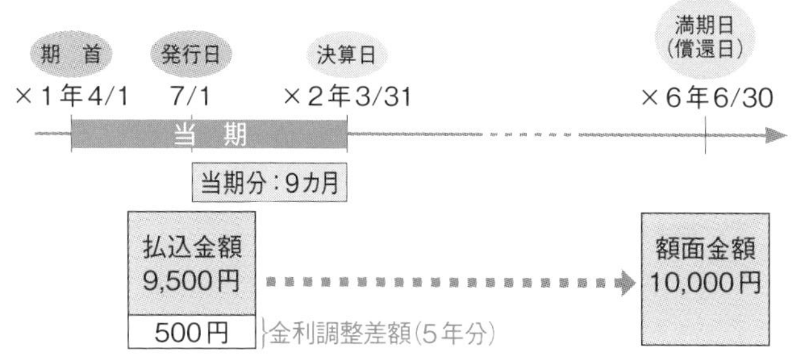

CASE104の社債の調整額

①１年分の調整額：500円÷５年＝100円

②当期分の調整額：100円×$\frac{9カ月}{12カ月}$＝75円

（　　　　）	（社　　　債）	75

割引発行なので帳簿価額に加算

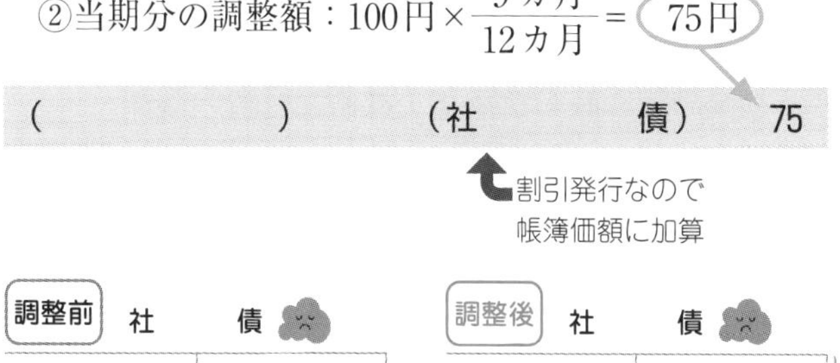

なお、額面金額と払込金額との差額は**金利調整差額**なので、相手科目は**社債利息（費用）**で処理します。

CASE104の仕訳

（社債利息）	75	（社　　　債）	75

社　債

社債の決算時の仕訳②

社債発行費を繰延資産として処理する場合、決算において社債発行費の償却を行います。

取引　×2年3月31日　決算につき、社債発行費240円を社債の償還期間において定額法により月割償却する。なお、この社債は×1年7月1日に償還期間5年で発行したものである。

繰延資産の償却はCASE90で学習しましたね。

社債の決算時の仕訳②　社債発行費の償却

社債発行費を繰延資産として処理した場合は、決算において**社債の償還期間にわたって月割りで償却します。**

CASE105の社債発行費の償却

①1年分の償却額：240円÷5年＝48円

②当期分の償却額：$48円 \times \frac{9カ月}{12カ月} = 36円$

CASE105の仕訳

(社債発行費償却)	36	(社 債 発 行 費)	36

費用の発生↑

CASE 106 社　債

社債の決算時の仕訳③

当期に発行した社債の利払日は6月末日と12月末日。

ゴエモン建設の決算日は3月31日なので、1月1日から3月31日までの3カ月分の社債利息を当期の費用として見越計上しました。

取引 ×2年3月31日　決算につき、×1年7月1日に発行した社債（額面総額10,000円、年利率3%、利払日は6月末と12月末）について、社債利息を見越計上する。

社債の決算時の仕訳③　社債利息の見越計上

CASE106のように利払日と決算日が一致しない場合は、決算において**社債利息（費用）を見越計上**します。

×2年1/1～3/31までの社債利息はまだ支払っていませんが、当期の費用なので費用計上します。

期首	発行日	利払日	決算日	利払日
×1年4/1	7/1	12/31	×2年3/31	6/30

当期：×1年4/1～×2年3/31
支払済み：7/1～12/31　見越分：3カ月（12/31～3/31）

費用収益の見越しと繰延べについてはCASE53～61で学習しましたね。

CASE106の社債利息の見越計算額

$$\cdot\ 10{,}000\text{円} \times 3\% \times \frac{3\text{カ月}}{12\text{カ月}} = 75\text{円}$$

CASE106の仕訳

（社債利息）	75	（未払社債利息）	75

費用の発生↑　負債の増加↑

社　債

社債を満期日に償還したときの仕訳

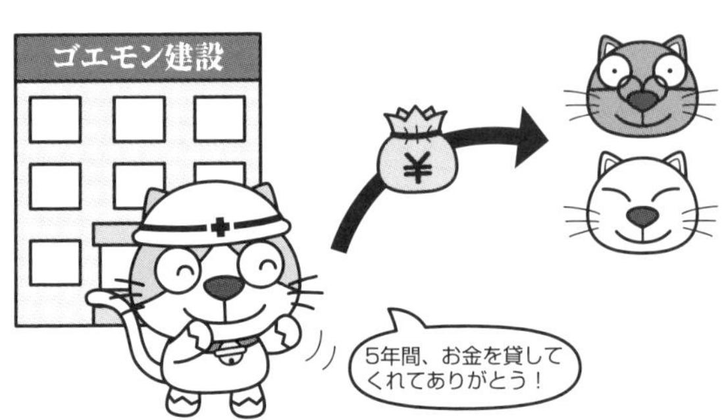

社債を発行して5年。今日は×1年7月1日に発行した社債の満期日（返済日）です。
そこで、ゴエモン建設は社債を額面で償還することにしました。

取引　×6年6月30日（決算日は3月31日）　×1年7月1日に発行した社債（額面総額10,000円、前期末の帳簿価額9,975円）が満期となったので、額面金額と最終回の利息150円を当座預金口座から支払った。なお額面金額と払込金額（9,500円）との差額である金利調整差額の未償却残高25円と社債発行費の未償却残高12円を償却した。

社債の償還とは

社債は借入れの一種なので、一定期間後に社債の購入者にお金を返さなければなりません。これを**社債の償還**（しょうかん）といいます。

社債の償還方法には、満期日に償還する方法（**満期償還**（まんきしょうかん）といいます）と満期日前に償還する方法（**買入償還**（かいいれしょうかん）といいます）があります。

買入償還は次のCASE108で学習します。

CASE107は満期償還なので、まずは満期償還の処理についてみてみましょう。

社債を満期日に償還したときの仕訳

額面金額を社債の購入者に支払います。

社債を満期日に償還するときは、**額面金額で償還**します。そこで、まずは、まだ調整していない金利調整差額（未償却残高25円）を社債の帳簿価額に加算して、社債の帳簿価額を額面金額に一致させます。

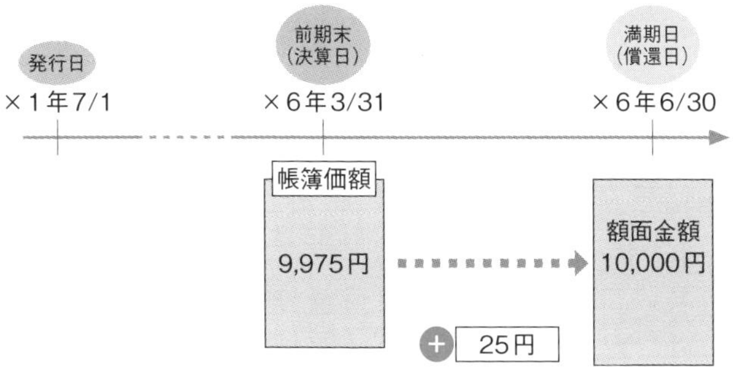

（社　債　利　息）	25	（社　　　　債）	25

負債の増加⬆

考え方は社債の帳簿価額の調整（CASE104）と同じです。

そして、額面金額で社債を償還します。

なお、CASE107では当座預金口座から支払っているので、同じ金額だけ当座預金も減らします。

社債（負債）が減ります。

（社　　　　債）	10,000	（当　座　預　金）	10,000

負債の減少⬇

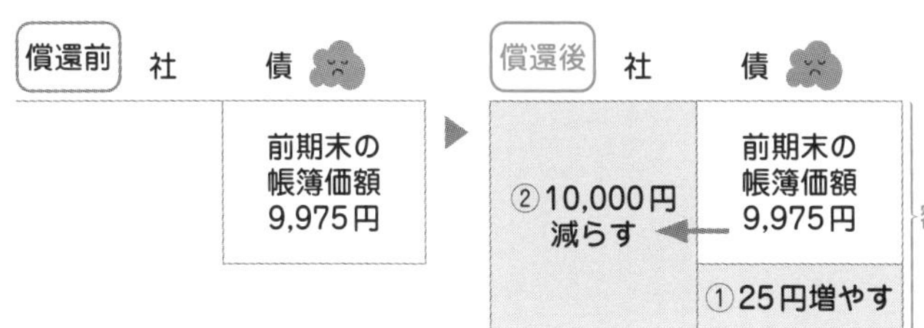

さらに、社債利息の計上と社債発行費の償却も行います。

（社債利息）	150	（当座預金）	150
（社債発行費償却）	12	（社債発行費）	12

以上より、CASE107の仕訳は次のようになります。

CASE107の仕訳

帳簿価額の調整	（社債利息）	25	（社債）	25
額面金額で償還	（社債）	10,000	（当座預金）	10,000
社債利息の計上	（社債利息）	150	（当座預金）	150
社債発行費の償却	（社債発行費償却）	12	（社債発行費）	12

問題集
問題69

CASE 108 社　債

社債を買入償還したときの仕訳

社債は発行していると利息を支払わなければなりません。ですから、早めに償還してしまうほうが会社にとって得なのです。
資金的に余裕ができたゴエモン建設。満期日前ですが、今日、社債を償還することにしました。

取引 ×3年6月30日（決算日は3月31日） ×1年7月1日に発行した社債（額面総額10,000円、払込金額9,500円、前期末の帳簿価額9,675円、償還期間5年）を額面100円につき96円で買入償還し、代金は当座預金口座から支払った。なお額面金額と払込金額との差額（金利調整差額）は償却原価法（定額法）によって償却している。

用語 **買入償還**…社債を満期日前に時価で買い入れること

社債の買入償還とは

社債を発行している間は、会社は利息を支払わなければなりません。そこで、資金的に余裕ができたら、社債を満期日前に償還してしまうほうが会社にとって有利な場合があります。

社債を満期日前に償還するときは時価で市場から買い入れるため、これを**社債の買入償還**（かいいれしょうかん）といいます。

当期分は×3年4/1（当期首）から6/30（買入償還日）までの3カ月分ですね。

買入償還時の仕訳①　社債の帳簿価額の調整

社債を買入償還したときは、当期分の金利調整差額を前期末の社債の帳簿価額に加減し、買入時の社債の帳簿価額を計算します。

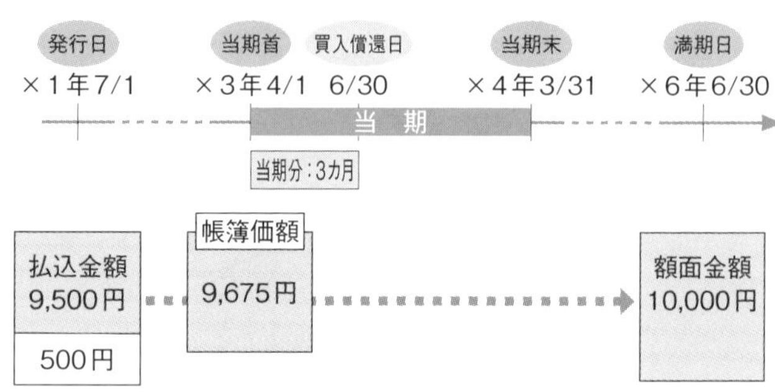

CASE108の社債の調整額

①金利調整差額：10,000円－9,500円＝500円

②1年分の調整額：500円÷5年＝100円

③当期分の調整額：100円×$\frac{3カ月}{12カ月}$＝25円

（社 債 利 息）	25	（社　　債）	25

負債の増加⬆

以上より、買入時の社債の帳簿価額は9,700円（9,675円＋25円）となります。

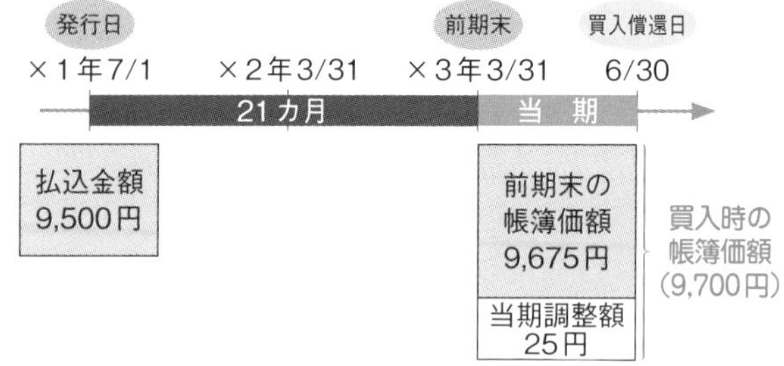

買入償還時の仕訳②　社債の買入償還の処理

次に買入償還の仕訳をします。

買入償還の処理では、まず買入時の**社債（負債）の帳簿価額を減らします。**

（社　　　　　債）	9,700	（　　　　　　　）	

負債の減少

また、買入償還は社債を時価で買い入れるため、その分の当座預金などが減少します。

CASE108の社債の買入価額

$$\cdot 10{,}000\text{円} \times \frac{@96\text{円}}{@100\text{円}} = 9{,}600\text{円}$$

（社　　　　　債）	9,700	（当　座　預　金）	9,600

ここで、仕訳を見ると貸借差額が生じています。この差額は**社債償還損（費用）**または**社債償還益（収益）**で処理します。

したがって、CASE108の仕訳は次のようになります。

CASE108の仕訳

（社　債　利　息）	25	（社　　　　　債）	25
（社　　　　　債）	9,700	（当　座　預　金）	9,600
		（社　債　償　還　益）	100

帳簿価額の調整

社債の償還

貸借差額が貸方に生じるので社債償還益（収益）ですね。

問題集
問題70

前期末の社債の帳簿価額が資料に与えられていない場合

社債の買入償還の問題で、前期末の社債の帳簿価額が資料に与えられていない場合には、前期末の帳簿価額を自分で計算してからCASE108の仕訳をします。

なお、前期末の社債の帳簿価額は、払込金額に金利調整差額のうち前期末までの調整額を加減して求めます。

次の例を使って、前期末の帳簿価額を計算してみましょう。

［例］×3年6月30日（決算日は3月31日） ×1年7月1日に発行した社債（額面総額10,000円、払込金額9,500円、償還期間5年）を額面100円につき96円で買入償還した。なお額面金額と払込金額との差額（金利調整差額）は償却原価法（定額法）によって償却している。

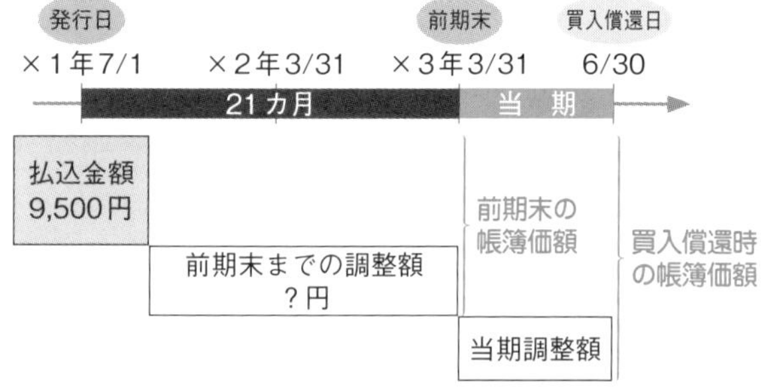

前期末の社債の帳簿価額

①金利調整差額：10,000円－9,500円＝500円

②前期末までの社債の調整額：

$$500円\times\frac{21カ月}{12カ月\times5年}=175円$$

③前期末の社債の帳簿価額：

9,500円＋175円＝**9,675円**

第12章
株式の発行、剰余金の配当と処分

株式会社を設立しよう!
まずは、株式を発行するところからスタートだ。

ここでは、株式の発行、
剰余金の配当と処分についてみていきましょう。

株式会社とは

ゴエモン建設は株式会社として設立された会社です。
ふと、ゴエモン君は、株式会社について調べてみることにしました。

株式会社とは？

お店と会社の違いに、規模の大きさがあります。

事業規模が小さいお店では、元手はそれほど必要ではありません。

> 通常、店主個人の貯金をお店の元手（資本金）として開業します。

ところが、事業規模が大きくなると、多くの元手が必要となります。そこで、必要な資金を集めるため、**株式という証券**を発行して多数の人から少しずつ出資してもらうのです。

> 1株5万円の株式を2,000人に買ってもらえば1億円という大金を集めることができますよね。

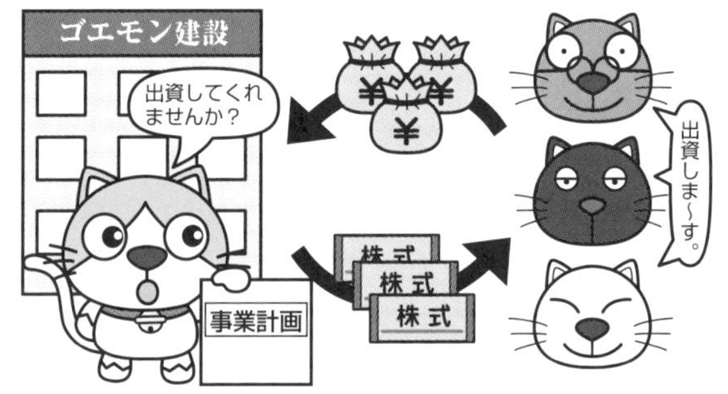

このように、**株式**を発行することによって多額の資金を集めて営む企業形態を、**株式会社**といいます。

株主と取締役

株式会社では、出資してくれた人を**株主**（かぶぬし）といいます。株主からの出資があって会社がなりたつので、株主は会社の所有者（オーナー）ともいわれます。したがって、株主は会社の方向性についても口を出せますし、究極的には会社を解散させることもできます。

しかし、株主は何万人といるわけですから、株主が直接、日々の会社の経営を行うことはできません。

そこで、株主は出資した資金を経営のプロである**取締役**に任せ、日々の会社の経営は取締役が行います。

これを所有（株主）と経営（取締役）の分離といいます。

また、株主からの出資があって、会社が活動し、利益を得ることができるので、会社が得た利益は株主に分配（**配当**といいます）されます。

利益が多ければ多いほど、株主への分配も多いわけですから、出資者も、もうける力のある会社、魅力的な会社に出資するわけですね。

株主総会と取締役会

会社には何人かの取締役がいます。そして、取締役は**取締役会**（とりしまりやくかい）という会議を行い、会社の経営方針を決めていきます。

なお、会社の基本的な経営方針や利益の使い道（株主への配当など）は、株主が集まる**株主総会**で決定されます。

お店では出資者＝店主（経営者）なので、お店のもうけを店主が使うことができましたが、株式会社では出資者（株主）≠経営者（取締役）なので、経営者が会社のもうけを勝手に使うことはできません。

CASE 110

株式の発行

会社を設立して株式を発行したときの仕訳

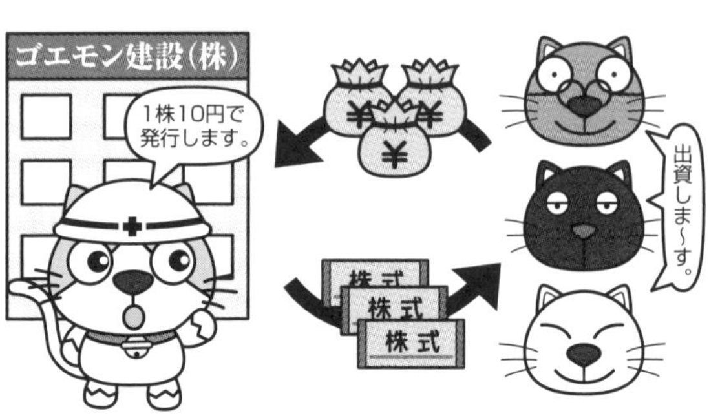

過去にゴエモン君が会社を設立した際の話です。会社の設立にあたって、まずは株式を発行する必要があります。

そこで、1株@10円の株式を100株発行することにしました。

取引 ゴエモン建設は、会社の設立にあたって株式100株を1株あたり10円で発行し、全株式の払い込みを受け、払込金額は当座預金とした。

これまでの知識で仕訳をうめると…

(当 座 預 金) 1,000 (　　　　　　)

当座預金とした → 資産の増加
@10円×100株=1,000円

> 株式会社は、設立時に会社が発行する株式の予定総数(授権株式数)の4分の1以上の株式を発行しなければなりません。そのため、「発行株式は会社法が定める必要最低限とする」と問題文に与えられていた場合には、授権株式数の4分の1を発行株式とします。

株式を発行したときの仕訳(原則)

会社の設立にあたって、株式を発行したときは、**原則として払込金額の全額を資本金(純資産)として処理**します。

CASE110の仕訳　原則処理の場合

(当 座 預 金) 1,000 (資 本 金) 1,000

資本金(純資産)の増加なので、貸方に記入します。

資 産	負 債
	純資産

株式を発行したときの仕訳（容認）

払込金額のうち最低2分の1を資本金として処理することも「会社法」で認められています。なお、払込金額のうち、資本金としなかった部分は**株式払込剰余金（純資産）**または**資本準備金（純資産）**として処理します。

「会社法」は会社に関する決まりを定めた法律です。

CASE110を容認規定で処理した場合

試験では、容認処理の場合「払込金額のうち『会社法』で認められている最低額を資本金とする」などの指示がつきます。

・資本金：@10円×100株×$\frac{1}{2}$＝500円

・株式払込剰余金：1,000円－500円＝500円

CASE110の仕訳

容認処理の場合

（当座預金）	1,000	（資本金）	500
		（株式払込剰余金） または資本準備金	500

株式払込剰余金（資本準備金）は純資産の科目なので、貸方に記入します。

資産	負債
	純資産

株式を発行したときの処理

- 原則…払込金額の全額を資本金で処理
- 容認…払込金額のうち最低2分の1を資本金とし、残額は株式払込剰余金（または資本準備金）で処理

問題集
問題71

CASE 111

株式の発行

増資をしたときの仕訳①
申込証拠金の受取時の仕訳

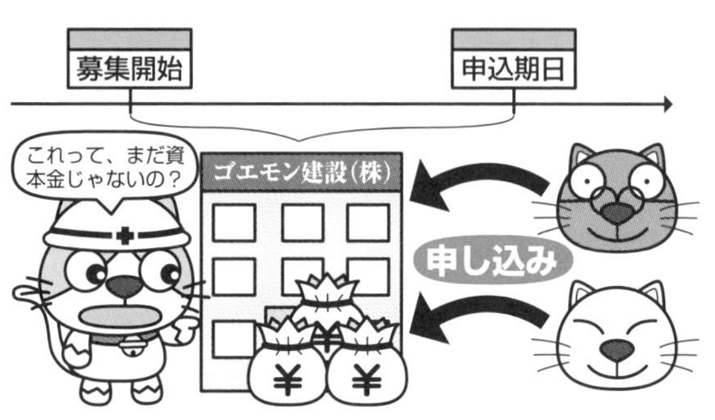

取締役会で新たに20株の株式を発行することが決まり、株主を募集したところ、全株式について申し込みがありました。申し込みと同時に払い込みを受けていますが、この払込金額はまだ資本金として処理できないようです。

取引 増資のため、株式20株について1株あたり10円で株主を募集したところ、申込期日までに全株式が申し込まれ、払込金額の全額を申込証拠金として受け入れ、別段預金とした。

用語 **増　　資**…資本金を増やすこと
申込期日…株主の募集（申込）期間の最後の日

増資の流れ

会社の設立後に新株を発行して資本金を増やすことを**増資**（ぞうし）といいます。

増資をするときには、まず一定期間（**申込期間**）を設けて株主を募集します。

そして、会社は申込者のなかからだれを株主とするかを決め、株主には株式を割り当てます。

20株の募集に対して、30株の申し込みがあったときは、10株分の申込者は株主になれません。

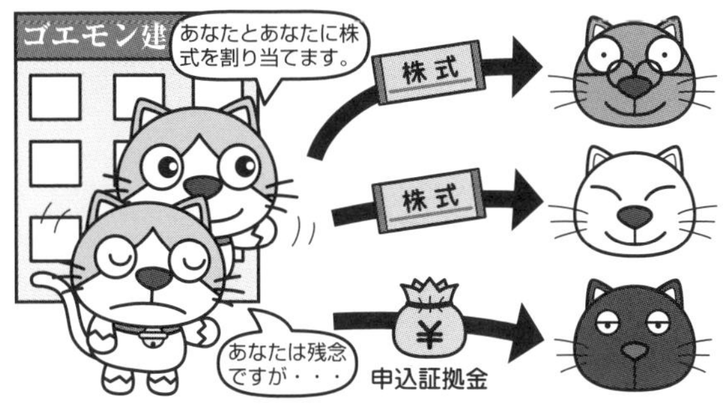

申込証拠金を受け取ったときの仕訳

会社は、申込期日までに株式の申込者から払込金額の全額を受け取りますが、株式を割り当てなかった申込者に対しては、その払込金額を返さなければなりません。

そこで、株式を割り当てる前に申込者から受け取った払込金額（**申込証拠金**(もうしこみしょうこきん)といいます）は、まだ資本金としないで、**新株式申込証拠金**で処理しておきます。

（　　　　　　）		（新株式申込証拠金）	200

@10円×20株＝200円

また、申込者から申込証拠金として払い込まれた現金や預金は、会社の資産である当座預金などとは区別し、**別段預金**(べつだんよきん)**（資産）**として処理しておきます。

CASE111の仕訳

（別段預金）	200	（新株式申込証拠金）	200

あとで返すかもしれないお金なので、この時点ではまだ資本金や当座預金では処理できません。

CASE 112

株式の発行

増資をしたときの仕訳②
払込期日の仕訳

今回の増資では、申込者全員に株式を割り当てることにしました。
そして、今日は募集した株式の払込期日。
このときはどんな処理をするのでしょう?

取引 払込期日となり、申込証拠金200円を増資の払込金額に充当し、同時に別段預金を当座預金とした。なお、払込金額のうち、会社法で認められている最低額を資本金とすることとした。

払込期日になったときの仕訳

払込期日において、**新株式申込証拠金を資本金とするとともに、別段預金を当座預金に預け替えます。**

なお、CASE112では、払込金額のうち会社法で認められている最低額を資本金とするため、100円$\left(200円 \times \frac{1}{2}\right)$を**資本金**、残額を**株式払込剰余金**(または**資本準備金**)として処理します。

CASE112の仕訳

(新株式申込証拠金)	200	(資本金)	100
		(株式払込剰余金) または資本準備金	100
(当座預金)	200	(別段預金)	200

資産の増加⬆　資産の減少⬇

問題集
問題72

CASE 113 当期純利益の計上

当期純利益を計上したときの仕訳

株式会社を設立して1年、おかげさまで当期は利益1,000円を計上することができました。
株式会社では、当期純利益はどのように処理するのでしょうか。

取引 ×2年3月31日　ゴエモン建設は第1期の決算において当期純利益1,000円を計上した。

株式会社の場合、当期純利益は純資産（元手）の増加なので、損益勘定から純資産の勘定に振り替えます。ただし、株式会社の場合は資本金勘定ではなく、**繰越利益剰余金（純資産）**という利益（**剰余金**ともいいます）を集計しておくための勘定に振り替えます。

配当や処分（CASE 114で学習）が決まるまで、利益はいったん繰越利益剰余金に集計されます。

CASE113の仕訳

（損　　　　益）1,000（繰越利益剰余金）1,000

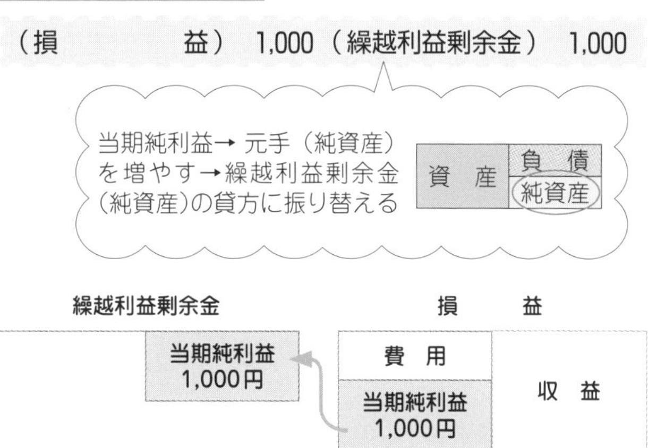

当期純損失を計上したときの処理

一方、当期純損失を計上したときは、純資産（元手）の減少として、損益勘定から繰越利益剰余金勘定の借方に振り替えます。

したがって、仮にゴエモン建設が当期純損失500円を計上したとするならば、次のような仕訳になります。

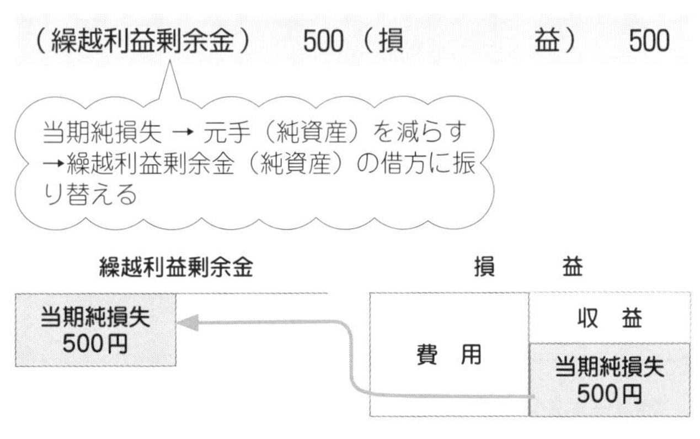

問題集
問題73

CASE 114 剰余金の配当、処分

剰余金を配当、処分したときの仕訳

株式会社では、利益は出資してくれた株主のものだから、その使い道は株主の承認が必要とのこと。
そこで、ゴエモン建設も株主総会を開いて、利益の使い道について株主から承認を得ました。

取引 ×2年6月20日　ゴエモン建設の第1期株主総会において、繰越利益剰余金1,000円を次のように配当、処分することが承認された。

株主配当金 500円　利益準備金50円　別途積立金 200円

用語 **株主総会**…株主が会社の基本的な経営方針や利益の使い道（配当、処分）などを決定する場

剰余金の配当と処分とは

株式会社では、会社の利益（剰余金）は出資者である株主のものです。ですから、会社の利益は株主に配当として分配する必要があります。

しかし、すべての利益を配当として分配してしまうと、会社に利益が残らず、会社が成長することができません。そこで、利益のうち一部を社内に残しておくことができます。また、会社法の規定により、積み立てが強制されるものもあります。

このように利益の使い道を決めることを**剰余金の配当と処分**といいます。

剰余金の配当や処分は経営者が勝手に決めることはできず、株主総会の承認が必要です。

剰余金の配当と処分の項目には何がある？

剰余金の配当とは、株主に対する配当をいい、**剰余金の処分**とは、配当以外の利益の使い道をいいます。

なお、剰余金の処分項目には、会社法で積み立てが強制されている**利益準備金（純資産）**や会社が将来の活動のために独自に積み立てておく**任意積立金（純資産）**があります。

剰余金の配当	株主配当金	株主に対する利益の分配
剰余金の処分	利益準備金（純資産）	会社法で積み立てが強制されている準備金
	任意積立金（純資産）	会社が将来の活動のために独自に積み立てる積立金 **新築積立金**（建物を新築するときのための積立金）、**別途積立金**（特定の使用目的のない積立金）など

剰余金の配当と処分の仕訳

株主総会で剰余金の配当や処分が決まったときには、繰越利益剰余金からそれぞれの勘定科目に振り替えます。ただし、株主配当金は株主総会の場では金額が決定するだけで、支払いは後日となるので、**未払配当金（負債）**で処理します。

以上より、CASE 114の仕訳は次のようになります。

CASE 114の仕訳

貸方合計

（繰越利益剰余金）	750	（未 払 配 当 金）	500
		（利 益 準 備 金）	50
		（別 途 積 立 金）	200

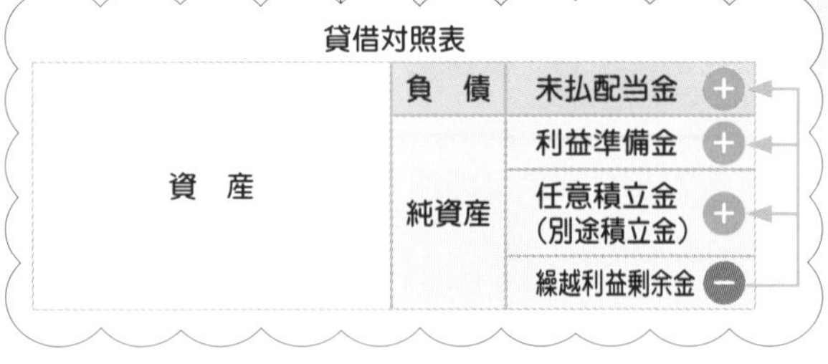

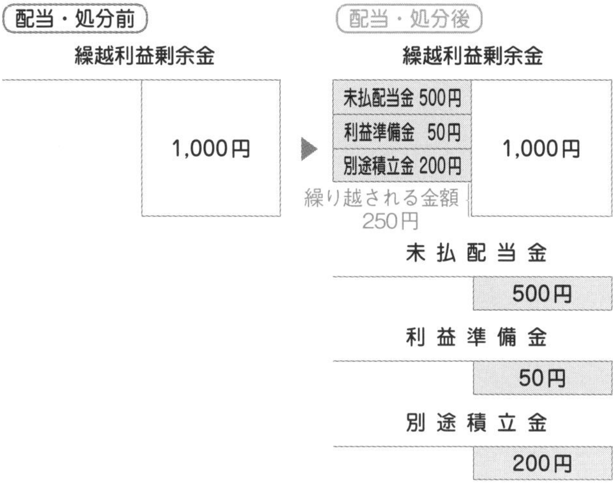

（配当・処分前）

繰越利益剰余金

	1,000円

▶

（配当・処分後）

繰越利益剰余金

未払配当金 500円	1,000円
利益準備金　50円	
別途積立金 200円	
繰り越される金額 250円	

未払配当金

	500円

利益準備金

	50円

別途積立金

	200円

配当金を支払ったときの仕訳

株主総会後、株主に配当金を支払ったときは、未払配当金（負債）が減るとともに、現金や当座預金（資産）が減ります。

（未払配当金）　500（現　金　な　ど）　500

負債の減少⬇

問題集

問題74

剰余金の配当、処分

CASE 115 利益準備金の積立額の計算

先のCASE 114で、「利益準備金は会社法によって積み立てが強制されている」と学習しましたが、会社法ではいくら積み立てるように規定されているのでしょう？

取引 ×3年6月21日　ゴエモン建設の第2期株主総会において、繰越利益剰余金2,000円について次のように配当、処分することが承認された。

株主配当金 1,000円　利益準備金 ？円　別途積立金 200円

なお、ゴエモン建設の資本金は4,000円、資本準備金は250円、利益準備金は50円であった。

これまでの知識で仕訳をうめると…

（繰越利益剰余金）		（未 払 配 当 金）	1,000
		（利 益 準 備 金）	
		（別 途 積 立 金）	200

会社法で規定する利益準備金の積立額はいくら？

会社の利益（剰余金）は株主のものですが、配当を多くしすぎると現金などが会社から多くでていってしまい、会社の財務基盤が弱くなってしまいます。

そこで、会社法では「（繰越利益剰余金を配当する場合、）**資本準備金と利益準備金の合計額が資本金の4分の1に達するまで、配当金の10分の1を利益準備金として積み立てなければならない**」という規定を設

会社から現金などがでていくことを社外流出といいます。利益準備金や任意積立金の積み立ては、会社から現金などがでていかないので、社内留保といいます。

資本準備金とは、株主からの出資額のうち、資本金以外の金額（株式払込剰余金など）をいいます。

けて、利益準備金を強制的に積み立てるようにしています。

なお、この規定をもっと簡単な式で表すと、次のようになります。

利益準備金積立額：

①資本金 $\times \frac{1}{4}$ －（資本準備金＋利益準備金）

②株主配当金 $\times \frac{1}{10}$

→ いずれか小さいほうの金額

CASE115の利益準備金積立額

① 4,000円（資本金）$\times \frac{1}{4}$ －（250円（資本準備金）＋ 50円（利益準備金））＝ 700円

② 1,000円（株主配当金）$\times \frac{1}{10}$ ＝ 100円

いずれか小さいほうの金額

CASE115の仕訳

（繰越利益剰余金）	1,300	（未払配当金）	1,000
		（利益準備金）	100
		（別途積立金）	200

貸方合計

株主資本の計数変動

貸借対照表	
資産の部	負債の部
	純資産の部 Ⅰ 株主資本 1. 資本金 2. 資本剰余金 (1)資本準備金 (2)その他資本剰余金 3. 利益剰余金 (1)利益準備金 (2)その他利益剰余金

増資や配当以外にも株主資本の金額が増減する取引があります。ここではCASE115までに学習した株主資本の変動以外のものをみていきましょう。

取引 (1) 資本準備金200円を資本金に振り替えた。
(2) 繰越利益剰余金△100円をてん補するために資本金100円を取り崩した。

株主資本の計数変動

資本準備金を資本金に振り替えるなど、株主資本内の金額の移動を**株主資本の計数変動**といいます。

株主資本の計数変動には、次のものがあります。

純資産の部
Ⅰ 株主資本
1. 資本金
2. 資本剰余金
(1)資本準備金
(2)その他資本剰余金
3. 利益剰余金
(1)利益準備金
(2)その他利益剰余金
任意積立金
繰越利益剰余金

準備金（資本準備金、利益準備金）、剰余金（その他資本剰余金、その他利益剰余金）から資本金への振替

資本金から資本準備金、その他資本剰余金への振替

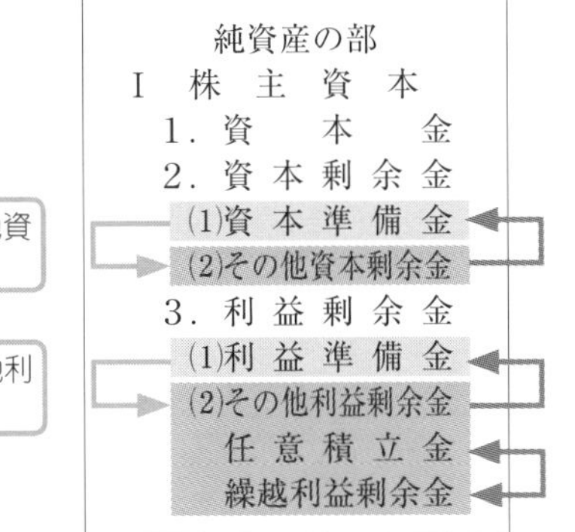

欠損とは？

欠損とは、株主資本の金額が資本金と準備金（資本準備金＋利益準備金）の合計額を下回ることをいい、その他利益剰余金（繰越利益剰余金）がマイナスである状態をいいます。

欠損が生じている場合には、資本金や資本剰余金を取り崩して、欠損をてん補することができます。

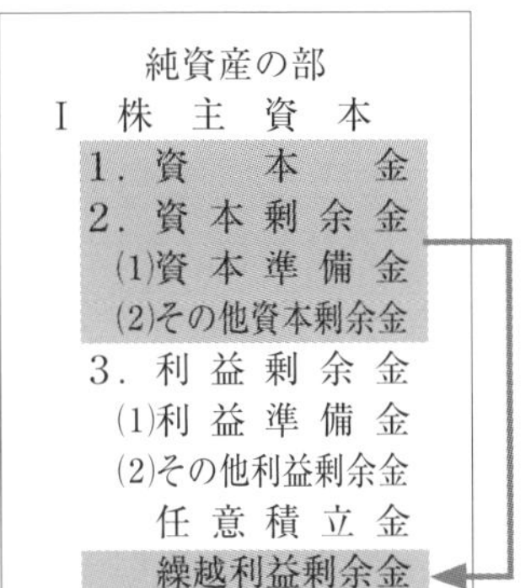

欠損てん補の場合には、資本金や資本剰余金を取り崩すことができます。

CASE116の仕訳

(1)

（資 本 準 備 金）	200	（資　　本　　金）	200

(2)

（資　　本　　金）	100	（繰越利益剰余金）	100

問題集
問題76

減資

減資したときの仕訳

ゴエモン建設は、事業規模を小さくしようと、株主から株式を買い戻して減資することにしました。減資の際の処理をおさえましょう。

取引 ゴエモン建設は普通株式10株（1株の払込金額100円を全額資本金に組み入れた）を1株90円で当座預金により買い入れ、減資のために消却した。

減資ってなんだろう

会社の事業規模を縮小したい場合には**減資**が行われます。減資を行うための１つの方法として株式の買入消却があります。買入消却とは、自社の株式を買い入れると同時に消却（消滅させること）する手続きです。

買入消却の仕訳

買入消却により減資が行われるため、**資本金（純資産）**の減少として処理します。同時に会社は自己株式を買い入れているため**当座預金（資産）**の減少として処理します。

（資　本　金）	1,000	（当　座　預　金）	900
	@100円×10株		@90円×10株

上記の仕訳の貸借差額は**減資差益（純資産）**として処理します。

CASE117の仕訳

（資　本　金）	1,000	（当 座 預 金）	900
		（減 資 差 益）	100

貸借差額

CASE 118

純資産のまとめ

純資産のまとめ

資本金や資本準備金、利益準備金など、いろいろな純資産の科目がでてきたので、少し混乱してきたゴエモン君。
そこで、純資産の科目について、まとめてみることにしました。

純資産の分類

資産と負債の差でもあります。

純資産は、株主からの出資である元手（**資本金**と**資本剰余金**）と会社のもうけ（**利益剰余金**）で構成されています。

なお、資本剰余金と利益剰余金はさらに次のように区分されます。

まずは、これらの科目が純資産の科目であることをおさえましょう。

純資産	**資本金** 株式会社が最低限維持しなければならない金額		元手
	資本剰余金 株主からの払込金額のうち資本金以外のもの	**資本準備金** 資本金を増加させる取引のうち、資本金としなかった金額 （**株式払込剰余金**など）	元手
		その他資本剰余金 資本剰余金のうち資本準備金以外のもの （減資差益など）	元手
	利益剰余金 会社の利益から生じたもの	**利益準備金** 会社法で積み立てが強制されているもの	もうけ
		任意積立金 会社が独自に積み立てたもの （**新築積立金**、**別途積立金**など）	もうけ
		繰越利益剰余金 配当、処分が決定していない利益（剰余金）	もうけ

第13章

税　金

お店の建物にかかる固定資産税や営業車にかかる自動車税を
支払ったときはどのように処理するのだろう?

そして、個人が所得税や住民税を納めるように、
会社だって法人税や住民税、
それに事業税も納めなければならないし、
モノを買ったり売ったりしたら消費税も発生する…。

ここでは、税金の処理についてみていきましょう。

CASE 119 租税公課

固定資産税などを支払ったときの仕訳

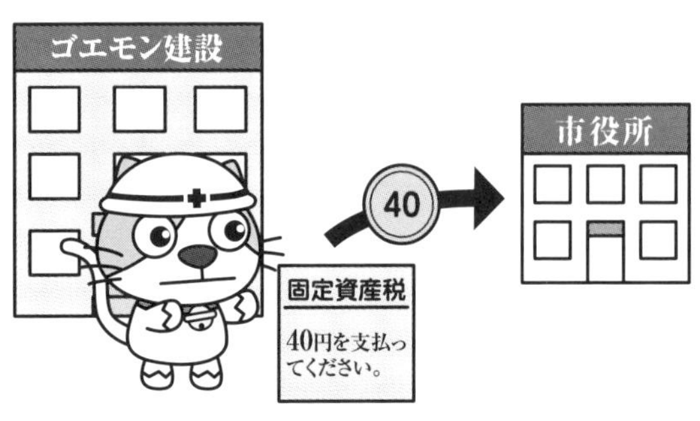

ゴエモン建設は、建物にかかる固定資産税の納税通知書（40円）を受け取ったので、現金で支払いました。

取引 ゴエモン建設は、会社の建物の固定資産税40円を現金で支払った。

用語 **固定資産税**…建物や土地などの固定資産にかかる税金

ここまでの知識で仕訳をうめると…

		（現　　金）	40

現金で支払った⬇

固定資産税などを支払ったときの仕訳

建物や土地などの固定資産を所有していると**固定資産税**がかかりますし、自動車を所有していると**自動車税**がかかります。

固定資産税、自動車税などの税金で、会社にかかるものは費用として計上します。このように、費用として計上する税金を**租税公課**（そぜいこうか）といい、租税公課を支払ったときは**租税公課（費用）**として処理します。

印紙税（一定の文書にかかる税金）も租税公課で処理します。

費用	収益
利益	

CASE119の仕訳

（租税公課）	40	（現　　金）	40

問題集 問題78

CASE 120 法人税等

法人税等を中間申告、納付したときの仕訳

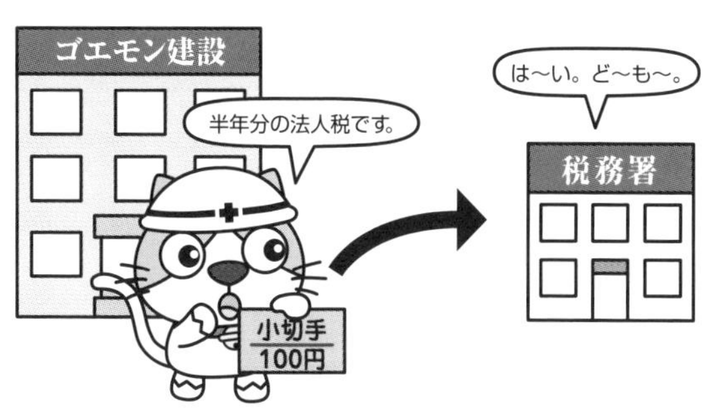

株式会社（法人）は、そのもうけに応じて法人税を納付しなければなりません。また、ゴエモン建設のように会計期間が1年の会社では、期中において中間納付が必要とのこと。そこで、今日、法人税を中間納付しました。

取引 ゴエモン建設（決算年1回、3月31日）は、法人税の中間納付を行い、税額100円を小切手を振り出して納付した。

用語
法人税…株式会社などの法人のもうけにかかる税金
中間納付…決算日が年1回の会社において、会計期間の途中で半年分の法人税等を仮払いすること

これまでの知識で仕訳をうめると…

（　　　　　　）	（当座預金）	100

小切手を振り出した

法人税・住民税・事業税はまとめて法人税等で処理！

株式会社などの法人には、利益に対して**法人税**が課されます。また、法人が支払うべき**住民税**や**事業税**も法人税と同じように課されます。

そこで、法人税・住民税・事業税はまとめて**法人税等**（ほうじんぜいとう）として処理します。

法人税等を中間申告、納付したときの仕訳

法人税は会社（法人）の利益に対して何％という形で課されるため、その金額は決算にならないと確定できません。

しかし、年１回の決算の会社では、会計期間の中途で半年分の概算額を申告（**中間申告**といいます）し、納付しなければならないことになっています。

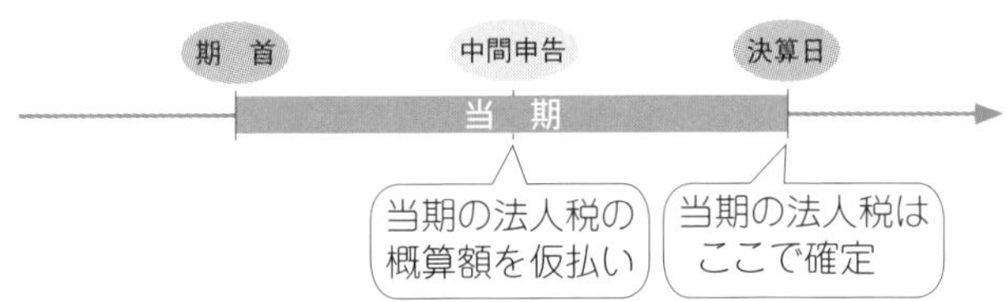

「仮払～」は資産です。

資産	負債
	純資産

なお、法人税等の中間申告・納付額はあくまでも概算額である（確定したものではない）ため、**仮払法人税等（資産）**として処理します。

CASE120の仕訳

（仮払法人税等） 100（当座預金） 100

資産の増加⬆

CASE 121 法人税等

法人税等が確定したとき（決算時）の仕訳

ゴエモン建設では、決算によって、当期の法人税等が210円と確定しました。
しかし、当期中に中間納付した法人税等が100円あります。
この場合、どのような処理をするのでしょう？

取引 決算の結果、法人税等が210円と計算された。なお、この金額から中間納付額100円を差し引いた金額を未払分として計上した。

法人税等が確定したとき（決算時）の仕訳

決算によって、当期の法人税等の金額が確定したときは、借方に**法人税等**を計上します。

（法　人　税　等）　210（　　　　　　）

なお、法人税等の金額が確定したわけですから、中間申告・納付時に借方に計上した**仮払法人税等（資産）**を減らします（貸方に記入します）。

（法　人　税　等）　210（仮払法人税等）　100

資産の減少⬇

また、確定した金額と仮払法人税等の金額の差額は、これから納付しなければならない金額なので、**未払法人税等（負債）**として処理します。

「未払～」は負債です。

資　産	負　債
	純資産

CASE121の仕訳

（法人税等）	210	（仮払法人税等）	100
		（未払法人税等）	110

負債の増加⬆　貸借差額

未払法人税等を納付したとき（確定申告時）の仕訳

決算において確定した法人税等は、原則として決算日後2カ月以内に申告（**確定申告**といいます）し、納付します。

なお、未払法人税等を納付したときは、**未払法人税等（負債）**を減らします。

したがって、仮にCASE121で生じた未払法人税等110円を現金で納付したとすると、このときの仕訳は次のようになります。

（未払法人税等）	110	（現金）	110

負債の減少⬇

問題集
問題79

CASE 122 消費税

消費税を支払ったときの仕訳

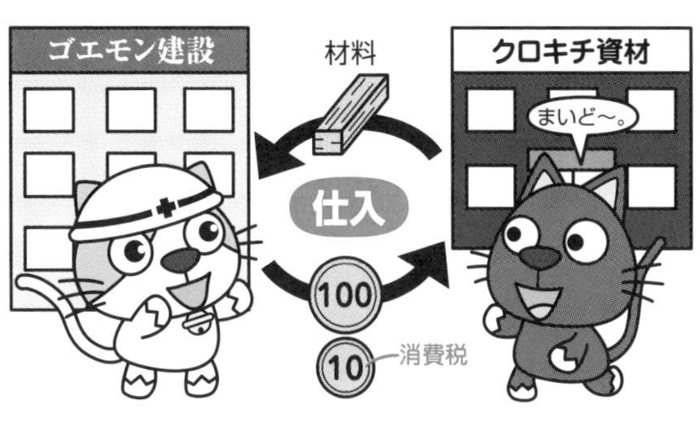

100円の本を買ったときに税込価額110円を支払うように、モノを買ったときには、消費税も支払っています。

今日、ゴエモン建設は税込価額110円の材料を仕入れ、代金は現金で支払いました。このときの仕訳について考えてみましょう。

取引 ゴエモン建設はクロキチ資材より材料110円（税込価額）を仕入れ、代金は現金で支払った。なお、消費税率は10%である。

これまでの知識で仕訳をうめると…

(材　料)		(現　金)	110

材料を仕入れた　　現金で支払った

消費税とは

消費税はモノやサービスに対して課される税金で、モノを買った人やサービスを受けた人が負担する（支払う）税金です。

消費税のしくみ

たとえば、ゴエモン建設がクロキチ資材から材料を仕入れ、税込価額110円（うち消費税10円）を支払い、この材料を利用し建設したうえでシロミ物産に売り上げ、税込価額330円（うち消費税30円）を受け取ったとします。この場合、ゴエモン建設は、受け取った消費税30円と支払った消費税10円の差額20円

消費税の税率が問題文の資料に与えられている場合は、問題文に従いましょう。

を税務署に納付することになります。

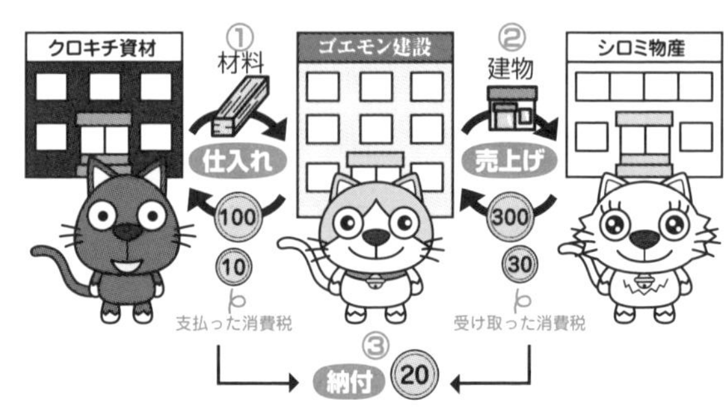

この流れをイメージしながら、実際の処理をみていきましょう。

消費税を支払ったときの仕訳

消費税の処理には、**税抜方式**（支払った消費税や受け取った消費税を材料や完成工事高に含めない方法）と**税込方式**（支払った消費税や受け取った消費税を材料や完成工事高に含める方法）があります。

CASE122を**税抜方式**で処理する場合、支払った消費税額は仕入価額に含めず、**仮払消費税（資産）**として処理します。

CASE122の消費税額と仕入価額

①支払った消費税額：110円× $\frac{10\%}{100\% + 10\%}$ =10円

②仕入価額（税抜）：110円－10円=100円

CASE122の仕訳（税抜方式）

（材　　　料）	100	（現　　　金）	110
（仮払消費税）	10		

資産の増加⬆　税抜価額

一方、CASE122を**税込方式**で処理する場合、支払った消費税額は仕入価額に含めて処理します。

CASE122の仕訳（税込方式）

（材　　　料）	110	（現　　　金）	110

税込価額

CASE 123

消費税を受け取ったときの仕訳

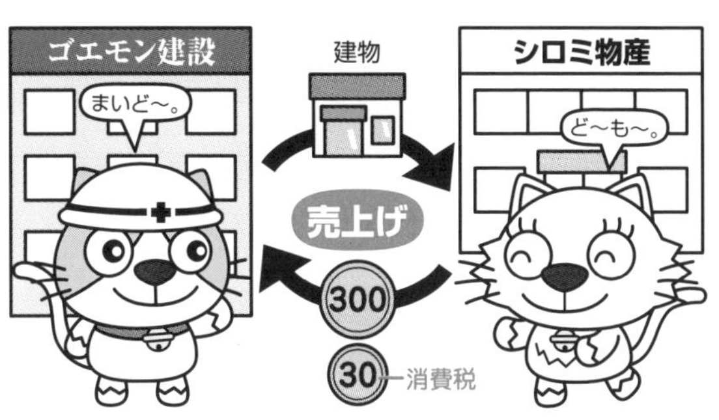

今度は消費税を受け取ったときの仕訳を考えてみましょう。
今日、ゴエモン建設は税込価額330円の完成した建物をシロミ物産に引き渡し、代金は現金で受け取りました。

取引 建物330円（税込価額）の工事が完成したので、これを引き渡し、代金は現金で受け取った。なお、消費税率は10%である。

これまでの知識で仕訳をうめると…

（現　　　金）	330	（完成工事高）

建物が完成し引き渡した

消費税を受け取ったときの仕訳

CASE123の取引を**税抜方式**で処理する場合、受け取った消費税額は売上価額に含めず、**仮受消費税（負債）として処理**します。

CASE123の消費税額と売上価額

①受け取った消費税額：330円×$\frac{10\%}{100\%+10\%}$＝30円

②売上価額（税抜）：330円－30円=300円

CASE123の仕訳（税抜方式）

税抜価額

（現　　　　金）	330	（完成工事高）	300
		（仮受消費税）	30

負債の増加⬆

一方、CASE123を**税込方式**で処理する場合、受け取った消費税額は売上価額に含めて処理します。

CASE123の仕訳（税込方式）

税込価額

（現　　　　金）	330	（完成工事高）	330

CASE 124 消費税

消費税の決算時の仕訳

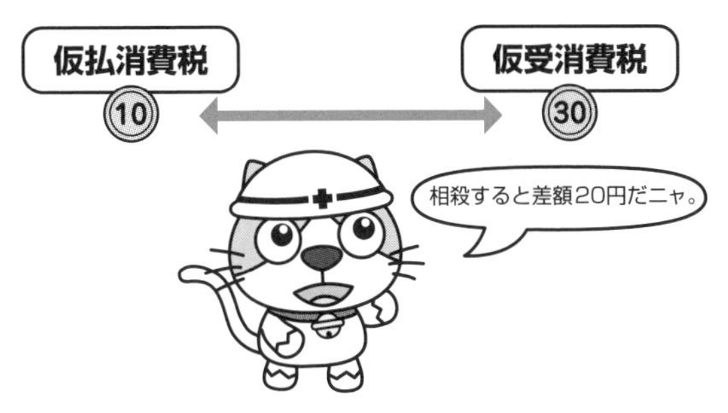

今日は決算日。
どうやら決算において、仮払消費税と仮受消費税は相殺するようです。
そこで、ゴエモン建設は仮払消費税10円と仮受消費税30円を相殺することにしました。

取引 決算につき、仮払消費税10円と仮受消費税30円を相殺し、納付額を確定する。なお、税抜方式で処理している。

消費税の決算時の仕訳（税抜方式の場合）

会社は支払った消費税（仮払消費税）と受け取った消費税（仮受消費税）の差額を税務署に納付します。

支払った消費税のほうが多かったら還付（税金が戻ること）されます。

そこで、決算において仮払消費税（資産）と仮受消費税（負債）を相殺します。なお、貸借差額は**未払消費税（負債）**または**未収消費税（資産）**として処理します。

仕訳をうめていって、貸借どちらに差額が生じるかで判断しましょう。

CASE124の仕訳（税抜方式）

（仮受消費税）	30	（仮払消費税）	10
		（未払消費税）	20

負債の増加⬆　貸借差額

貸借差額が貸方に生じます。したがって、負債の勘定科目（未払消費税）を記入します。

消費税を納付したときの仕訳

消費税の確定申告をして、納付したとき（未払消費税を支払ったとき）は、**未払消費税（負債）の減少**として処理します。

したがって、CASE124の未払消費税20円を現金で納付したときの仕訳は次のようになります。

（未払消費税）	20	（現　　　金）	20

負債  の減少⬇

参考　消費税の決算時の仕訳（税込方式の場合）

税込方式で処理しているときは、決算において、支払った消費税（仮払消費税）と受け取った消費税（仮受消費税）の差額を**未払消費税（負債）**または**未収消費税（資産）**として処理します。

なお、相手科目は**租税公課（費用）**または**雑益（収益）**で処理します。

したがって、CASE124を税込方式で処理していた場合の仕訳は次のようになります。

（租税公課）	20	（未払消費税）	20

30円－10円

問題集
問題80

建設業会計編

第14章

原価計算の基礎

工事にかかる原価って、どんなものがあるんだろう。
材料費・労務費・外注費・経費や
工事直接費・工事間接費の分類があるみたい。

ここでは、原価計算の基礎についてみていきましょう。

CASE 125 建設業会計の基礎

建設業会計とは？

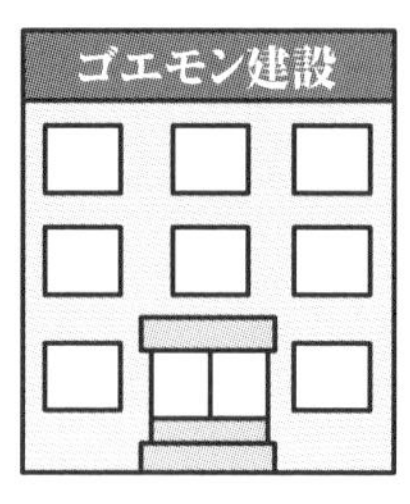

これまで材料の仕入れや完成した建造物の販売、固定資産の購入など、一般の小売業と共通する内容を中心に解説してきました。
ここからは、建設業の特徴である、工事活動の会計処理についてみていきましょう。

商業簿記と建設業会計の違い

商品売買業では、仕入れた商品をそのままの形で売ります。

一般的な**商業簿記**は、仕入先から商品を買ってきて、その商品を得意先に売るという**商品売買業**を対象とした簿記です。

建設業では、材料等の仕入から工事、完成物の販売という流れになります。

これに対して、建設業会計は、土木・建築に関する工事の依頼を注文者から受け（受注）、材料等を仕入れて、自ら工事を行ってこれを完成させ、注文者に引き渡す建設業を対象とする簿記です。

工事には、建物一棟を施工するものだけでなく、屋根の工事や給排水などの付帯工事を含みます。

このように、建設業会計は**工事活動を記録する**という特徴があります。

原価計算とは？

商品売買業では、仕入れた商品をそのまま売るため、売り上げた商品の原価（売上原価）は、仕入れたときの価額（仕入原価）となります。

一方、建設業では、仕入れた材料をそのまま売るわけではなく、工事を行って建造物を作るため、工事にかかった費用を計算する必要があります。

工事にかかった費用を**原価**（げんか）といい、原価を計算することを**原価計算**といいます。

CASE 126

原価について

原価とは?

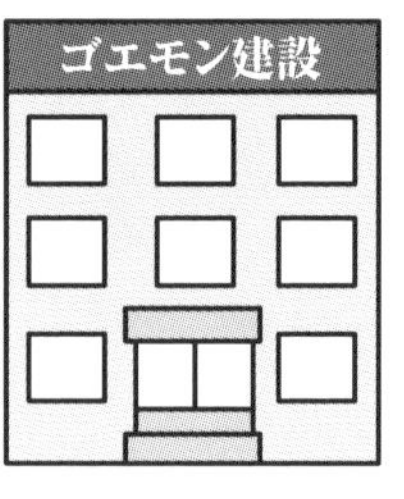

そもそも原価に含まれるものって何だったっけ? たしか、工事原価…販売費…。
そこで、原価とは何か? についてしっかりと調べてみることにしました。

原価と非原価

原価計算制度において原価とは、次の要件を満たすものでなくてはなりません。

> **原価計算制度上の原価**
>
> ● **原価は経済価値(物品やサービスなど)の消費である。**
> ● **原価は給付に転嫁される価値である。**
> ★給付とは、経営活動により作り出される財貨または用役をいい、最終給付である完成工事原価のみでなく、中間給付をも意味します。建設業における給付は、建設物です。
> 最終給付…完成工事原価など
> 中間給付…未成工事支出金
> ● **原価は経営目的に関連したものである。**
> ● **原価は正常なものである。**

したがって、この4要件を満たすものについて、これから詳しく学習していくことになります。

一方、この要件を満たさないものを**非原価項目**といい、原価計算の対象外となります。この非原価項目は、次のものが該当します。

(1) 経営目的に関連しないもの（営業外費用）

① 次の資産に関する減価償却費、管理費、租税等の費用

a 投資資産たる不動産、有価証券

b 未稼動の固定資産

c 長期にわたり休止している設備

② 支払利息、割引料などの財務費用

③ 有価証券評価損および売却損

(2) 異常な状態を原因とするもの（特別損失）

① 異常な仕損・減損・棚卸減耗・貸倒損失など

② 火災・風水害などの偶発的事故による損失

③ 固定資産売却損および除却損

異常な状態とは、いつもより多く仕損が発生するなど、通常の工事活動では起こりえない状態をいいます。このような原因によって生じた費用は非原価項目となります。

(3) 税法上特に認められている損金算入項目（課税所得算定上、いわゆる経費として認められるもの）

① 特別償却（租税特別措置法による償却額のうち通常の償却範囲額を超える額）など

(4) その他利益剰余金に課する項目

① 法人税、所得税、住民税など

② 配当金など

工事原価と総原価

原価計算制度においては、いかなる活動のために発生したかによって原価を次のように分類します。

このような分類を職能別分類といいます。

工事原価は、生産物に集計されるプロダクトコストに該当します。

(1) 工事原価

工事を完成させるために発生した原価

(2) 販売費

販売活動のために発生した原価

販売費と一般管理費は、生産物に集計せずに、一会計期間の費用として処理するピリオドコスト（期間原価）に該当します。

(3) 一般管理費

一般管理活動のために発生した原価

これらを総称して**総原価**といいます。また、販売費と一般管理費をあわせて**営業費**といいます。

このうち原価計算では、工事原価の計算が中心となりますので、工事原価の取扱いが重要となってきます。

特殊原価調査とは

特殊原価調査とは、会社の経営に関する意思決定のために、事前に行う原価計算のことです。

長期・短期を問わず、会社のこれからの方針や直面する可能性がある問題に対して、個別的、臨時的に、調査・計算・分析を行います。

この特殊原価調査は、制度としての原価計算の範囲外に属しており、財務諸表の範囲外の原価計算とされています。

	原価計算制度	特殊原価調査
計算の目的	財務諸表の作成、原価管理や予算管理	会社の意思決定に役立つ原価情報の提供
計算の時期	常に継続的	必要に応じて臨時的
財務諸表との関係	財務諸表と結びついている	財務諸表の範囲外

CASE 127 原価について

原価の具体的な分類

原価の中でも工事原価の取扱いが重要であることがわかりました。そこでさらにその工事原価について調べてみることにしました。

原価の具体的な分類

CASE126でみた原価は、さらに**(1) 発生形態別**、**(2) 作業機能別**、**(3) 計算対象との関連性**、**(4) 操業度との関連性**により分類することができます。

(1) 発生形態別分類

工事のために、何を消費して発生した原価なのかという基準で、**材料費・労務費・外注費・経費**に分類する方法を発生形態別分類といいます。

要するにモノにかかった金額が材料費、ヒトにかかった金額が労務費、外部に頼んだ金額が外注費、それ以外が経費です。

発生形態別分類

- 材料費…物品を消費することによって発生する原価
- 労務費…労働力を消費することによって発生する原価
- 外注費…電気工事など外部の業者に対して委託した工事にかかる原価
- 経　費…物品・労働力以外の原価要素を消費することによって発生する原価

(2) 作業機能別分類

作業機能別分類とは、企業経営を行ったうえで、原価がどのような機能のために発生したかによって分類する基準で、発生形態別分類を細分類するための分類です。なお、建設業独特の分類として、原価を工事種類（工種）別に区分することなどは、この作業機能別分類に属します。

発生形態別分類と作業機能別分類

発生形態別分類	作業機能別分類
材料費	主要材料費、修繕材料費、試験研究材料費など
労務費	直接作業工賃金、監督者給料、事務員給料など
経費 （例：電力料）	動力用電力料、照明用電力料など

(3) 計算対象との関連性分類

ある工事を完成させていくために、どれくらい原価が消費されたかを個別に計算できるかどうか、という基準で**工事直接費**と**工事間接費**に分類する方法を計算対象との関連性分類といいます。

工事間接費は、現場共通費とよばれることがあります。

計算対象との関連性分類

- 工事直接費…計算対象である工事に関して直接的に認識される原価
- 工事間接費…計算対象である工事に関して直接的に認識されない原価

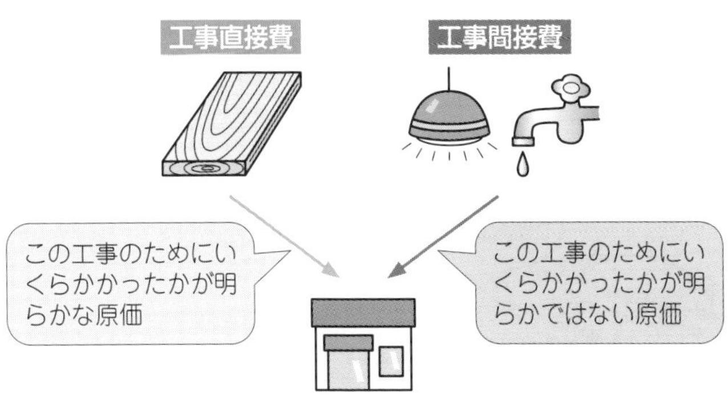

以上をまとめると次のようになります。

工事原価の分類

		発生形態別分類			
		材料費	労務費	外注費	経　費
計算対象との関連性における分類	工　事 直接費	直　接 材料費	直　接 労務費	直　接 外注費	直　接 経　費
	工　事 間接費	間　接 材料費	間　接 労務費	—	間　接 経　費

外注費は厳密には間接費となるものもありますが、まれなので、本書ではすべて直接費とします。

(4) 操業度との関連性分類

原価は、**操業度の変化に比例して発生しているか**どうかという視点から**変動費**、**固定費**に分類することができ、この分類を操業度との関連性分類といいます。

操業度とは一定期間における設備などの利用度合いをいい、操業度を表す単位としては、直接作業時間などがあります。

作業員に支払う賃金は、操業度である直接作業時間に比例して変動的に発生するので**変動費**といい、工事に使用する機械の減価償却費は、操業度とは関係なく固定的に発生するので**固定費**といいます。

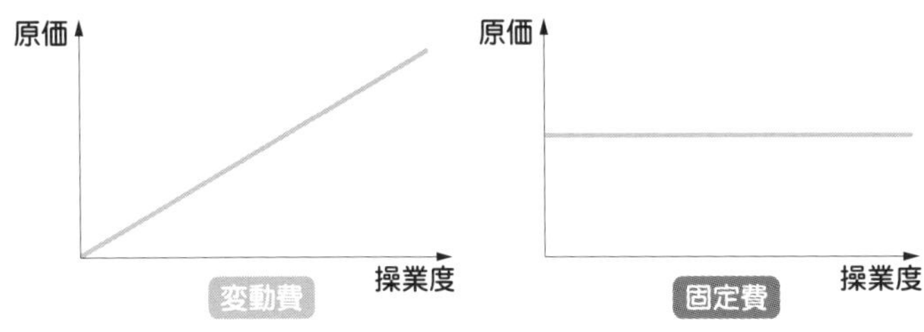

CASE 128 原価計算の基礎

原価計算の基本的な流れ

つづいて、原価計算の基本的な流れについてみてみましょう。

ここでは、基本的な原価計算の流れをサラっとみておきましょう。

費目別計算（材料費、労務費、外注費、経費の計算） Step 1

原価計算の第1ステップは、**材料費、労務費、外注費、経費がいくらかかったのか**を**材料、賃金、外注費、経費**などの勘定を用いて計算します。

費目別計算といいます。

まず、材料を購入したとき、賃金を支払ったとき、外注費を支払ったとき、経費を支払ったときは、各勘定の借方に記入します。

たとえば、材料100円を掛けで仕入れたときの材料勘定の記入は次のようになります。

掛けで材料を仕入れた場合、製造業（工業簿記）では「買掛金」を使いますが、建設業会計では「工事未払金」を使います。

そして、材料、賃金、外注費、経費を使ったときは、各勘定から使った金額を振り替えます。このとき、**工事直接費**については、どの建物にいくら使ったかが明らかなので各建物の原価として、**未成工事支出金勘定**（**借方**）に振り替えます。また、工事間接費については、どの建物にいくら使ったかが明らかではないので、いったん**工事間接費勘定**（**借方**）に振り替えておきます。

まだ完成していない、という意味で未成工事という言葉を使います。

したがって、たとえば購入した材料のうち、60円は特定の建物のために使い（**直接材料費**）、30円は複数の建物のために使った（**間接材料費**）ときの各勘定の記入は次のようになります。

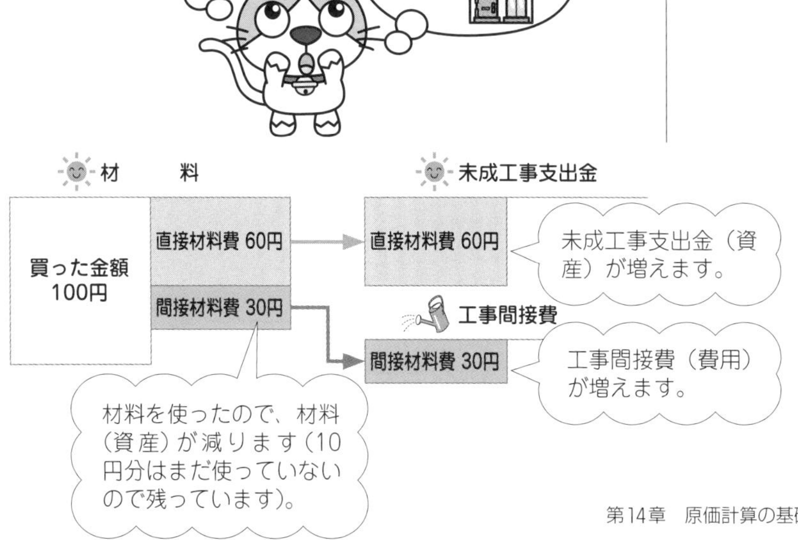

また、直接労務費が30円、間接労務費が12円、直接外注費が30円、直接経費が20円、間接経費が8円としたときの勘定の記入は次のようになります。

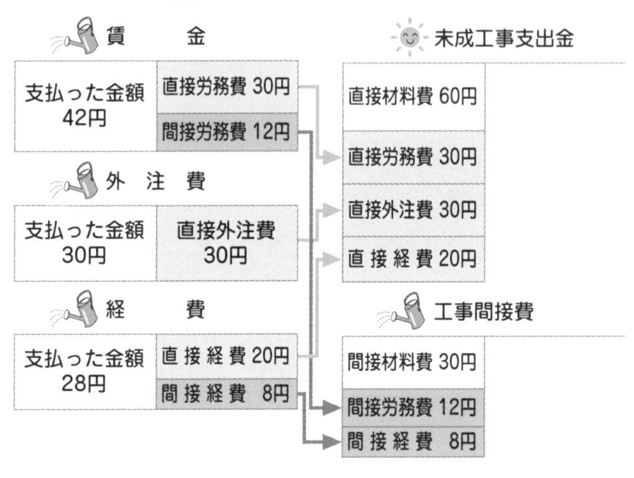

工事間接費の配賦 Step 2

次に、工事間接費勘定に集計された原価を作業時間などを基準にして、各建物（未成工事支出金勘定）に振り分けます。たとえば、工事間接費勘定に集計された原価が50円で、この原価は、A建物の工事とB建物の工事にかかっているとします。そして、それぞれにかかった作業時間が4時間と1時間だったとした場合、A建物に振り分けられる工事間接費は、次のようになります。

あとで学習しますが、工事間接費を各工事に振り分けることを配賦（はいふ）といいます。

工事間接費
50円
4時間
A建物
1時間
B建物
作業時間で分ければ
いいんだね

A建物に振り分けられる工事間接費

・$50円 \times \dfrac{4時間}{4時間+1時間} = 40円$

なお、工事間接費勘定から各工事への配賦は以下のようなイメージとなります。

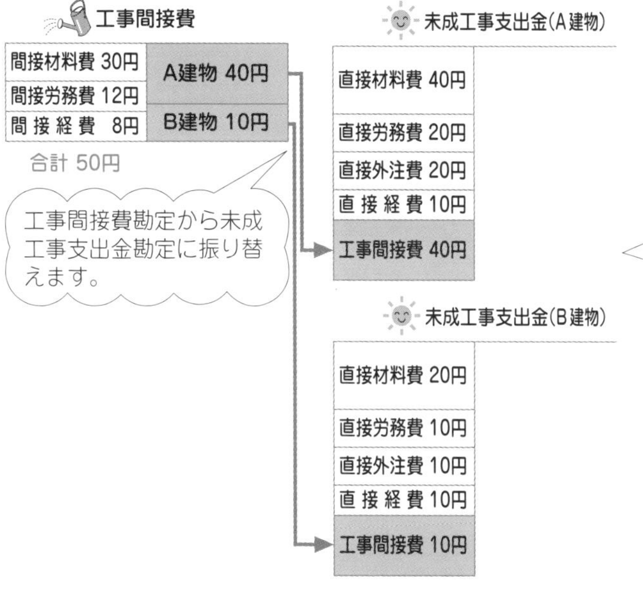

実際には、未成工事支出金は各工事ごとに分けて記入するのではなく、1つの統制勘定として記入します。

なお、完成した工事については、**未成工事支出金勘定**（**貸方**）から**完成工事原価勘定**（**借方**）に振り替えます。

したがって、手掛けた工事190円のうち、130円分が完成し、引き渡したときの各勘定の記入は次のようになります。

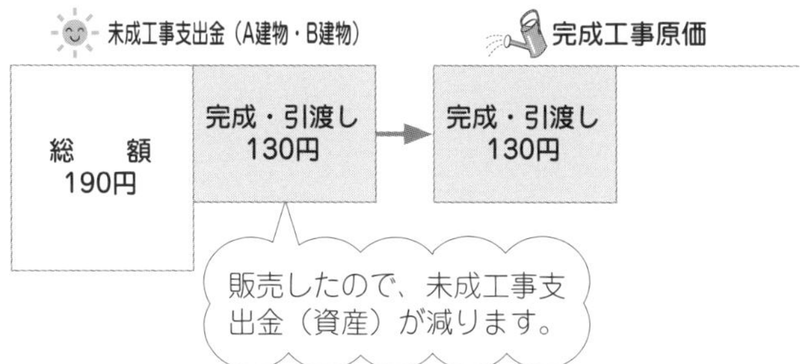

以上より、勘定の流れをまとめると次のようになります。

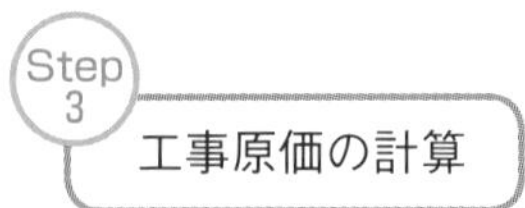

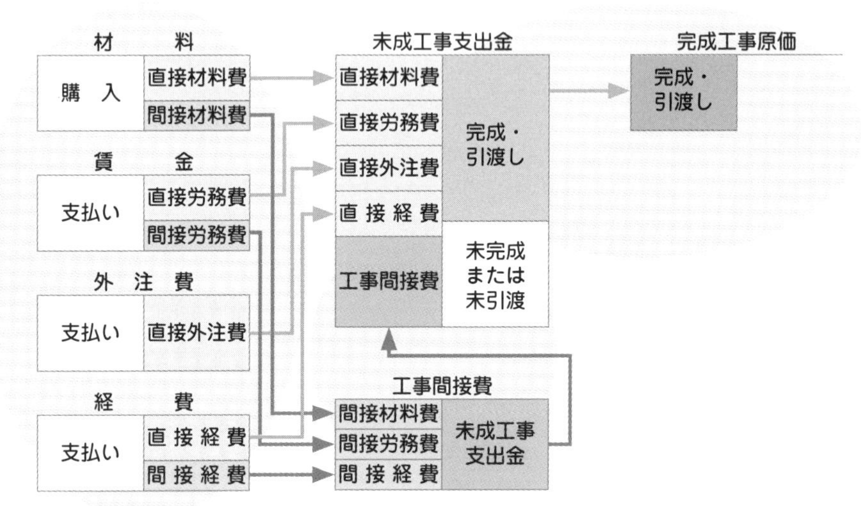

Step 1
費目別計算（材料費、労務費、外注費、経費の計算）

Step 2
工事間接費の配賦

問題集
問題81、82

第15章

材料費

さっそく、工事に着手!
なにはともあれ、材料がなければモノは作れない。
そして、一言で材料といっても、
建物の本体となる材料もあれば
塗料のような補助的な材料もある…。

ここでは、材料費についてみていきましょう。

CASE 129 材料費

材料費の分類

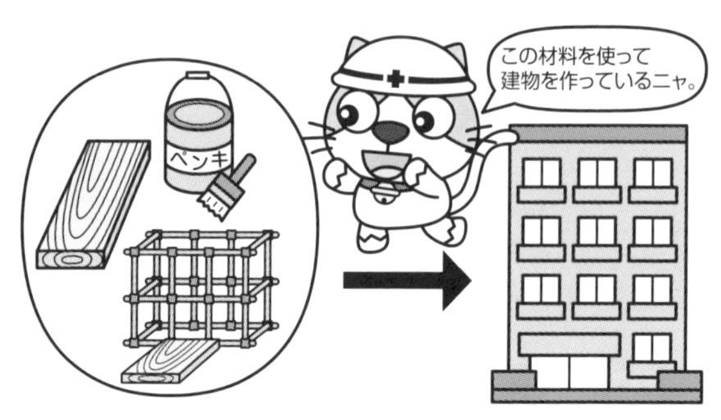

建物には柱、セメント、瓦、給水管、釘などさまざまな種類の材料が使われています。これらのどれが直接材料費で、どれが間接材料費になるのでしょうか？

材料費の分類

材料費とは、購入した材料のうち、工事において消費した（使った）金額をいいます。

使うことを「消費する」といいます。

材料費はどのように使ったか（消費形態）によって、**主要材料費**（しゅようざいりょうひ）、**補助材料費**（ほじょざいりょうひ）、**仮設材料費**（かせつざいりょうひ）などに分類することができます。

①主要材料費

柱や瓦、セメントなど建物などの基本的な部分を構成する材料を**主要材料**といい、その消費額が**主要材料費**です。

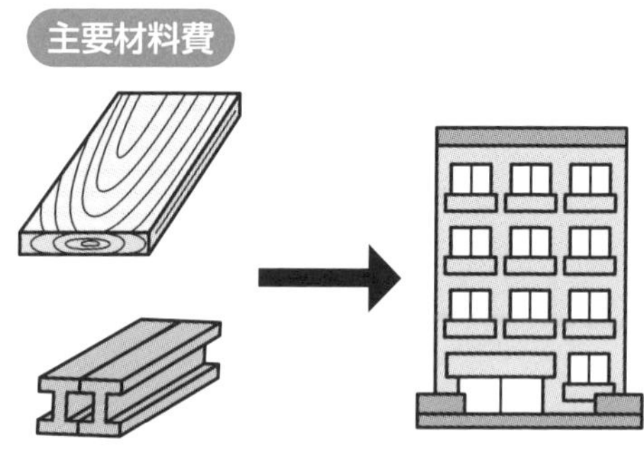

②補助材料費

塗料やペンキなど、工事のために補助的に使われる材料を**補助材料**といい、その消費額が**補助材料費**です。

③仮設材料費

仮設足場やフェンスなど、一時的に現場で使用される仮設材料に関する消費額が仮設材料費です。

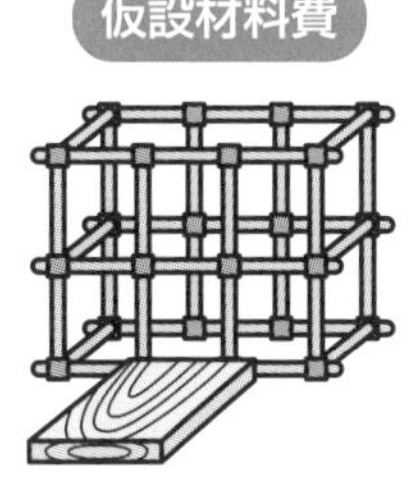

なお、これらの材料費のうち、どの工事にいくら使ったかを把握することができるものは**直接材料費**です。

そして、複数の工事において、間接的（共通的）に使用され、各工事別の発生額を直接的には把握できないものは**間接材料費**です。

一般的な製造業では主要材料費と買入部品費が直接材料費でそれ以外が間接材料費ですが、建設業会計では問題ごとに判断してください。

材料費の分類

材料費の分類には、何を買って発生したか（発生形態）によって、次のように分類することもできます。

(1) 素材費

工事の主要な構成部分となる物品の消費高で、工事現場で消費するものをいいます。具体的には、鉄筋、鉄骨、セメントなどがあります。

(2) 買入部品費

外部業者より購入し、加工せずにそのまま工事に使用する物品の消費高をいいます。具体的には、ビル建築の際のエアコン、照明設備などがあります。

(3) 燃料費

石炭、重油、ガソリンなど機械の動力、工事現場の冷暖房などのエネルギー源となる物品の消費高をいいます。

(4) 現場消耗品費

工事の完成に関連して消費されるものであっても、工事の主要な構成部分とならない物品の消費高をいいます。具体的には、切削油（せっさくゆ）、くず布、グリス、電球などがあります。

(5) 消耗工具器具備品費

耐用年数（使用可能期間）1年未満または価格が相当額未満である工具、器具、備品の消費高をいいます。具体的には、スパナ、ペンチ、測定器具などがあります。

理論上の材料費と建設業でいう材料費は次のように対応しています。また、理論上の材料費の分類と、建設業でいう材料費は次のような関係となり、建設業では、国土交通省が告示するものを材料費とします。

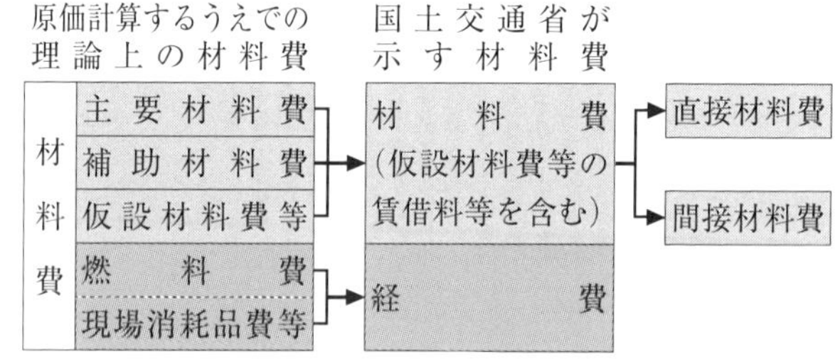

CASE 130 材料費

材料を購入したときの処理

ゴエモン建設は、工事の材料である木材を購入しました。このときの処理についてみてみましょう。

取引 木材10枚（@100円）を購入し、代金は掛けとした。なお、運送会社に対する引取運賃20円は現金で支払った。

材料を購入したときの処理

材料を購入したときは、材料自体の価額（**購入代価**）に引取運賃など、材料の購入にかかった**付随費用**（**材料副費**といいます）を合計した金額を、材料の**購入原価**として処理します。

> 材料の購入原価＝購入代価＋付随費用
> （材料副費）

CASE130の材料の購入原価

・@100円×10枚＋20円＝1,020円

したがって、CASE130の仕訳は次のようになります。

CASE130の仕訳

@100円×10枚

（材　　　料）	1,020	（工事未払金）	1,000
		（現　　　金）	20

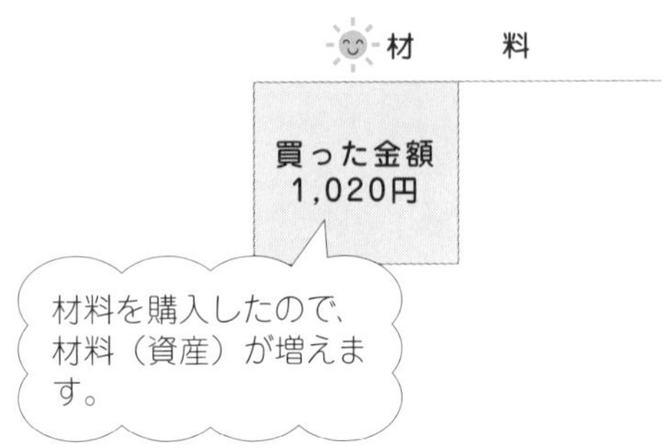

材料を返品したときの処理

購入した材料を購入先に返品したときは、返品分の材料の仕入れを取り消します。

たとえば、掛けで購入した材料のうち50円分を返品したときの仕訳は次のようになります。

（工事未払金）	50	（材　　　料）	50

材料を消費したときの処理

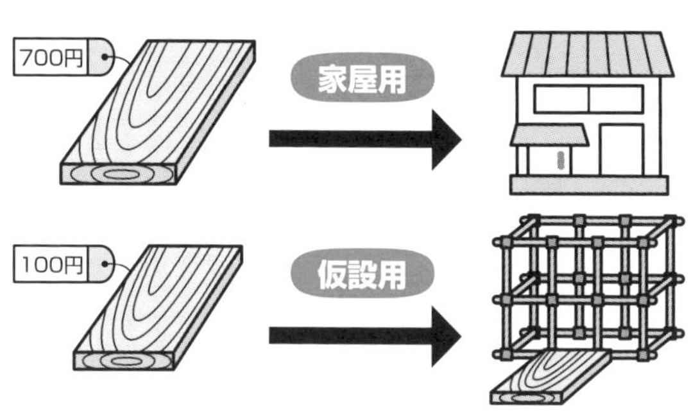

現場で、木材800円を使いました。このうち、700円は家屋の梁（直接材料）として使い、100円は資材搬入路の整備（間接材料）に使いました。
このときの処理についてみてみましょう。

取引 材料800円を消費した。なお、このうち700円は直接材料として、100円は間接材料として消費したものである。

用語 消　費…使うこと

材料を消費したときの処理

CASE128でみたように、**直接材料**を消費したときは、**材料勘定**から**未成工事支出金勘定**に、**間接材料**を消費したときは**材料勘定**から**工事間接費勘定**に振り替えます。

CASE131の仕訳

（未成工事支出金）	700	（材　　　　料）	800
（工 事 間 接 費）	100		

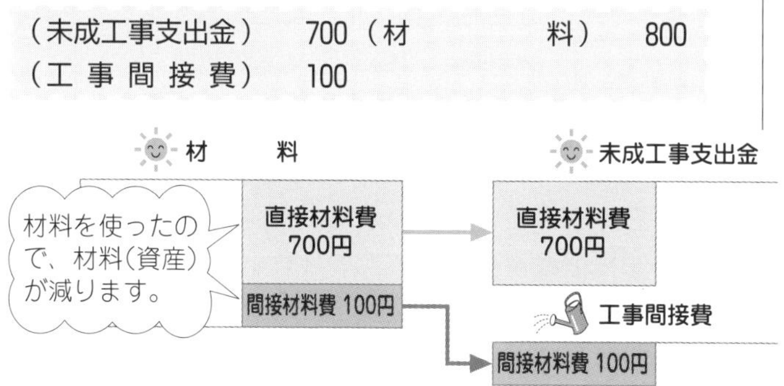

問題集
問題83

CASE 132 材料費

材料費の計算

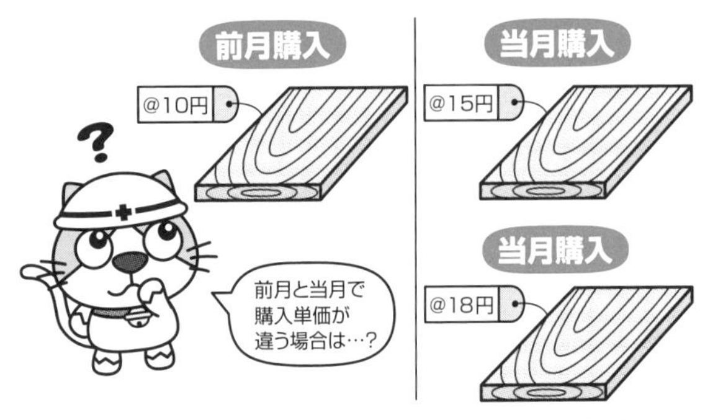

今月、現場では直接材料として木材55枚を使いました。
同じ材料でも購入した時期によって単価が違うのですが、この場合の材料費はどのように計算したらよいのでしょうか？

取引 当月（5月）、直接材料として木材55枚を消費した。なお、当月の材料の受入・払出状況は以下のとおりであった。

1日	前月繰越	30枚	@10円	総額300円
5日	入庫	20枚	@15円	総額300円
10日	出庫	30枚		
15日	入庫	10枚	@18円	総額180円
20日	出庫	25枚		

材料費の計算

材料費は、使った材料の単価（**消費単価**といいます）に使った数量（**消費数量**といいます）を掛けて計算します。

材料費＝消費単価×消費数量

消費単価は「払出単価」、消費数量は「払出数量」ともいいます。

ここで、消費単価をいくらで計算するのか、消費数量をどのように求めるのかという問題があります。

まずは消費単価をいくらで計算するのか、という点からみていきましょう。

消費単価はどのように決める？

同じ種類の材料でも、購入先や購入時期の違いから、購入単価が異なることがあります。この場合、材料を使ったときに、どの購入単価のものを使ったのか（消費単価をいくらで計算するのか）を決める必要があります。

消費単価の決定方法には、**先入先出法**、**移動平均法**、**総平均法**があります。

先入先出法による場合の消費単価の決定

先入先出法とは、**先に購入した材料から先に消費したと**仮定して材料の消費単価を決定する方法をいいます。

したがって、CASE132について先入先出法で計算する場合の消費単価と材料費は次のようになります。

CASE132の材料費の計算（先入先出法）

①10日消費分：@10円×30枚＝300円

②20日消費分：@15円×20枚＋@18円×5枚
＝390円

③合計：300円＋390円＝690円

払出時の在庫のなかから、先に購入したものを優先して払い出したと考えます。

先に購入した材料から先に消費！

材　料　（先入先出法）

月初在庫 @10円×30枚 ＝300円	当月消費（10日） @10円×30枚 ＝300円
当月購入（5日） @15円×20枚 ＝300円 当月購入（15日） @18円×10枚 ＝180円	当月消費（20日） @15円×20枚 ＋@18円×5枚 ＝390円
	月末在庫 @18円×5枚＝90円

材料費（55枚）
300円＋390円
＝690円

後から購入した材料が残ります。

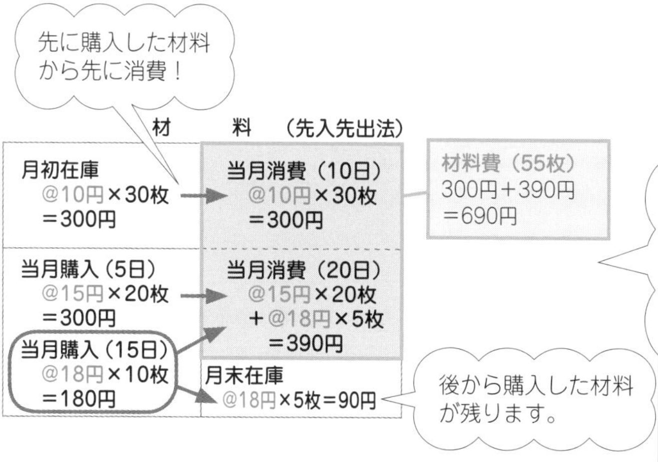

購入・払出の回数が多い場合、計算上は、先に月末在庫を計算して、差し引きで当月消費を求めると簡単です。

移動平均法による場合の消費単価の決定

移動平均法とは、**新たに材料を購入したつど**、その時点の残高合計を数量合計で割って**平均単価を求め**、これを材料の消費単価とする方法をいいます。

CASE132について移動平均法で計算する場合の消費単価と材料費は次のようになります。

CASE132の材料費の計算（移動平均法）

①１回目仕入時点の平均単価：

$$\frac{@10円 \times 30枚 + @15円 \times 20枚}{30枚 + 20枚} = @12円$$

②10日消費分：@12円×30枚＝360円

③２回目仕入時点の平均単価：

$$\frac{@12円 \times 20枚 + @18円 \times 10枚}{20枚 + 10枚} = @14円$$

④20日消費分：@14円×25枚＝350円

⑤合計：360円＋350円＝710円

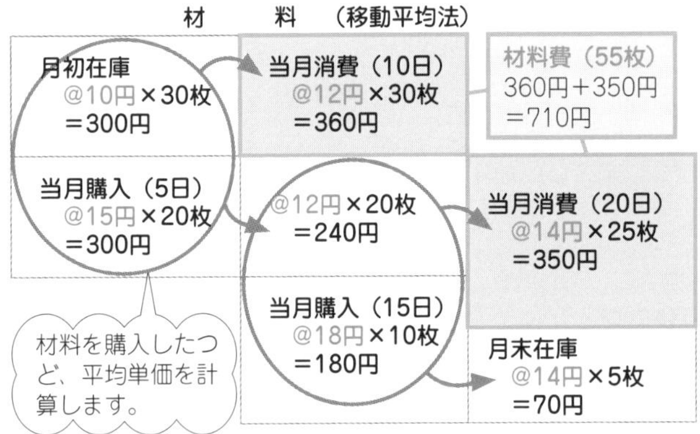

総平均法による場合の消費単価の決定

総平均法とは、**一定期間に購入した材料の購入価額**の合計を数量の合計で割って**平均単価を求め**、これを材料の消費単価とする方法をいいます。

したがって、CASE132について総平均法で計算する場合の消費単価と材料費は次のようになります。

CASE132の材料費の計算（総平均法）

①平均単価：

$$\frac{@10円 \times 30枚 + @15円 \times 20枚 + @18円 \times 10枚}{30枚 + 20枚 + 10枚}$$

＝@13円

②材料費：@13円×55枚＝715円

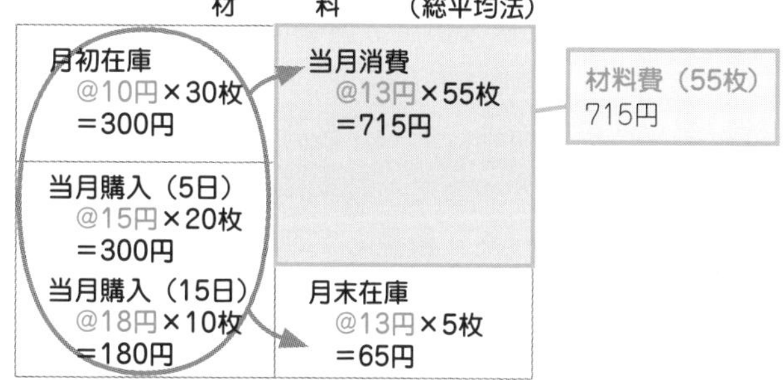

消費数量はどのように計算する？

次は、材料の消費数量の計算です。材料の消費数量の計算には、**継続記録法**（けいぞくきろくほう）と**棚卸計算法**（たなおろしけいさんほう）があります。

(1) 継続記録法

継続記録法とは、材料を購入したり、消費したりするつど、材料元帳に記入し、材料元帳の払出数量欄に記入された数量を消費数量とする方法をいいます。

材　料　元　帳

木材A

(先入先出法)

×1年		摘　要	受入			払出			残高		
月	日		数量	単価	金額	数量	単価	金額	数量	単価	金額
5	1	前月繰越	30	10	300				30	10	300
	5	入　庫	20	15	300				30	10	300
									20	15	300
	10	出　庫				30	10	300	20	15	300

ここに記入された数量が消費数量となります。

消費数量＝材料元帳の払出数量欄に記入された数量

継続記録法によると、つねに材料の在庫数量を把握することができます。また、月末に棚卸しを行えば、材料元帳の在庫（残高）数量と実地棚卸数量から、棚卸減耗を把握できるというメリットがあります。

いちいち記録するので、メンドウというデメリットがありますが…。

(2) 棚卸計算法

一方、**棚卸計算法**とは、購入記録と月末の実地棚卸数量から消費数量を計算する方法をいいます。

消費数量＝月初数量＋当月購入数量－月末実地棚卸数量

棚卸計算法によると、記録の手間は省けますが、月末にならないと在庫数が把握できない、棚卸減耗を把握できないというデメリットがあります。

材料の期末残高は精算表上などでは材料貯蔵品勘定で計上されることがあります。

材料元帳の記帳

材料元帳は、材料の受け入れと払い出しのつど、数量と単価、金額を記録して在庫を管理する補助簿です。

受入欄に、受け入れた材料の数量、単価、金額を記入します。

払出欄に、払い出した材料の数量、単価、金額を記入します。

残高欄に、受け入れ、または、払い出し後の残高を記入します。

材　料　元　帳

木材A

(先入先出法)

月	日	摘要	受入			払出			残高		
			数量	単価	金額	数量	単価	金額	数量	単価	金額
5	1	前月繰越	30	10	300				30	10	300
	5	入　庫	20	15	300				30	10	300
									20	15	300
	10	出　庫				30	10	300	20	15	300
	15	入　庫	10	18	180				20	15	300
									10	18	180
	20	出　庫				20	15	300			
						5	18	90	5	18	90
	31	次月繰越				5	18	90			
			60	－	780	60	－	780			

月末在庫分を払出欄に移記します。

受入欄と払出欄の「数量」合計と「金額」合計が一致することを確認し、締め切ります。

問題集

問題84

CASE 133 材料費

棚卸減耗、評価損が生じたときの処理

ゴエモン建設では毎月末に材料の棚卸しを行っています。
今月も材料の棚卸しをしたのですが、10枚残っているはずの材料が8枚しか残っていませんでした。

取引 月末における材料の帳簿棚卸数量は10枚（消費単価は@14円、時価は@13円）であるが、実地棚卸数量は8枚であった。なお、棚卸減耗は正常なものである。棚卸減耗損と材料評価損の仕訳を示しなさい。

用語 **帳簿棚卸数量**…帳簿（材料元帳）上の材料の数量
実地棚卸数量…実際に残っている材料の数量

棚卸減耗が生じたときの処理

材料の運搬中に発生した破損や紛失などが原因で、材料元帳の在庫数量（帳簿棚卸数量）と実地棚卸数量が異なることがあります。このときの帳簿棚卸数量と実地棚卸数量との差を**棚卸減耗**（たなおろしげんもう）といい、棚卸減耗の金額を**棚卸減耗損**といいます。

棚卸減耗損＝帳簿有高－実際有高

CASE133では、10枚あるはずの材料が8枚しかないので、その差額から棚卸減耗損を計算し、材料の帳簿価額を減らします。

CASE133の棚卸減耗損

・@14円×（10枚－8枚）＝28円

（　　　　　　）	（材　　　　料） 28

資産の減少

なお、棚卸減耗が生じたときは、原因を調べ、その減耗が通常生じる程度のものであるならば（正常な場合といいます）、棚卸減耗損（**工事間接費**）として処理します。ただし、問題の指示により、直接、未成工事支出金で処理することもあります。

厳密には、棚卸減耗損は間接経費です。

一方、材料が大量になくなっている場合など、その減耗が通常生じる程度を超える場合（異常な場合といいます）は、非原価項目として処理します。

CASE133の棚卸減耗は正常なものなので、工事間接費で処理します。

CASE133の仕訳

（棚卸減耗損） 28	（材　　　　料） 28

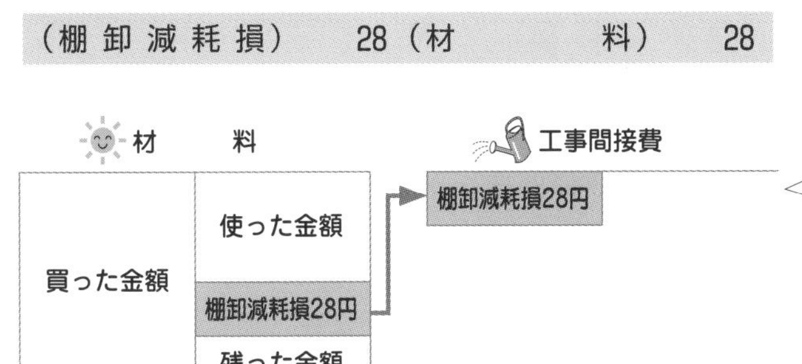

仕訳の科目で「棚卸減耗損」を使う場合でも、勘定記入では工事間接費は1つにまとめます。

材料評価損の計上

材料を使わないまま時間がたつうちに、その材料の価値が下がってしまうことがあります。

このとき、材料の時価（再調達原価または正味売却価額）が原価よりも下がってしまっていたら、**時価（再調達原価または正味売却価額）まで減額**しなければなりません。

時価が原価よりも高い場合は、なんの処理もしません。

このときの原価と時価の差額は、**材料評価損（費用）**で処理するとともに、その分の**材料（資産）を減らします。**

材料評価損＝(@原価－ @時価)×実地棚卸数量
（@時価：再調達原価または正味売却価額）

CASE133の材料評価損

・(@14円－@13円) × 8枚＝ 8円

（材料評価損）	8	（材　　料）	8

材料評価損の計上区分については、問題の指示に従ってください。

CASE133の仕訳

（棚卸減耗損）	28	（材　　料）	28
（材料評価損）	8	（材　　料）	8

なお、実際に問題を解くときは、次のような図を作ってそれぞれの面積を計算して求めることができます。

期末材料棚卸高（帳簿価額）
@14円×10個＝140円

原価 @14円
時価 @13円

材料評価損 （@14円－@13円）×8個＝8円	棚卸減耗損 @14円× （10個－8個） ＝28円
貸借対照表の材料の金額 @13円×8個＝104円	

実地棚卸数量 8個　帳簿棚卸数量 10個

タテは金額、
ヨコは数量だニャ

問題集
問題85、86

仮設材料費の計算（すくい出し方式）

通常、仮設材料は、工事が完了したときなどに撤去され、再度別の現場で使われます。そのため、一般的な工事材料とは区別して処理を行います。具体的には、以下の方法があります。

このうち２級では、すくい出し方式を学習します。

消費した仮設材料の主な計算方法

- 社内損料計算方式
- すくい出し方式

すくい出し方式の処理方法

すくい出し方式とは、仮設材料を工事に使用したときに、帳簿価額の全額を工事原価（未成工事支出金）として処理し、撤去する際に、撤去時の資産価値を工事原価（未成工事支出金）から控除します。

[例] 仮設材料の消費分の計算については、すくい出し方式を採用している。以下の(1)、(2)の仕訳を答えなさい。

(1) X工事の着手にあたり、仮設材料であるフェンスを倉庫から搬出して現場に設置した。この時点における仮設材料の帳簿価額は90,000円である。

(2) X工事は仕上げを残すのみとなり、周辺への危険性が低下したためフェンスを撤去して倉庫へ戻した。この時点における仮設材料の資産価値は86,000円と見積もられた。

(1) 仮設材料使用時の処理

(未成工事支出金)	90,000	(材料貯蔵品)	90,000

いったん、帳簿価額をすべて工事原価として計上します。

(2) 仮設材料撤去時の処理

(材料貯蔵品)	86,000	(未成工事支出金)	86,000

撤去時に資産価値を見積もり、工事原価から控除します。この結果、仮設材料の価値減少分が工事原価に計上されます。

第16章

労務費・外注費

材料費が直接材料費と間接材料費に分かれるように、
労務費も直接労務費と間接労務費に分かれるハズ。
では、どんな労務費が直接労務費で、
どんな労務費が間接労務費なんだろう…?
そして、外注費ってなんだろう…?

ここでは、労務費と外注費についてみていきましょう。

CASE 134

労務費

労務費の分類

ゴエモン建設には、工事現場内で作業をしている現場作業員さん、現場事務所の事務員さんがいます。これらのヒトにかかる費用（労務費）は、どのように直接労務費と間接労務費に分けるのでしょうか？

労務費の分類

労務費とは、工事現場で働く人にかかる賃金や給料などヒトにかかる費用をいい、次のようなものがあります。

①賃　金

工事現場で建物の建設にかかわる人を**現場作業員**（げんばさぎょういん）といいます。そして、現場作業員に支払われる給与を**賃金**（ちんぎん）といいます。

なお、木材を切る、組み立てるなど建物の建設に直接かかわる作業を**直接作業**、修繕や運搬など建物の建設に直接かかわらない作業を**間接作業**といいます。

直接作業　　間接作業

②給　料

工事現場で現場作業員を監督する人や現場事務所の事務員などに支払う給与を**給料**といいます。

③従業員賞与手当

現場作業員などに支払われる**賞与**や、家族手当、通勤手当などの**手当**も、人にかかる費用なので労務費です。

④退職給付費用

従業員の退職に備えて費用計上する退職給付引当金繰入額（**退職給付費用**）も、人にかかる費用なので労務費です。

⑤法定福利費

健康保険料や雇用保険料などの社会保険料は、会社が一部を負担します。この会社が負担した社会保険料を、**法定福利費**といいます。

これらの労務費のうち、建物の建設に直接かかるものは**直接労務費**、それ以外のものは**間接労務費**となります。

建設業における労務費は、次のように国土交通省が告示するものに限定されます。

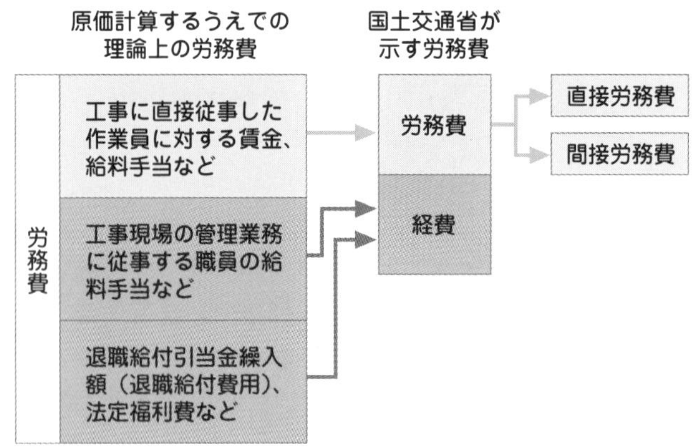

CASE 135 労務費

賃金を支払ったときの処理

ゴエモン建設の給料日は毎月25日。
今日は25日なので、賃金800円のうち源泉所得税と社会保険料を差し引いた残額を現場作業員に支払いました。

取引 当月の賃金の支給額は800円で、このうち源泉所得税と社会保険料の合計50円を差し引いた残額750円を現金で支払った。

賃金を支払ったときの処理

賃金を支払ったときは、**賃金（費用）**で処理します。なお、源泉所得税や社会保険料は**預り金（負債）**で処理します。

預り金に関する勘定科目は問題の指示に従ってください。源泉所得税は「所得税預り金」、社会保険料自己負担分（従業員負担分）は「社会保険料預り金」と別々の科目を使用する場合もあります。

CASE135の仕訳

（賃　　金）	800	（預　り　金）	50
		（現　　金）	750

CASE 136

労務費

賃金の消費額の計算

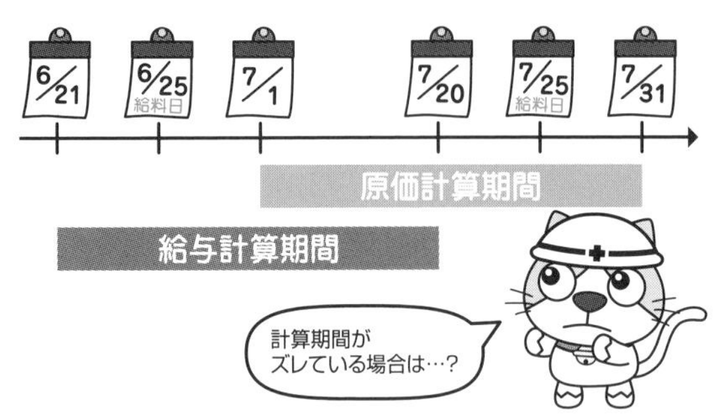

ゴエモン建設の給与の計算期間は前月21日から当月20日までで、支給日は毎月25日です。このように原価計算期間と給与計算期間が違う場合、賃金の消費額はどのように計算したらよいのでしょう?

取引 7月の賃金支給額は800円であった。なお、前月未払額（6月21日～6月30日）は30円、当月未払額（7月21日～7月31日）は40円である。

給与計算期間と原価計算期間のズレ

原価計算期間は毎月1日から月末までの1カ月です。ところが、通常、給与計算期間は「毎月20日締めの25日払い」というように、原価計算期間とズレていますので、このような場合は、そのズレを調整して賃金の消費額を計算します。

CASE136では、賃金支給額が800円ですが、この中には前月未払額（6月21日～6月30日）が含まれています。したがって、当月（7月）の賃金消費額を計算する際には、賃金支給額（800円）から前月未払額30円を差し引きます。

また、賃金支給額800円には、当月未払額（7月21日～7月31日）は含まれていません。したがって、当月（7月）の賃金の消費額を計算するにあたって、当月未払額40円を足します。

以上より、当月（7月）の賃金の消費額は、810円(800円－30円＋40円）と計算することができます。

CASE136の賃金の消費額

・800円－30円＋40円＝810円

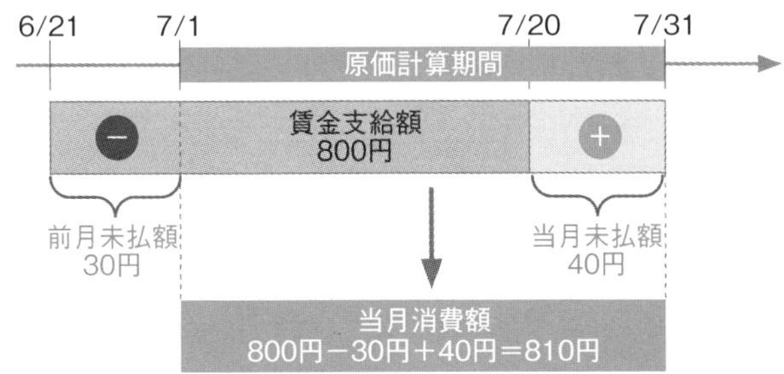

なお、仕訳を示すと次のようになります。

①月初の仕訳：再振替仕訳

（未 払 賃 金）	30	（賃　　　　金）	30

②賃金支給時の仕訳（CASE135）

（賃　　　　金）	800	（現 金 な ど）	800

③月末の仕訳：費用の見越計上

（賃　　　　金）	40	（未 払 賃 金）	40

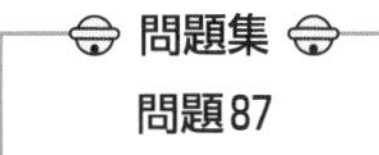

CASE 137 労務費

労務費の処理

ゴエモン建設では8月の現場作業員の賃金消費額を計上しようとしています。賃金消費額1,000円は直接作業40時間分と間接作業10時間分の合計額です。さて、どのような処理をしたらよいでしょう？

取引 8月の現場作業員の賃金消費額を計上する。なお、8月の現場作業員の実際賃率は20円、作業時間は50時間（うち工事台帳No.1にかかるもの40時間、どの工事台帳にもかからないもの（工事台帳No.なし）10時間）であった。

どの工事台帳にかかるかわからないものは、工事に直接的に関係するものではないので、間接作業となります。

現場作業員の賃金消費額の処理

CASE134で学習したように、現場作業員の賃金消費額のうち、**直接作業分は直接労務費、間接作業分は間接労務費**となります。

なお、現場作業員の直接作業分の賃金と間接作業分の賃金は、1時間あたりの賃金（**消費賃率**（しょうひちんりつ）といいます）に直接作業時間または間接作業時間を掛けて計算します。

賃金の実際消費額＝実際賃率×実際作業時間

CASE137の現場作業員の賃金

①直接作業分の賃金：@20円×40時間＝800円

②間接作業分の賃金：@20円×10時間＝200円

　そして、**直接作業分の賃金**は賃金勘定（貸方）から**未成工事支出金勘定**（**借方**）に、**間接作業分の賃金**は賃金勘定（貸方）から**工事間接費勘定**（**借方**）に振り替えます。

CASE137の仕訳

（未成工事支出金）	800	（賃　　　　金）	1,000
（工 事 間 接 費）	200		

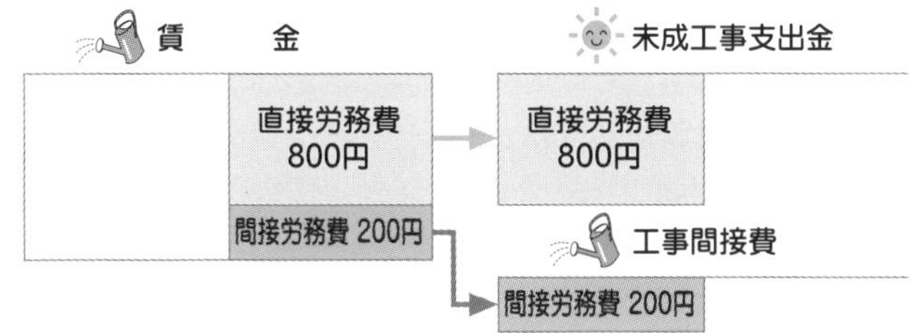

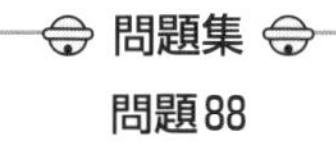

CASE 138 労務費

予定賃率を用いる場合①賃金を消費したときの処理

現場作業員の賃金を計算するとき、実際の賃率で計算すると、計算が遅れてしまいます。
そこで、調べてみたら予定賃率を用いて計算するとよいことがわかりました。

取引 当月の現場作業員の賃金消費額を計上する。なお、当月の直接作業員の作業時間は50時間（すべて直接作業時間）であり、予定賃率@22円で計算する。

用語 **予定賃率**…あらかじめ決められた賃率

ここまでの知識で仕訳をうめると…

（未成工事支出金）　（賃　　金）

現場作業員の直接作業分の賃金→未成工事支出金で処理
賃金の消費

予定賃率で賃金消費額を計算する！

賃金について、あらかじめ決められた賃率（**予定賃率**（よていちんりつ）といいます）を用いて計算する方法があります。

この場合、予定賃率に実際の作業時間を掛けて賃金の予定消費額を計算します。

> 試験では、予定賃率は通常、問題文に与えられます。

賃金の予定消費額＝予定賃率×実際作業時間

したがって、CASE138の賃金の予定消費額は次のようになります。

CASE138の賃金の予定消費額

・@22円×50時間＝1,100円

CASE138の仕訳

（未成工事支出金）	1,100	（賃　　　　金）	1,100

CASE 139

労務費

予定賃率を用いる場合② 月末の処理

今日は月末。

ゴエモン建設では、現場作業員の賃金について、予定賃率を用いて計算しています。ですから、月末に実際消費額を計算して差異を把握しなければなりません。

取引 当月の賃金の実際消費額は1,000円（実際賃率@20円）であるが、予定消費額1,100円（予定賃率@22円）で計上している。なお、当月の現場作業員の実際直接作業時間は50時間であった。

予定賃率を用いる場合の月末の処理

月末に賃金の実際消費額を計算したら、実際消費額と予定消費額を比べます。

CASE139では、賃金の実際消費額が1,000円のところ、予定消費額1,100円で計上されています。

◆予定賃率を用いた場合の賃金消費時の仕訳（CASE138）

借方	金額	貸方	金額
（未成工事支出金）	1,100	（賃　　金）	1,100

したがって、その差額100円（1,100円－1,000円）だけ賃金の消費を取り消します。

借方	金額	貸方	金額
（賃　　金）	100	（　　　　）	

これで賃金の消費額が実際消費額に一致しますね。
1,100円－100円＝1,000円
予定消費額　　　実際消費額

また、この差額100円は予定賃率（@22円）と実際賃率（@20円）の違いから生じたものなので、相手科目は**賃率差異**（ちんりつさい）という勘定科目で処理します。

CASE139の仕訳

（賃　　　金）	100	（賃　率　差　異）	100

CASE139の賃率差異は、予定消費額よりも実際消費額が少ない（予定よりも少なくてすんだ）ために発生した差異なので、**有利差異**です。

賃率差異勘定の貸方に記入されるので、貸方差異ともいいます。

予定消費額　＞　実際消費額　→　有利差異
（貸方差異）

また、仮に賃金の予定消費額が1,100円（@22円×50時間）のところ、実際消費額が1,150円（@23円×50時間）であった場合は、予定消費額よりも実際消費額が多く発生している（予定よりも多くかかってしまった）ので、**不利差異**となります。

予定消費額 ＜ 実際消費額 → 不利差異（借方差異）

（賃率差異）	50	（賃金）	50

実際は1,150円を消費したのに、1,100円しか消費していないことになっているので、50円分、追加で賃金の消費額を計上します。

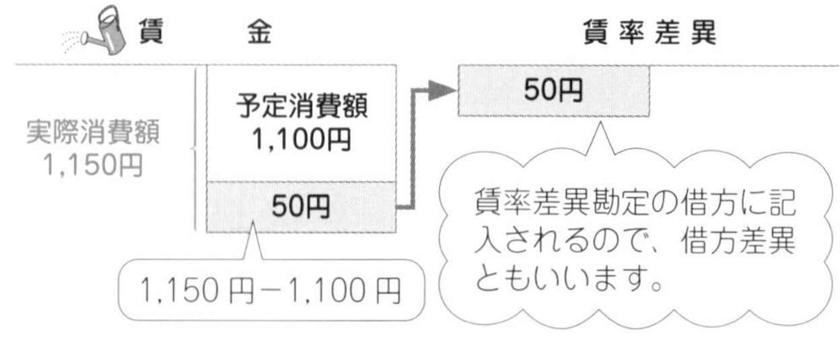

または(@22円－@23円)×50時間＝△50円
予定消費額から実際消費額を差し引いて、マイナスになるので不利差異（借方差異）です。

実際消費額
@23円×50時間＝1,150円

実際賃率
@23円

予定賃率
@22円

賃率差異
1,100円－1,150円＝△50円

予定消費額
@22円×50時間＝1,100円

実際作業時間
50時間

問題集
問題89

CASE 140

労務費

予定賃率を用いる場合③ 会計年度末の処理

今日は決算日（会計年度末）。
そこで、月末ごとに計上した賃率差異を完成工事原価勘定に振り替えました。

取引 賃率差異100円（貸方に計上）を完成工事原価勘定に振り替える。

予定賃率を用いる場合の会計年度末の処理

月末ごとに計上された賃率差異は、会計年度末（決算日）に**完成工事原価勘定**に振り替えます。

CASE140では、賃率差異が貸方に計上されているので、これを減らします（借方に記入します）。

貸方に計上されているということは、有利差異ですね。

（賃　率　差　異）　100（　　　　　　）

賃率差異

100円	← 100円

賃率差異を減らします。

そして、貸方は**完成工事原価**で処理します。

CASE140の仕訳

（賃率差異）	100	（完成工事原価）	100

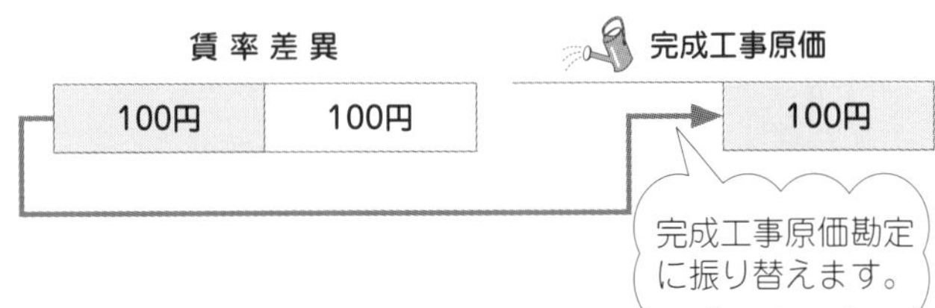

また、賃率差異が借方に計上されていた場合は、借方の賃率差異を減らし（貸方に記入し）、借方は完成工事原価で処理します。

たとえば、CASE140の賃率差異が50円（借方）の場合の仕訳は、次のようになります。

（完成工事原価）	50	（賃率差異）	50

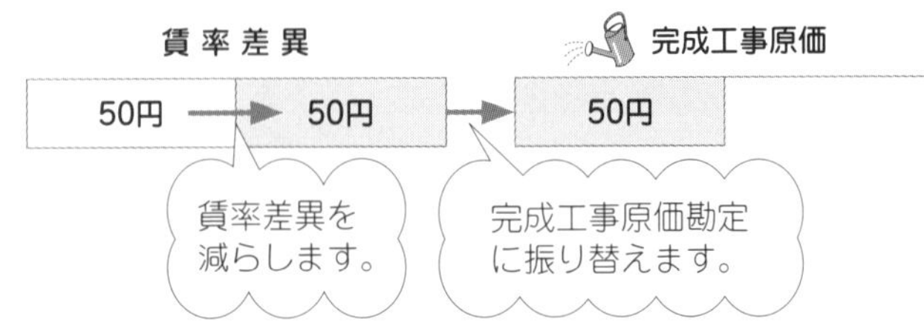

以上のように、賃率差異が**不利差異（借方差異）**のときは、完成工事原価勘定の借方に振り替えられるので、**完成工事原価（費用）が増えます**。反対に賃率差異が**有利差異（貸方差異）**のときは、完成工事原価勘定の貸方に振り替えられるので、**完成工事原価（費用）が減る**ことになります。

CASE 141 外注費

外注費の処理

ゴエモン建設は、建物の建設にあたって、電気工事や配管工事を外部の業者に委託しました。
これらにかかった費用はどのように処理するのかみていきましょう。

取引 ゴエモン建設は、電気工事について下請業者に委託している（下請契約100円）。本日、下請業者から工事の出来高は40%であるとの報告を受けた。

外注費とは

建設業においては、自社が施工せずに電気工事やガスの配管工事などを外部の業者に委託することがあります。そしてこの外部業者に対して委託した工事にかかる原価を**外注費**として処理します。

この外注費は、一般的な製造業においては経費として処理されますが、建設業では外注費の割合が非常に高いことが多いため経費から分離して処理します。

ただし、外注費のうち大部分が人件費である場合は、労務費として処理することもできます。

外注費の処理

外注費は、下請業者から報告される工事の出来高（進行度合）に応じて**外注費勘定**または**未成工事支出金勘定**で処理します。

CASE141の仕訳

(外　注　費)	40	(工事未払金)	40

100円×40%

なお、下請契約時に工事代金を前払いした場合は、支払額を工事費前渡金で処理します。

(工事費前渡金)	30	(当　座　預　金)	30

そのため、仮にCASE141の取引においてすでに工事代金30円を前払いしていた場合は次のように処理します。

(外　注　費)	40	(工事費前渡金)	30
		(工事未払金)	10

問題集
問題90、91

第17章

経　費

材料費、労務費、外注費ときて、最後は経費。
経費は材料費、労務費、外注費以外の費用なので、
なんだかたくさんあるみたい…。

ここでは、経費についてみていきましょう。

CASE 142 経費

経費とは?

経費は材料費と労務費と外注費以外の費用ですが、経費にはどんなものがあるのでしょう?

経費とは

実際には外注費は経費ですがここでは分けて考えます。

経費とは、材料費、労務費、外注費以外の費用をいいます。また、経費は消費額の計算方法の違いによって、次の4つに分類することができます。

①支払経費

支払経費(しはらいけいひ)とは、その月の支払額を消費額とする経費をいい、**設計費**(せっけいひ)や**厚生費**(こうせいひ)などがあります。

支払経費については次のような**経費支払票**を作成して計算します。

経 費 支 払 票

×月分　　×年×月×日

費 目	当 月 支払高	前 月		当 月		当 月 消費高
		(−)未払高	(+)前払高	(+)未払高	(−)前払高	
厚 生 費	410				10	400
設 計 費	340		10		30	320
	750		10		40	720

②月割経費

月割経費(つきわりけいひ)とは、一定期間（1年や半年など）の発生額を計算し、それを月割計算した金額をその月の消費額とする経費をいい、**工場建物の減価償却費**や**保険料**などがあります。

月割経費については次のような**経費月割票**を作成して計算します。

経　費　月　割　票

×年度上半期　　　　×年×月×日

費　目	金　額	月　割　高					
		4月	5月	6月	7月	8月	9月
減価償却費	1,200	200	200	200	200	200	200
保　険　料	600	100	100	100	100	100	100

③測定経費

測定経費(そくていけいひ)とは、メーターなどで測定した消費量をもとに計算した金額をその月の消費額とする経費をいい、**電気代**や**水道代**などがあります。

測定経費については次のような**経費測定票**を作成して計算します。

経　費　測　定　票

×月分　　　　×年×月×日

費　目	前月指針	当月指針	当月消費量	単　価	金　額
電　力　料	150kwh	250kwh	100kwh	4円	400円
ガ　ス　代	26㎥	58㎥	32㎥	10円	320円
					720円

④発生経費

発生経費(はっせいけいひ)とは、その月の発生額を消費額とする経費をいい、**材料棚卸減耗損**などがあります。

上記のうち、設計費はある工事にいくらかかったかが明らかなので、**直接経費**ですが、それ以外はすべて**間接経費**です。

経費の分類

①支払経費	設計費	直接経費
	厚生費など	間接経費
②月割経費	減価償却費、保険料など	
③測定経費	電気代、水道代など	
④発生経費	材料棚卸減耗損など	

経費仕訳帳

月末には**経費仕訳帳**を作成します。上記のような各経費票にもとづき作成し、仕訳を行います。

経　費　仕　訳　帳

×年		摘　要	費　　目	借方			貸方
				未成工事支出金	工事間接費	販売費及び一般管理費	金　額
		月割経費	減価償却費		150	50	200
		〃	保　険　料			100	100
		測定経費	電　気　料		300	100	400
		〃	ガ　ス　代		320		320
		支払経費	厚　生　費			400	400
		〃	設　計　費	320			320
				320	770	650	1,740

(未成工事支出金)	320	(減価償却費)	200
(工事間接費)	770	(保　険　料)	100
(販売費及び一般管理費)	650	(電　気　料)	400
		(ガ　ス　代)	320
		(厚　生　費)	400
		(設　計　費)	320

問題集
問題92

CASE 143 経　費

経費を消費したときの処理

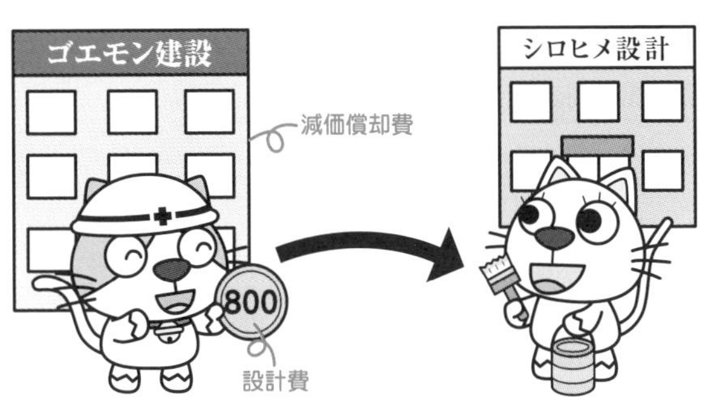

ゴエモン建設は、建物の設計をお願いしているシロヒメ設計に800円（設計費）を支払いました。また、建設機械の減価償却費を計上することにしました。

取引　(1) 設計費800円を現金で支払った。
(2) 建設機械の減価償却費を計上する。なお、1年間の減価償却費は1,200円である。

経費の諸勘定を用いない場合の処理

経費を消費したときは、どの勘定を用いるかによって処理方法が異なります。

> 試験では勘定科目が指定されるので、それにしたがって処理してください。

試験でよく出題されるのは、**経費の諸勘定を用いず、直接経費**は**未成工事支出金勘定**で処理し、**間接経費**は**工事間接費勘定**で処理する方法です。

この方法によると、CASE143の**(1) 設計費**は**直接経費**なので**未成工事支出金勘定**で処理し、**(2) 建設機械の減価償却費**は**間接経費**なので**工事間接費勘定**で処理することになります。

なお、建設機械の減価償却費のように、1年分の金額が与えられているときは、12カ月で割って1カ月分を計上します。

CASE143の建設機械の減価償却費

$$・1,200円 \times \frac{1カ月}{12カ月} = 100円$$

以上より、CASE143を経費の諸勘定を用いないで処理した場合の仕訳は次のようになります。

試験でよく出題される方法です。

CASE143の仕訳①

(未成工事支出金)	800	(現　　　　金)	800
(工 事 間 接 費)	100	(減価償却累計額)	100

未成工事支出金

直接経費
800円

工事間接費

間接経費100円

経費勘定を用いる場合の処理

経費を消費したときに**経費勘定を用いて処理**することもあります。

この場合、経費を消費したときには、直接経費も間接経費もいったん経費勘定で処理します。

(経　　　　費)	800	(現　　　　金)	800
(経　　　　費)	100	(減価償却累計額)	100

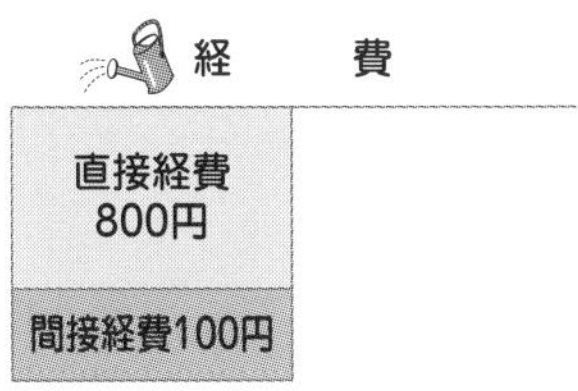

そして、**直接経費**は経費勘定から**未成工事支出金勘定**に、**間接経費**は経費勘定から**工事間接費勘定**に振り替えます。

以上より、CASE143を経費勘定を用いて処理した場合の仕訳は次のようになります。

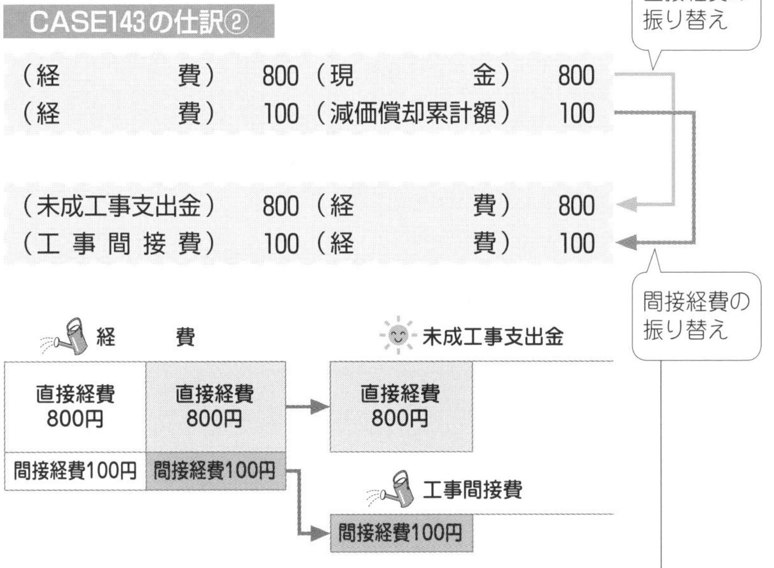

CASE143の仕訳②

借方	金額	貸方	金額
（経　　費）	800	（現　　金）	800
（経　　費）	100	（減価償却累計額）	100
（未成工事支出金）	800	（経　　費）	800
（工 事 間 接 費）	100	（経　　費）	100

経費の諸勘定を用いる場合の処理

経費を消費したときに、設計費勘定や減価償却費勘定などの**経費の諸勘定を用いて処理**することもあります。

この場合、経費を消費したときには、いったん各経費の勘定で処理します。

（設　　計　　費）	800	（現　　　　金）	800
（減 価 償 却 費）	100	（減価償却累計額）	100

設　計　費

800円	

減価償却費

100円	

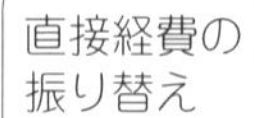

そして、**直接経費**は各経費の勘定（ここでは設計費）から**未成工事支出金勘定**に、**間接経費**は各経費の勘定（ここでは減価償却費）から**工事間接費勘定**に振り替えます。

以上より、CASE143を経費の諸勘定を用いて処理した場合の仕訳は次のようになります。

直接経費の振り替え

CASE143の仕訳③

（設　　計　　費）	800	（現　　　　金）	800
（減 価 償 却 費）	100	（減価償却累計額）	100
（未成工事支出金）	800	（設　　計　　費）	800
（工 事 間 接 費）	100	（減 価 償 却 費）	100

間接経費の振り替え

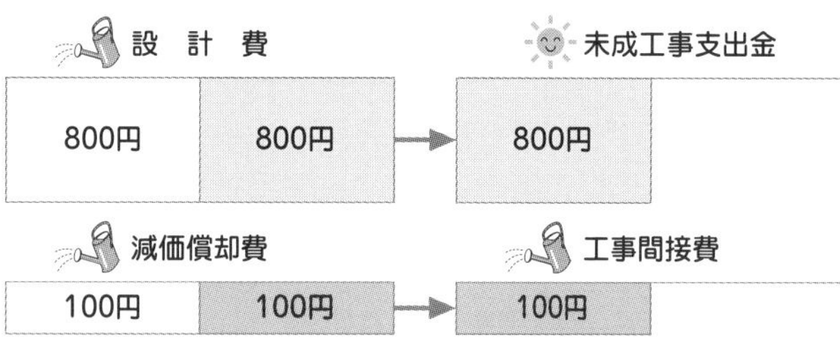

問題集
問題93、94

第18章

工事間接費

工事間接費は、特定の工事に関して直接的にわからない原価だけど、
どうやって特定の工事に集計するんだろう。

ここでは、工事間接費の配賦についてみていきましょう。

CASE 144 工事直接費

工事直接費の賦課

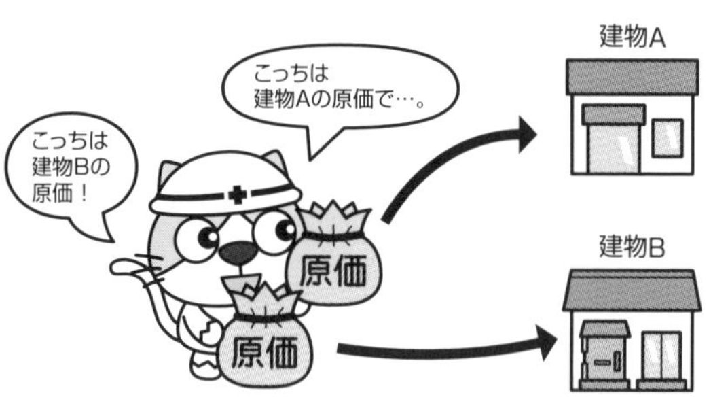

建物Aを作るのに直接かかった原価と、建物Bを作るのに直接かかった原価は、どのように処理するのでしょうか？

例 工事台帳No.1（建物A）とNo.2（建物B）の工事直接費は次のとおりである。

	No.1	No.2
直接材料費	500	400
直接労務費	600	200
直接外注費	150	30
直接経費	50	20

工事台帳とは各工事ごとに発生した原価を集計する帳簿のことをいいます。

工事台帳No.ごとに金額を記入するだけです。

工事直接費は賦課する！

原価のうち、直接材料費、直接労務費、直接外注費、直接経費といった工事直接費は、どの建物にいくらかかったかが明らかな原価なので、その建物（工事台帳）に集計します。これを**賦課**（ふか）（または**直課**（ちょっか））といいます。

したがって、CASE144の原価計算表への記入は次のようになります。

原価計算表 （単位：円）

費目	No.1（建物A）	No.2（建物B）	合計
直接材料費	500	400	900
直接労務費	600	200	800
直接外注費	150	30	180
直接経費	50	20	70

CASE 145 工事間接費

工事間接費の配賦

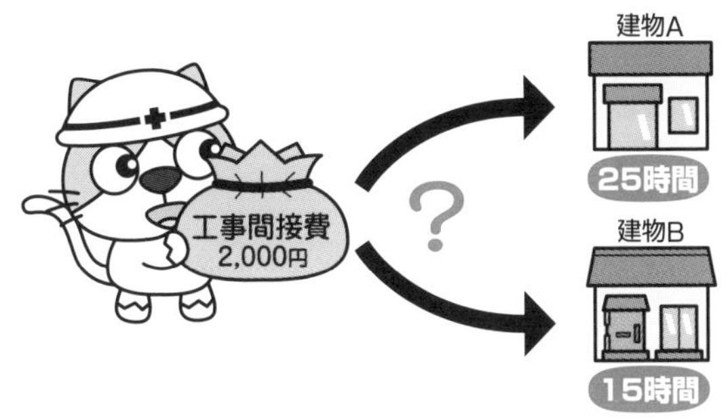

工事間接費はどの建物にいくらかかったかが明らかではない原価です。このような工事間接費は、どのように工事台帳に振り分ければよいのでしょう？

例 工事間接費の実際発生額は2,000円である。なお、工事間接費は下記の直接作業時間をもとに、各工事台帳に配賦する。

	No.1	No.2
直接作業時間	25時間	15時間

用語 **配　賦**…工事間接費を各建物（工事台帳）に振り分けること

工事間接費は配賦する！

工事間接費は、どの建物にいくらかかったかが明らかではない原価です。したがって、工事間接費は作業時間や直接労務費など、なんらかの基準（これを**配賦基準**（はいふきじゅん）といいます）にもとづいて各工事台帳に振り分けます。なお、工事間接費を各工事台帳に振り分けることを**配賦**（はいふ）といいます。

試験では、何を配賦基準にするかは問題文の指示にしたがってください。CASE145では直接作業時間ですね。

工事間接費の配賦方法

工事間接費を各工事台帳に配賦するには、まず、工事間接費の実際発生額を配賦基準合計で割って、**配賦率**（はいふりつ）を求めます。

工事間接費の実際発生額にもとづいた配賦率なので、実際配賦率ということもあります。

$$\text{工事間接費配賦率} = \frac{\text{工事間接費実際発生額}}{\text{配賦基準合計}}$$

CASE145の工事間接費の配賦率

・$\dfrac{2{,}000\text{円}}{25\text{時間} + 15\text{時間}} = @50\text{円}$

そして、配賦率に各建物の配賦基準を掛けて、工事間接費の配賦額を計算します。

CASE145の工事間接費の配賦額

No.1：@50円×25時間＝1,250円

No.2：@50円×15時間＝　750円

以上より、CASE145を原価計算表に記入すると次のようになります。

CASE145の原価計算表の記入

原　価　計　算　表

（単位：円）

費　　目	No.1（建物A）	No.2（建物B）	合　計
直接材料費	500	400	900
直接労務費	600	200	800
直接外注費	150	30	180
直接経費	50	20	70
工事間接費	1,250	750	2,000
合　　計	2,550	1,400	3,950

建物Aの工事原価

建物Bの工事原価

最後に合計金額を記入します。

原価計算表

建物が完成したときの処理

建物A　建物B　建物C

完成　完成　未完成

先月、注文を受けた建物Aと建物Bが今月完成しました。また、新たに建物Cの注文がありましたが、これはまだ完成していません。この場合の記入はどうなるでしょうか？

例　当月に工事台帳No.1（建物A）とNo.2（建物B）が完成している。なお、No.3（建物C）は未完成である。

原　価　計　算　表　(単位：円)

費　目	No.1 (建物A)	No.2 (建物B)	No.3 (建物C)	合　計	
前月繰越	2,550	1,400	0	3,950	前月発生の原価
直接材料費	50	100	400	550	当月発生の原価
直接労務費	200	400	600	1,200	
直接外注費	150	30	50	230	
直接経費	0	0	50	50	
工事間接費	500	1,000	1,500	3,000	
合　計	3,450	2,930	2,600	8,980	
備　考					

建物が完成したとき

原価計算表の備考欄には、月末の建物の状態が記入されます。

CASE146では、No.1（建物A）、No.2（建物B）は完成していますので、「**完成**」と原価計算表の備考欄に記入します。また、No.3（建物C）は完成していないので、「**未完成**」と記入します。

CASE146の備考欄の記入

原価計算表 (単位：円)

費目	No.1 (建物A)	No.2 (建物B)	No.3 (建物C)	合計
前月繰越	2,550	1,400	0	3,950
直接材料費	50	100	400	550
直接労務費	200	400	600	1,200
直接外注費	150	30	50	230
直接経費	0	0	50	50
工事間接費	500	1,000	1,500	3,000
合計	3,450	2,930	2,600	8,980
備考	完成	完成	未完成	—

月末の状態を記入します。

建物が完成するまでは、未完成の状態を表す未成工事支出金勘定に原価が集計されています。

勘定の記入

完成した工事については、その建物の原価を未成工事支出金勘定から**完成工事原価勘定**に振り替えます。

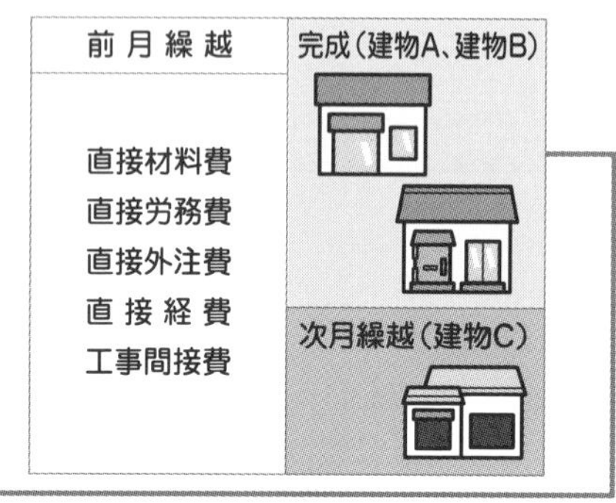

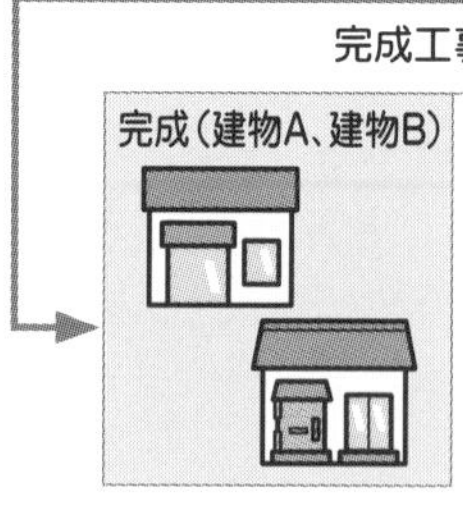

以上より、原価計算表と勘定のつながりを表すと次のとおりです。

原価計算表 (単位：円)

費目	No.1 (建物A)	No.2 (建物B)	No.3 (建物C)	合計
前月繰越	2,550	1,400	0	3,950
直接材料費	50	100	400	550
直接労務費	200	400	600	1,200
直接外注費	150	30	50	230
直接経費	0	0	50	50
工事間接費	500	1,000	1,500	3,000
合計	3,450	2,930	2,600	8,980
備考	完成	完成	未完成	—

未成工事支出金

前月繰越	3,950	完成工事原価	6,380
直接材料費	550	次月繰越	2,600
直接労務費	1,200		
直接外注費	230		
直接経費	50		
工事間接費	3,000		
	8,980		8,980

3,450円 + 2,930円
No.1　No.2

No.3

完成工事原価

未成工事支出金	6,380		

完成工事原価報告書

完成した工事については、完成工事原価報告書としてまとめられます。

たとえば、当月に完成した工事であるNo.1（建物A)、No.2（建物B）の原価を集計して、当月の完成工事原価報告書を作成した場合、次のようになります。

No.1、No2の原価

①前月分の原価

費　　目	No.1	No.2	合　計
直接材料費	500円	400円	900円
直接労務費	600円	200円	800円
直接外注費	150円	30円	180円
直接経費	50円	20円	70円
工事間接費	1,250円	750円	2,000円
合　計	2,550円	1,400円	3,950円

②当月分の原価

費　　目	No.1	No.2	合　計
前月繰越	2,550円	1,400円	3,950円
直接材料費	50円	100円	150円
直接労務費	200円	400円	600円
直接外注費	150円	30円	180円
直接経費	0円	0円	0円
工事間接費	500円	1,000円	1,500円
合　計	3,450円	2,930円	6,380円

③その他

労務費のうち労務外注費は300円、および経費のうち人件費は450円だった。

完成工事原価報告書

完成工事原価報告書

ゴエモン建設

（単位：円）

Ⅰ．材　料　費	1,050
Ⅱ．労　務　費	1,400
（うち労務外注費　300）	
Ⅲ．外　注　費	360
Ⅳ．経　　　費	3,570
（うち人件費　450）	
完成工事原価	6,380

材料費：900円（前月分）＋150円（当月分）＝1,050円

労務費：800円（前月分）＋600円（当月分）＝1,400円

外注費：180円（前月分）＋180円（当月分）＝360円

経　費：70円（前月直接経費）＋2,000円（前月工事間接費）＋0円（当月直接経費）＋1,500円（当月工事間接費）＝3,570円

問題集

問題95、96

工事原価明細表とは

工事原価明細表とは、当月（期）に発生した工事原価と完成工事原価を、原価要素別に対比させた明細表のことです。

なお、原価計算表と工事原価明細表は次の点で異なります。

原価計算表	月初（期首）未成工事原価、当月（期）発生工事原価、月末（期末）未成工事原価、当月（期）完成工事原価をすべて表示する。
工事原価明細表	当月（期）発生工事原価と当月（期）完成工事原価のみ表示する。

当月発生工事原価とは、当月消費額または当月負担額のことで、当月購入額や当月支払額とは異なります。

当月完成工事原価は、当月の完成工事原価報告書の金額と同じになります。

工事原価明細表　（単位：円）

	当月発生工事原価	当月完成工事原価
Ⅰ．材　料　費	550	1,050
Ⅱ．労　務　費	1,200	1,400
（うち労務外注費）	（×××）	（×××）
Ⅲ．外　注　費	230	360
Ⅳ．経　　費	3,050	3,570
（うち人件費）	（×××）	（×××）
完成工事原価	5,030	6,380

CASE 147 予定配賦率の計算

予定配賦率を用いる場合①　予定配賦率の決定と予定配賦

工事間接費を各建物に配賦するとき、実際発生額が計算されるのを待っていると、どうしても計算が遅れてしまいます。
そこで、工事間接費を予定配賦することにしました。

例 当期の年間工事間接費予算額は21,600円、基準操業度は540時間（直接作業時間）である。なお、当月の直接作業時間は次のとおりである。

	No.1	No.2
直接作業時間	25時間	15時間

用語 **年間工事間接費予算額**…1年間に発生すると予想される工事間接費の額
基準操業度…1年間に予定される配賦基準の数値（予定配賦基準値）

工事間接費の実際配賦の問題点

CASE145では、工事間接費の実際発生額を各建物に配賦しました。このように、工事間接費の実際発生額を配賦することを**実際配賦**（じっさいはいふ）といいますが、実際配賦によると、月末に工事間接費の実際発生額が計算されるまで配賦計算をすることができず、計算が遅れてしまいます。

また、工事間接費の実際発生額は毎月変動するため、同じ建物を同じように建設しているのに、月によって配賦額が異なってしまうという欠点もあります。

そこで、実際配賦に代えて、あらかじめ決められた配賦率（**予定配賦率**といいます）を用いて、工事間接費を配賦する（**予定配賦**といいます）方法があります。

工事間接費の予定配賦

工事間接費を予定配賦するには、まず、期首に1年間の工事間接費の予定額（**工事間接費予算額**）を見積り、これを**基準操業度**で割って**予定配賦率**を求めます。

なお、基準操業度とは、1年間の予定配賦基準値のことをいいます。

たとえば、配賦基準を直接作業時間とする場合の基準操業度は、1年間に予定される直接作業時間の合計値となります。

$$予定配賦率 = \frac{工事間接費予算額}{基準操業度}$$

CASE147では、年間工事間接費予算額が21,600円、基準操業度が540時間なので、予定配賦率は@40円（21,600円÷540時間）となります。

CASE147の予定配賦率

・$\frac{21,600円}{540時間}$ = @40円

そして、予定配賦率に実際の操業度（配賦基準）を掛けて予定配賦額を計算します。

以上より、CASE147の工事間接費の予定配賦額は次のようになります。

CASE147の工事間接費の予定配賦額

No.1：@40円×25時間＝1,000円

No.2：@40円×15時間＝　600円

なお、仕訳を示すと次のとおりです。

1,000円＋600円
No.1　No.2

（未成工事支出金） 1,600（工 事 間 接 費） 1,600

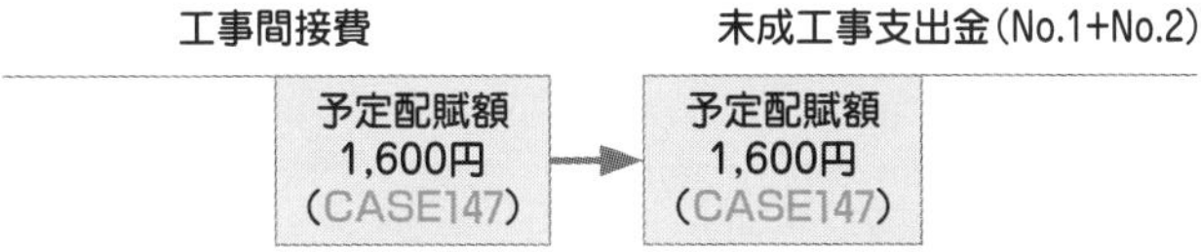

工事間接費		未成工事支出金(No.1+No.2)
予定配賦額 1,600円 (CASE147)	→	予定配賦額 1,600円 (CASE147)

CASE 148 予定配賦率の計算

予定配賦率を用いる場合② 月末の処理

今日は月末。
ゴエモン建設では、工事間接費は予定配賦をしています。
そこで、実際発生額を計算して差異を把握することにしました。

例 当月の工事間接費の実際発生額は2,000円であった。なお、予定配賦額1,600円（予定配賦率＠40円）で計上している。

工事間接費を予定配賦した場合の月末の処理

月末において集計された工事間接費の実際発生額は、工事間接費勘定の借方に記入されます。

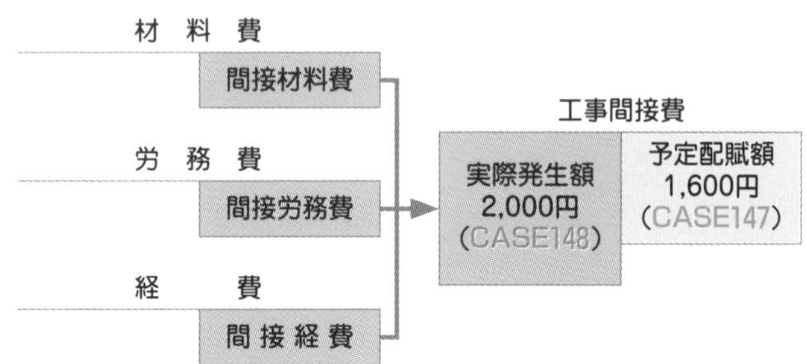

上記の工事間接費勘定からもわかるように、工事間接費を予定配賦している場合には、予定配賦額と実際発生額に差額（400円＝2,000円－1,600円）が生じます。

この差額は、**工事間接費配賦差異**（こうじかんせつひはいふさい）として、工事間接費勘定から工事間接費配賦差異勘定に振り替えます。

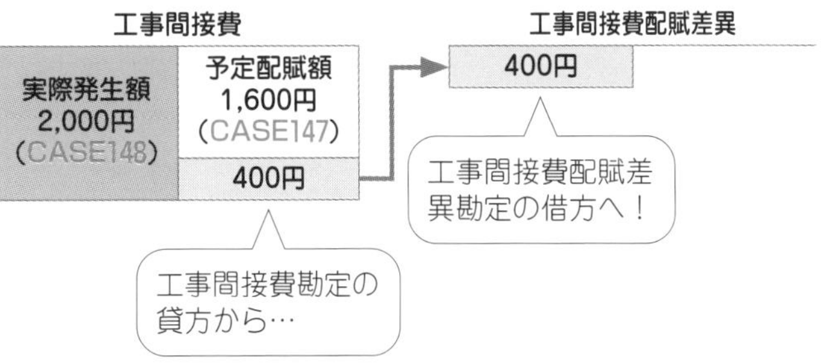

CASE148の仕訳

（工事間接費配賦差異）　400（工　事　間　接　費）　400

なお、CASE148の工事間接費配賦差異400円は、予定配賦額よりも実際発生額が多い（予定していたよりも実際発生額が多かった）ために発生した差異なので、**不利差異**です。

工事間接費配賦差異勘定の借方に記入されるので、借方差異ともいいます。
賃率差異と同じですね。

また、仮にCASE148の工事間接費の実際発生額が1,500円であったとした場合（実際発生額＜予定配賦額の場合）は、次のようになります。

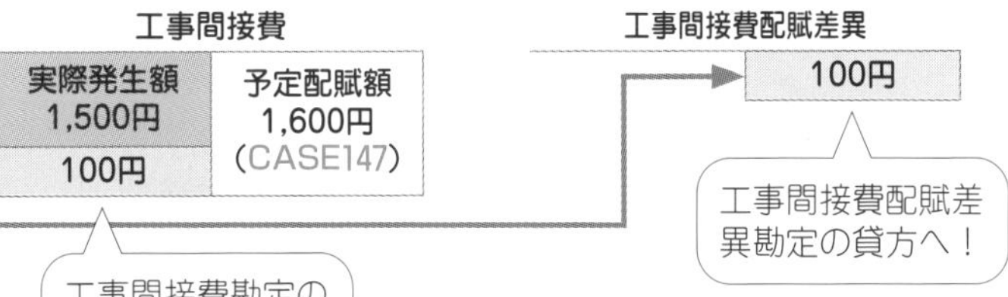

（工　事　間　接　費）　100（工事間接費配賦差異）　100

この場合の工事間接費配賦差異100円は、予定していたよりも実際発生額が少なくてすんだために発生した差異なので、**有利差異**です。

工事間接費配賦差異勘定の貸方に記入されるので、貸方差異ともいいます。

問題集
問題97

CASE 149

予定配賦率の計算

予定配賦率を用いる場合③ 会計年度末の処理

今日は決算日（会計年度末）。
そこで、月末ごとに計上した工事間接費配賦差異を完成工事原価勘定に振り替えました。

例 工事間接費配賦差異400円（借方に計上）を完成工事原価勘定に振り替える。

予定配賦率を用いる場合の会計年度末の処理

賃率差異と同様に、月末ごとに計上された工事間接費配賦差異は、会計年度末（決算日）に**完成工事原価勘定**に振り替えます。

CASE149の工事間接費配賦差異は借方に計上されているので、工事間接費配賦差異勘定の貸方から完成工事原価勘定の借方に振り替えます。

反対に貸方に計上されている差異は完成工事原価勘定の貸方に振り替えます。

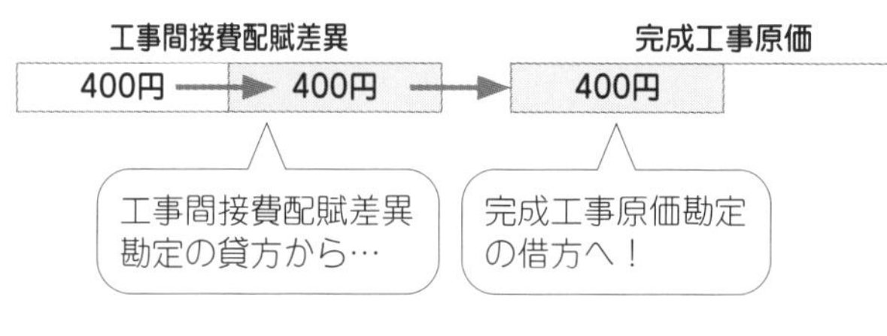

CASE149の仕訳

（完成工事原価）　400（工事間接費配賦差異）　400

第19章

部門別計算

第18章では、工事間接費の配賦について学習したけど、
もっと正確に工事間接費を配賦する方法があるんだって!

ここでは、部門別計算についてみていきましょう。

部門別計算

工事間接費を正確に配賦するには?

ゴエモン建設には、木材をカットする第1施工部門と建物を組み上げる第2施工部門、修繕を担当する修繕部門、車両を扱う車両部門があります。このように部門が分かれているときには、部門別に原価を集計、計算するようです。

部門別計算とは

工場の規模が大きくなると、第1施工部門、第2施工部門のようにさまざまな部門を設け、建物の建設を分業して行うようになります。また、材料を運搬する**運搬部門**、修繕を担当する**修繕部門**、車両を扱う**車両部門**など、施工部門をサポートする部門もあります。

建物の建設に直接かかわる部門を**施工部門**(せこうぶもん)、車両部門、修繕部門、現場管理部門など施工部門をサポートする部門を**補助部門**(ほじょぶもん)といいます。

ゴエモン建設の場合は、第1施工部門と第2施工部門が施工部門、修繕部門と車両部門が補助部門ですね。

このように、複数の部門がある場合に部門ごとに原価を計算することを**部門別計算**といいます。

工事間接費の部門別計算とは

工事直接費（直接材料費、直接労務費、直接外注費、直接経費）は、どの工事にいくらかかったかが明らかなので、各工事台帳に賦課されます。したがって、原価を部門別にとらえる必要はありません。

一方、工事間接費はどの工事にいくらかかったのかが明らかではないので、直接作業時間などの配賦基準にもとづいて各工事台帳に配賦されます。そのため、配賦基準が適切でないと配賦計算が不正確なものになってしまいます。

また、部門が違えば発生する工事間接費の内容も金額も当然異なります。それにもかかわらず、これを無視して、すべての工事間接費をひとつの配賦基準（直接作業時間など）で各工事台帳に配賦すると、原価の計算が正確ではないものになってしまいます。

そこで、工事の原価を正確に計算するため、部門別に工事間接費を集計し、それぞれの部門に適した配賦基準で各工事台帳に配賦する必要があるのです。

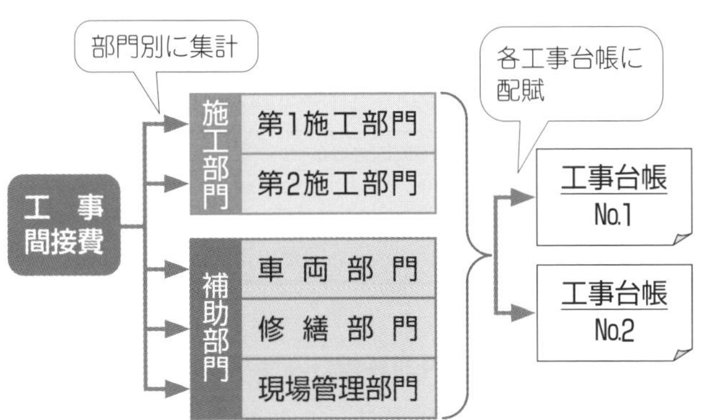

部門別計算

部門個別費と部門共通費の集計

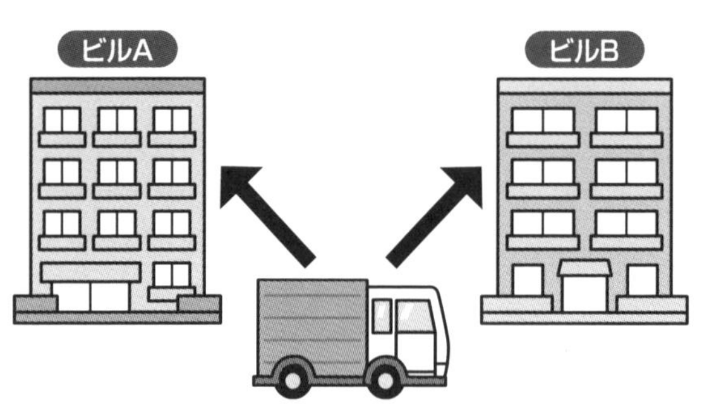

ゴエモン建設では、さっそく、工事間接費を部門別に集計して計算することにしました。ところが、工事間接費には複数の部門に共通して発生するものがあります。このような工事間接費はどのように集計したらよいでしょう？

例 当月の工事間接費発生額は次のとおりである。なお、建物減価償却費は占有面積によって、電力料は電力消費量によって各部門に配賦する。

(1) 工事間接費

		施工部門		補助部門	
		第1施工部門	第2施工部門	修繕部門	車両部門
部門個別費		796円	624円	200円	96円
部門共通費	建物減価償却費	200円			
	電力料	84円			

(2) 部門共通費の配賦基準

	合計	第1施工部門	第2施工部門	修繕部門	車両部門
占有面積	200m^2	100m^2	50m^2	30m^2	20m^2
電力消費量	42kWh	20kWh	15kWh	5kWh	2kWh

工事間接費の部門別計算は3ステップ

工事間接費の部門別計算は、**部門個別費と部門共通費の集計**（Step1）、**補助部門費の施工部門への配賦**

(Step2)、**施工部門費の各工事台帳への配賦**(Step3)の3ステップで行います。

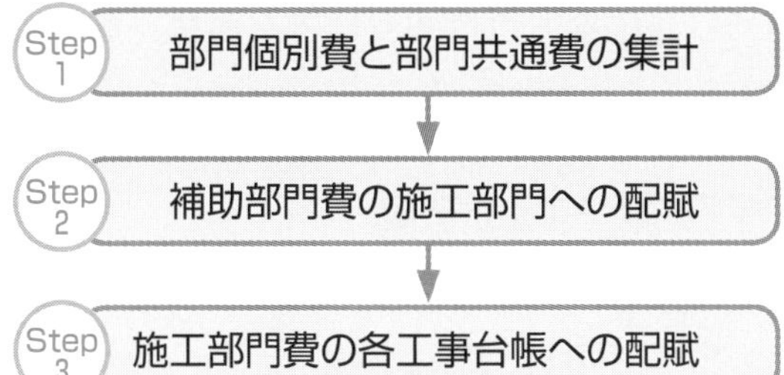

まずは第1ステップから。

部門個別費と部門共通費の集計 Step 1

工事間接費の部門別計算の第1ステップは、**部門個別費と部門共通費の集計**です。

部門個別費とは、工事間接費のうち特定の部門で固有に発生したものをいい、**部門個別費は該当部門に賦課(直課)**します。

したがって、CASE151の部門個別費を各部門に賦課した場合の部門費振替表の記入は次のとおりです。

CASE151の部門個別費の賦課

部門費振替表　(単位:円)

摘要	配賦基準	合計	施工部門		補助部門	
			第1施工部門	第2施工部門	修繕部門	車両部門
部門個別費		1,716	796	624	200	96

部門個別費の金額をそのまま移すだけですね。

一方、**部門共通費**とは、工事間接費のうち複数の部門に共通して発生するものをいい、**部門共通費は適切な配賦基準によって各部門に配賦**します。

CASE151では、建物減価償却費は占有面積、電力料は電力消費量によって各部門に配賦します。

CASE151の部門共通費の配賦

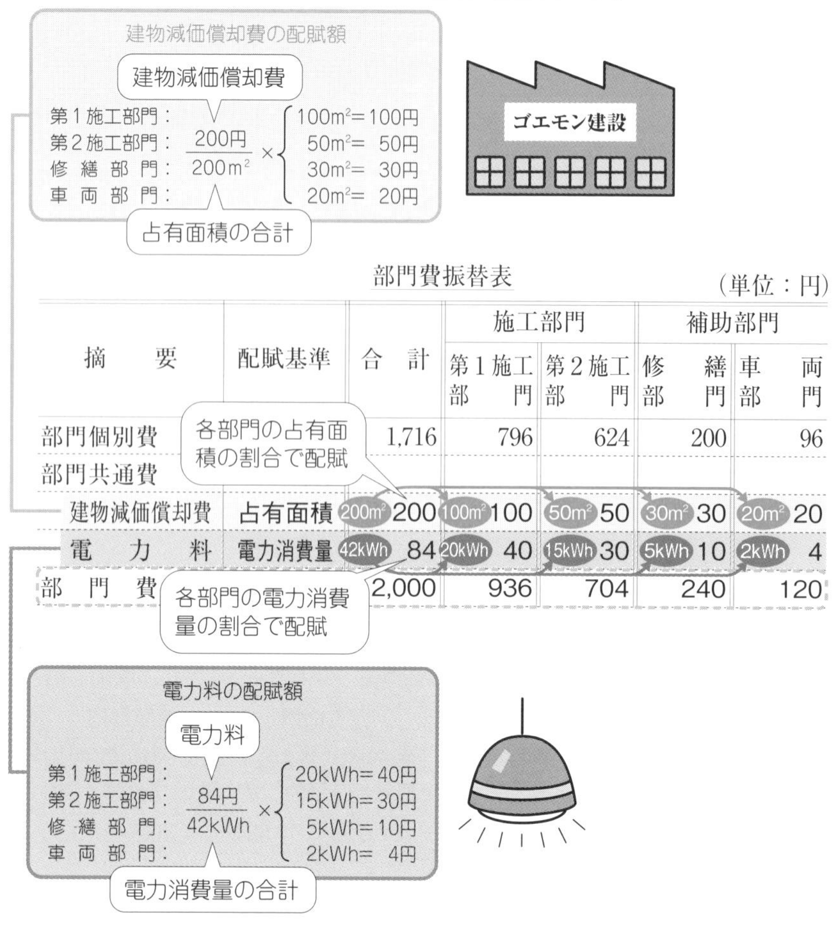

部門費振替表

（単位：円）

摘要	配賦基準	合計	施工部門 第１施工部門	施工部門 第２施工部門	補助部門 修繕部門	補助部門 車両部門
部門個別費		1,716	796	624	200	96
部門共通費						
建物減価償却費	占有面積	200	100	50	30	20
電力料	電力消費量	84	40	30	10	4
部門費		2,000	936	704	240	120

部門共通費を配賦したら、部門個別費と部門共通費を足して各部門費を計算します（上記［　　　］）。

CASE 152 部門別計算

補助部門費の施工部門への配賦① 直接配賦法

部門個別費と部門共通費の集計が終わったら、次は補助部門費を施工部門に配賦するとのこと。
さて、補助部門費はどのように施工部門に配賦したらよいのでしょう？

例 直接配賦法によって、補助部門費を施工部門に配賦する。

(1) 各部門費の合計

部門費振替表 (単位：円)

摘要	合計	施工部門		補助部門	
		第1施工部門	第2施工部門	修繕部門	車両部門
部門個別費	1,716	796	624	200	96
部門共通費	284	140	80	40	24
部門費	2,000	936	704	240	120

(2) 補助部門費の用役提供割合

補助部門	第1施工部門	第2施工部門	修繕部門	車両部門
修繕部門	40%	40%	−	20%
車両部門	50%	10%	30%	10%

補助部門費の施工部門への配賦 Step 2

部門ごとに工事間接費を集計したら、補助部門に集計された工事間接費の合計額（補助部門費）を施工部門に配賦します。

つづいて、工事間接費の部門別計算の第2ステップです。

修繕部門などの補助部門は、直接、建物を建設しているわけではありません。したがって、補助部門費を各工事（工事台帳）に配賦しようとしても適切な配賦基準がありません。そこで、補助部門費はいったん施工部門に配賦（Step2）してから、施工部門費として各工事台帳に配賦する（Step3）のです。

配賦方法

たとえば、修繕を担当する修繕部門が、施工部門の工具の修繕だけでなく、補助部門である車両部門の車両の修繕も行っているように、補助部門は施工部門にサービスを提供するだけでなく、ほかの補助部門にもサービスを提供しています。

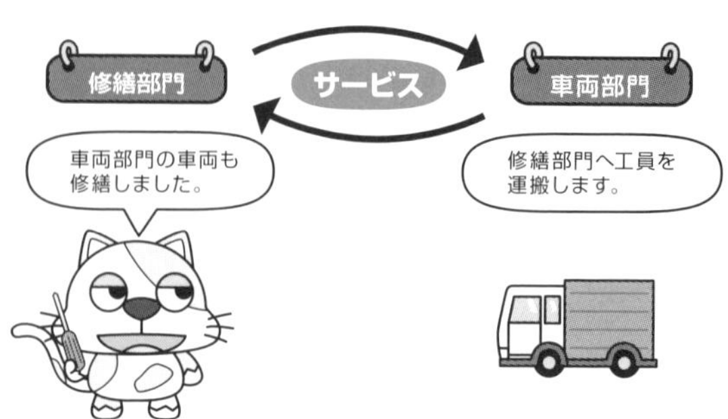

補助部門費の施工部門への配賦方法には、この補助部門間のサービスのやりとりを考慮するかしないかによって、**直接配賦法**（ちょくせつはいふほう）、**相互配賦法**（そうごはいふほう）と**階梯式配賦法**（かいていしきはいふほう）という3通りの方法があります。

直接配賦法による補助部門費の配賦

直接配賦法は、補助部門間のサービスのやりとりを無視して、補助部門費を直接、施工部門に配賦する方法です。したがって、各補助部門費を施工部門へのサービス提供割合で配賦します。

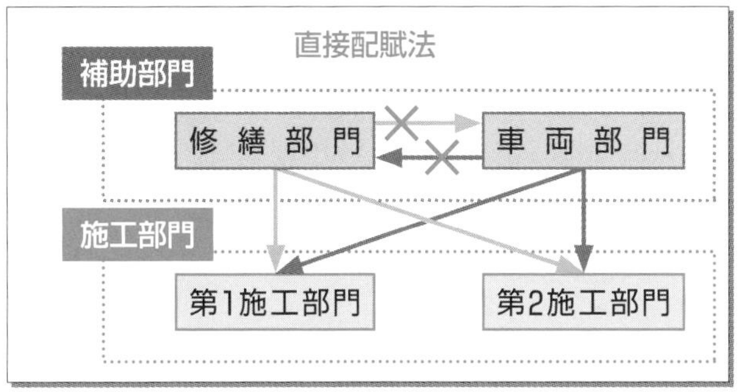

たとえば、CASE152の修繕部門に集計された工事間接費240円は、第１施工部門と第２施工部門の用役提供割合で第１施工部門と第２施工部門に配賦することになります。

ほかの補助部門（車両部門）へのサービスの提供は無視します。

CASE152　直接配賦法

部門費振替表

(単位：円)

摘要	合計	施工部門		補助部門	
		第１施工部門	第２施工部門	修繕部門	車両部門
部門個別費	1,716	796	624	200	96
部門共通費	284	140	80	40	24
部門費	2,000	936	704	240	120
修繕部門費	240	120	120		
車両部門費	120	100	20		
施工部門費	2,000	1,156	844		

この金額を配賦します。

修繕部門費の配賦額

第１施工部門：$240円 \times \frac{40\%}{40\% + 40\%} = 120円$

第２施工部門：$240円 \times \frac{40\%}{40\% + 40\%} = 120円$

車両部門費の配賦額

第１施工部門：$120円 \times \frac{50\%}{50\% + 10\%} = 100円$

第２施工部門：$120円 \times \frac{10\%}{50\% + 10\%} = 20円$

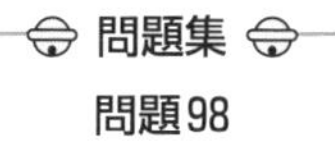

CASE 153

部門別計算

補助部門費の施工部門への配賦②
相互配賦法

つづいて相互配賦法についてみてみましょう。

例 相互配賦法によって、補助部門費を施工部門に配賦する。

(1) 各部門費の合計

部門費振替表 (単位：円)

摘要	合計	施工部門		補助部門	
		第1施工部門	第2施工部門	修繕部門	車両部門
部門個別費	1,716	796	624	200	96
部門共通費	284	140	80	40	24
部門費	2,000	936	704	240	120

(2) 補助部門費の用役提供割合

補助部門	第1施工部門	第2施工部門	修繕部門	車両部門
修繕部門	40%	40%	−	20%
車両部門	40%	20%	20%	20%

相互配賦法による補助部門費の配賦

相互配賦法は、補助部門間のサービスのやりとりを考慮して補助部門費を配賦する方法です。

相互配賦法では、計算を2回に分けて行います。

1回目の配賦計算では、自部門以外の部門へのサービス提供割合で、補助部門費を施工部門とほかの補助部門に配賦します（**第1次配賦**）。

1回目の計算では、補助部門間のサービスのやりとりを考慮します。

したがって、CASE153の1回目の配賦は次のようになります。

CASE153　相互配賦法（第1次配賦）

修繕部門費の配賦額

第1施工部門：240円×$\frac{40\%}{40\%+40\%+20\%}$=96円

第2施工部門：240円×$\frac{40\%}{40\%+40\%+20\%}$=96円

車両部門：240円×$\frac{20\%}{40\%+40\%+20\%}$=48円

部門費振替表　（単位：円）

摘要	合計	施工部門		補助部門	
		第1施工部門	第2施工部門	修繕部門	車両部門
部門個別費	1,716	796	624	200	96
部門共通費	284	140	80	40	24
部門費	2,000	936	704	240	120
第1次配賦					
修繕部門費	240	96	96	×	48
車両部門費	120	60	30	30	×

自部門には配賦しません。

車両部門費の配賦額

第1施工部門：120円×$\frac{40\%}{40\%+20\%+20\%}$=60円

第2施工部門：120円×$\frac{20\%}{40\%+20\%+20\%}$=30円

修繕部門：120円×$\frac{20\%}{40\%+20\%+20\%}$=30円

そして、2回目の配賦計算では、ほかの補助部門から配賦された補助部門費を施工部門のみに配賦します（**第2次配賦**）。

2回目の計算では、補助部門間のサービスのやりとりを無視します。

CASE153では、１回目の配賦計算で修繕部門に車両部門から30円、車両部門に修繕部門から48円が配賦されているので、この30円と48円を施工部門に配賦することになります。

CASE153　相互配賦法（第２次配賦）

修繕部門費の配賦額

第１施工部門：30円×$\frac{40\%}{40\%+40\%}$=15円

第２施工部門：30円×$\frac{40\%}{40\%+40\%}$=15円

部門費振替表　　（単位：円）

摘　　要	合　計	施工部門		補助部門	
		第１施工部門	第２施工部門	修繕部門	車両部門
部門個別費	1,716	796	624	200	96
部門共通費	284	140	80	40	24
部　門　費	2,000	936	704	240	120
第１次配賦					
修繕部門費	240	96	96		48
車両部門費	120	60	30	30	
第２次配賦				30	48
修繕部門費	30	15	15		
車両部門費	48	32	16		
施工部門費	2,000	1,139	861		

この金額を施工部門に配賦します。

車両部門費の配賦額

第１施工部門：48円×$\frac{40\%}{40\%+20\%}$=32円

第２施工部門：48円×$\frac{20\%}{40\%+20\%}$=16円

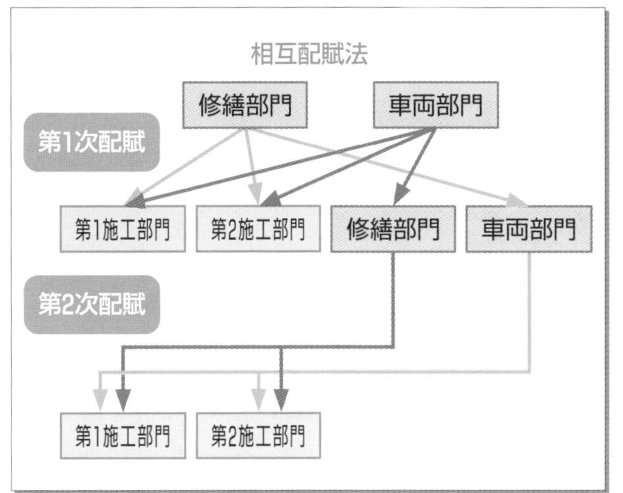
相互配賦法
修繕部門
車両部門
第1次配賦
第1施工部門
第2施工部門
修繕部門
車両部門
第2次配賦
第1施工部門
第2施工部門

とても
重要

問題集
問題99

CASE 154

部門別計算

補助部門費の施工部門への配賦③ 階梯式配賦法

最後は階梯式配賦法についてみてみましょう。

例 次の資料にもとづいて階梯式配賦法により補助部門費の配賦（第2次集計）を行いなさい。

［資　料］

(1) 部門費の内訳

部門費振替表

（単位：円）

摘　要	合　計	施工部門		補助部門	
		第1施工部門	第2施工部門	修繕部門	車両部門
部門費	2,000	936	704	240	120

(2) 補助部門費の用役提供割合

補助部門	第1施工部門	第2施工部門	修繕部門	車両部門
修繕部門	40%	40%	−	20%
車両部門	40%	20%	20%	20%

階梯式配賦法

階梯式配賦法とは、CASE152で学習した直接配賦法のように補助部門間のサービスのやりとりをすべて無視することはせず、**一部は考慮して**配賦計算を行う方法です。

したがって、階梯式配賦法では補助部門間のサービスのやりとりのうちどれを考慮し、どれを無視するかを決定しなければなりません。

補助部門間の順位づけが必要となります。

そこで、**補助部門に順位づけをして、順位の高い補助部門から低い補助部門へのサービスの提供は計算上考慮しますが、順位の低い補助部門から高い補助部門へのサービスの提供は計算上無視します。**

そうすることで補助部門費が配賦によっていったりきたりするという複雑さを回避していきます。

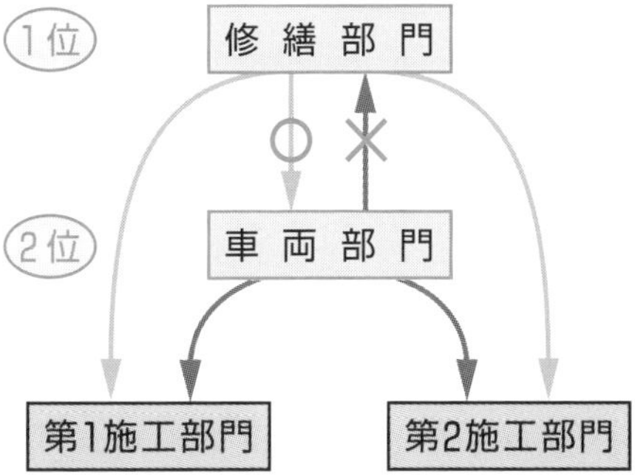

補助部門間の順位づけのルール

補助部門間の順位づけのルールは次のとおりです。

第1判断基準

他の補助部門への**サービス提供数が多い**補助部門を上位とします（提供数のカウントにおいて、自部門へのサービス提供は含めません）。

第2判断基準

他の補助部門へのサービス提供数が同じだった場合は次のどちらかの方法によります。

① **部門費（第1次集計金額）が多い方が上位**

② 相互の配賦額を比較し**相手への配賦額が多い方が上位**

CASE154の順位づけ

(1) 第1判断基準…他の補助部門へのサービス提供数

修繕部門：修繕部門→車両部門（20%） 1件

車両部門：車両部門→修繕部門（20%） 1件

自部門へのサービス提供は含めません。

第1判断基準では両者同じ1件のサービス提供数なので順位づけできず第2判断基準で判断することになります。

(2) 第2判断基準

試験において、部門費基準によるか、相互配賦額基準によるかは問題文の指示に従います。

① 部門費（第1次集計費）

修繕部門：240円（1位）

車両部門：120円（2位）

部門費基準では、修繕部門が車両部門より多いので修繕部門が1位、車両部門が2位となります。

② 相互配賦額

$$修繕部門：240円 \times \frac{20\%}{40\% + 40\% + 20\%} = 48円$$

$$車両部門：120円 \times \frac{20\%}{40\% + 20\% + 20\%} = 30円$$

相互配賦額基準では、修繕部門から車両部門への配賦額が48円、車両部門から修繕部門への配賦額が30円と計算され、修繕部門から車両部門への配賦額の方が多いので修繕部門が1位、車両部門が2位となります。

CASE154の階梯式配賦法

部門費振替表は資料の順番に書くのではなく、**高順位の部門を補助部門欄の一番右に記入し、あとは順に左へ記入**していきます。

部門費振替表

(単位：円)

	摘　要	合　計	施工部門		2位 補助部門 1位	
			第1施工部門	第2施工部門	車両部門	修繕部門
	部　門　費	2,000	936	704	120	240
1位	修繕部門費		40% 96	40% 96	20% 48	240
2位	車両部門費		112 $\frac{40\%}{40\%+20\%}$	56 $\frac{20\%}{40\%+20\%}$	168	
	施工部門費	2,000	1,144	856		

修繕部門費の配賦額

第1施工部門：$240円 \times \frac{40\%}{40\%+40\%+20\%} = 96円$

第2施工部門：$240円 \times \frac{40\%}{40\%+40\%+20\%} = 96円$

車 両 部 門：$240円 \times \frac{20\%}{40\%+40\%+20\%} = 48円$

車両部門費の配賦額

第1施工部門：$168円 \times \frac{40\%}{40\%+20\%} = 112円$

第2施工部門：$168円 \times \frac{20\%}{40\%+20\%} = 56円$

配賦計算は振替表の一番右端の修繕部門（**1位**）から、**自部門より左の部門だけに（施工部門および下位の補助部門）**に配賦をしていきます。

このルールにもとづいて配賦計算し、振替表を完成させると階段状になることから階梯式配賦法とよばれています。

注意 車両部門（2位）から修繕部門（1位）へのサービスの提供は配賦計算上無視するので注意してください。

問題文の資料と補助部門間の順位は対応していない場合がありますので問題文の資料をよく見て計算しましょう。

CASE154の会計処理

（第1施工部門）	208	（修　繕　部　門）	240
（第2施工部門）	152	（車　両　部　門）	120

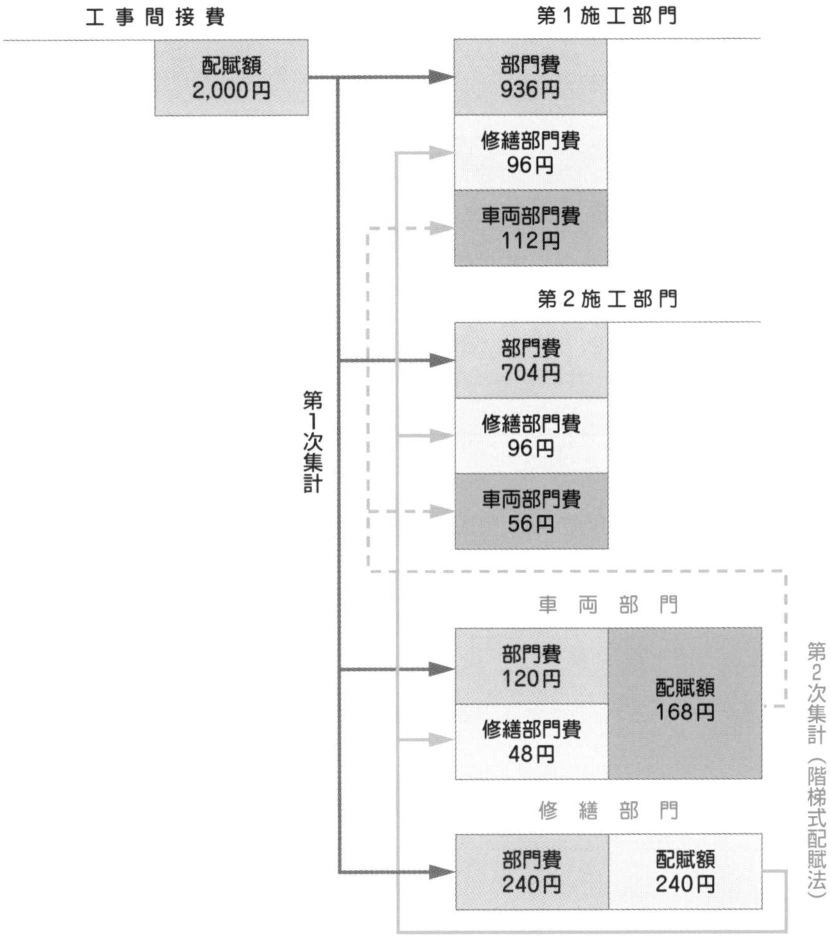

できあがった部門費振替表をもとに、勘定記入もみておきましょう。

部門費振替表

(単位：円)

摘要	合計	施工部門		補助部門	
		第1施工部門	第2施工部門	車両部門	修繕部門
部門費	2,000	936	704	120	240
修繕部門費		96	96	48	240
車両部門費		112	56	168	
施工部門費	2,000	1,144	856		

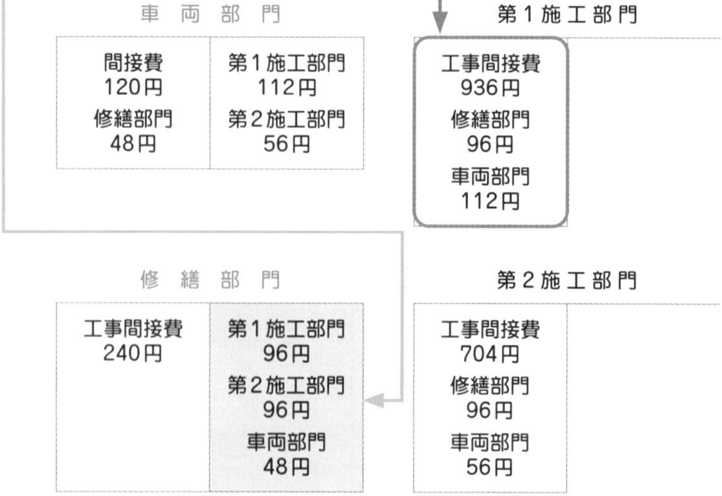

車両部門

間接費 120円	第1施工部門 112円
修繕部門 48円	第2施工部門 56円

第1施工部門

工事間接費 936円	
修繕部門 96円	
車両部門 112円	

修繕部門

工事間接費 240円	第1施工部門 96円
	第2施工部門 96円
	車両部門 48円

第2施工部門

工事間接費 704円	
修繕部門 96円	
車両部門 56円	

問題集
問題100

CASE 155 部門別計算

施工部門費の各工事台帳への配賦

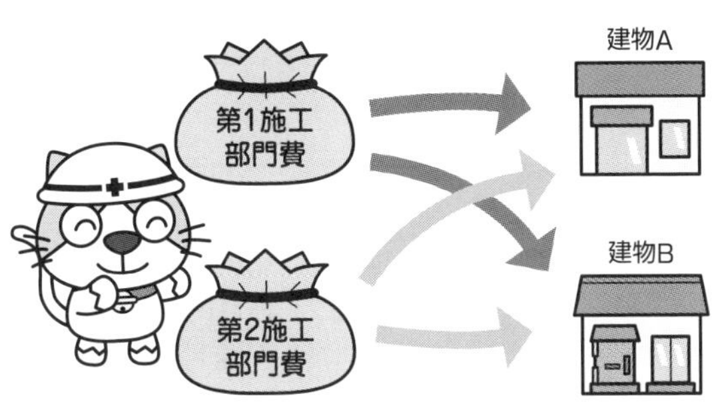

補助部門費の配賦が終わったので、今度は施工部門に集計された施工部門費を、各工事（工事台帳）に配賦しましょう。

例 直接配賦法（CASE152）によって算定した施工部門費を、直接作業時間にもとづいて、各工事台帳に配賦する。

(1) 各部門費の合計

部門費振替表　（単位：円）

摘要	合計	施工部門		補助部門	
		第1施工部門	第2施工部門	修繕部門	車両部門
施工部門費	2,000	1,200	800		

(2) 当月の直接作業時間

	工事No.1	工事No.2	合計
第1施工部門	18時間	12時間	30時間
第2施工部門	7時間	3時間	10時間

施工部門費の各工事台帳への配賦 Step 3

部門別計算の最後の手続きは、各施工部門に集計された工事間接費（施工部門費）を各工事台帳に配賦することです。

施工部門ごとに配賦するという点が違うだけです。

施工部門費の各工事台帳への配賦額は、CASE145で学習した工事間接費の配賦と同様に、**各施工部門の配賦率**を求め、それに配賦基準（CASE155では直接作業時間）を掛けて計算します。

CASE155の配賦率

①第1施工部門費の配賦率：$\frac{1,200円}{30時間}$ = @40円

②第2施工部門費の配賦率：$\frac{800円}{10時間}$ = @80円

CASE155の各工事指図書への配賦額

	工事No.1	工事No.2
第1施工部門費	@40円×18時間 ＝720円	@40円×12時間 ＝480円
第2施工部門費	@80円×7時間 ＝560円	@80円×3時間 ＝240円
合計	1,280円	720円

工事No.1に配賦された施工部門費

工事No.2に配賦された施工部門費

なお、勘定の流れを示すと次のようになります。

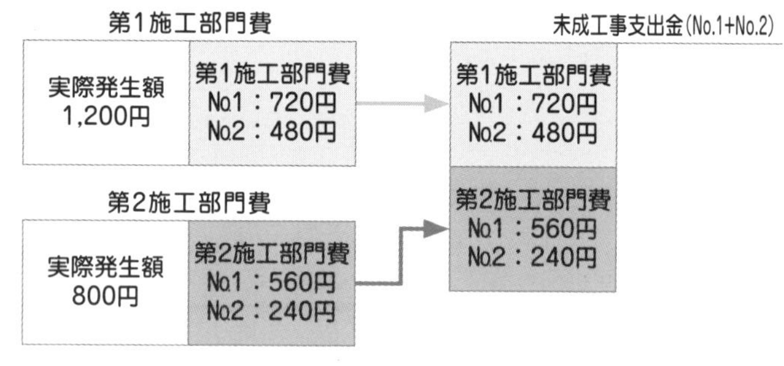

CASE 156

部門別計算

施工部門費の予定配賦①
部門別予定配賦率の決定と予定配賦

実際発生額を集計してから配賦したのでは、計算が遅れてしまいます。そこで、施工部門費を予定配賦することで解決します。

例　当年度の年間予算数値と当月の実際直接作業時間は次のとおりである。

(1) 当年度の年間予算数値

	第１施工部門	第２施工部門	合　　計
施工部門費予算	14,400円	9,000円	23,400円
基準操業度 (直接作業時間)	360時間	120時間	480時間

(2) 当月の実際直接作業時間

	工事No.1	工事No.2	合　　計
第１施工部門	18時間	14時間	32時間
第２施工部門	7時間	3時間	10時間

施工部門費の予定配賦

CASE155では、施工部門費の実際発生額を各工事台帳に配賦（**実際配賦**）しましたが、工事間接費を予定配賦したように、施工部門費についても予定配賦率を使って**予定配賦**する方法があります。

施工部門費を予定配賦するには、まず、期首に施工部門ごとの１年間の**施工部門費予算額**を見積り、これ

工事間接費の予定配賦と同じ手順です。

を**基準操業度**で割って**部門別予定配賦率**を求めます。

$$部門別予定配賦率 = \frac{各施工部門費予算額}{基準操業度}$$

そして、部門別予定配賦率に当月の実際操業度（配賦基準）を掛けて予定配賦額を計算します。

CASE156の予定配賦率

①第１施工部門費の予定配賦率：$\frac{14,400円}{360時間}$＝@40円

②第２施工部門費の予定配賦率：$\frac{9,000円}{120時間}$＝@75円

以上より、CASE156の部門別予定配賦額を計算すると次のようになります。

CASE156の部門別予定配賦額

	工事No.1	工事No.2	予定配賦額
第１施工部門費	@40円×18時間 ＝720円	@40円×14時間 ＝560円	1,280円
第２施工部門費	@75円×７時間 ＝525円	@75円×３時間 ＝225円	750円
合計	1,245円	785円	－

工事No.1に予定配賦された施工部門費

工事No.2に予定配賦された施工部門費

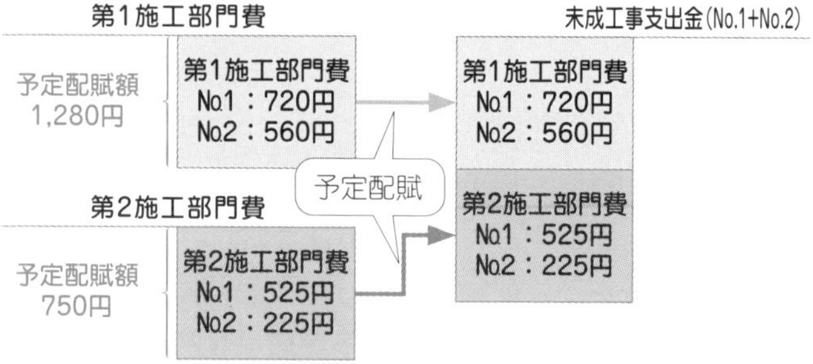

問題集
問題101、102

CASE 157 部門別計算

施工部門費の予定配賦② 月末の処理

今日は月末。
ゴエモン建設では、施工部門費は予定配賦をしています。
今日、施工部門費の実際発生額が集計できたので、差異を把握することにしました。

例 当月の施工部門費の実際発生額は、第1施工部門が1,300円、第2施工部門が745円であった。なお、施工部門費は予定配賦しており、予定配賦額は第1施工部門が1,280円、第2施工部門が750円である。

施工部門費を予定配賦した場合の月末の処理

施工部門費を予定配賦している場合でも、月末において、施工部門費の実際発生額を集計します。そして、施工部門費の実際発生額は各施工部門費勘定の借方に記入されます。

処理は、工事間接費配賦差異と同じです。

第1施工部門費

実際発生額 1,300円 (CASE157)	予定配賦額 1,280円 (CASE156)

第2施工部門費

実際発生額 745円 (CASE157)	予定配賦額 750円 (CASE156)

上記の施工部門費勘定からもわかるように、施工部門費を予定配賦している場合には、予定配賦額と実際発生額に差額が生じます。

この差額は、**部門費配賦差異**として処理し、各施工部門費勘定から**部門費配賦差異勘定**に振り替えます。

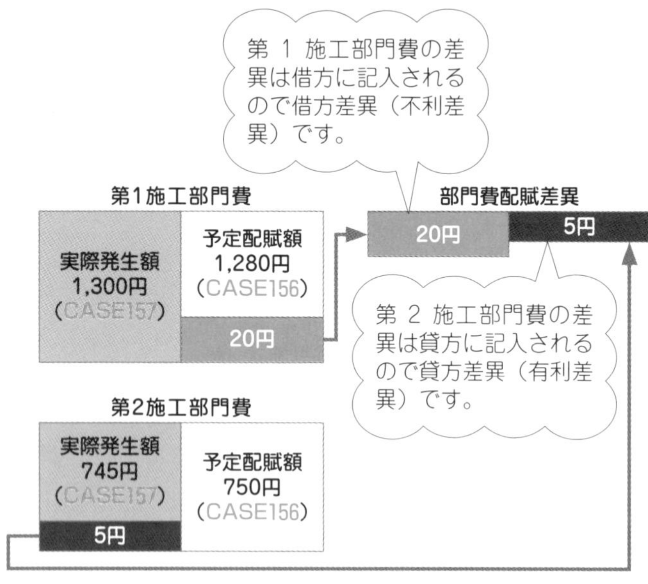

CASE157の仕訳

（部門費配賦差異）	20	（第1施工部門費）	20
（第2施工部門費）	5	（部門費配賦差異）	5

第20章

工事収益の計上

建物を建設するには、半年で終わるものもあれば、
1年以上かかるものもある。
売上はどのように計上するのだろう。

ここでは、工事収益の計上についてみていきましょう。

CASE 158 収益の認識基準

収益の認識基準①

×3年3月31日 今日は決算日。
ゴエモン建設は、当期に請け負った工事がありますが、まだ完成していません。
このような場合、決算においてどのような処理をするのでしょう？

例 ×3年3月31日（決算日） 当期中に発生した費用は、材料費2,000円、労務費200円、外注費100円、経費100円であった。なお、契約価額（工事収益総額）は30,000円、（見積）工事原価総額は24,000円であり、契約時に受け取った1,800円は未成工事受入金として処理している。この工事は工事進行基準によって処理する。

用語
工事収益総額…工事契約で定められた対価の総額
工事原価総額…工事契約で定められた工事の施工にかかる総原価
工事進行基準…工事が未完成であっても、決算においてその進捗度を見積って工事収益を計上する会計処理方法

工事進行基準と工事完成基準

建設業は建物やダムなどをつくる事業なので、一種の製造業です。

通常の製造業では、製品が完成してお客さんに渡したときに売上（収益）を計上します。これは、お客さんに製品（または商品）を渡したときに受け取れる金額が確定する、つまり収益が実現するからです。

この点、請負工事では、はじめに契約で請負金額（受け取る金額）が確定していますし、また完成した

工事は発注者に引き渡すことが決まっています。

そこで、請負工事に関しては、成果の確実性が認められる場合、工事の完成・引渡前でも工事の完成度合い（進捗度）に応じて収益を計上するという方法が採用されます。この方法を**工事進行基準**といいます。

要するに売れることも決まっているし、売価も確定しているわけです。

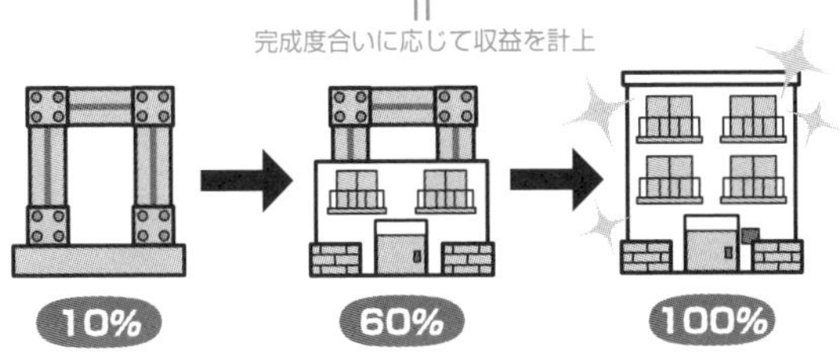

工事進行基準では、通常、工事期間中に発生するであろう総原価（工事原価総額）のうち、当期にいくらの原価が発生したかによって、工事の進捗度を求めます。そして、工事の進捗度に売価である工事収益総額を掛けて当期の売上（収益）を計上します。したがって、工事収益総額や工事原価総額等が明らかでなければ工事進行基準によって売上（収益）を計上することができません。

そこで、**工事収益総額**（契約価額）、**工事原価総額**、**決算日における工事進捗度**の３つを見積ることができる場合には工事進行基準で処理し、そうでない場合は

請負工事において、契約価額（工事収益総額）や工事原価総額が決まっていないとか、これらの金額がテキトウである、ということはあまりないので、ほとんどの場合、工事進行基準が適用されます。

工事進行基準と工事完成基準

工事収益総額、工事原価総額、決算日における工事進捗度を信頼性をもって見積ることができる場合	→	工事進行基準（工事の進捗度に応じて収益を計上する方法）を適用
上記以外	→	工事完成基準（工事の完成・引渡時に収益を計上する方法）を適用

工事が完成し、引き渡したときに収益を計上するという方法（**工事完成基準**といいます）で処理することになります。

工事進行基準による場合の決算時の処理

(1) 工事収益の計上

工事進行基準では、決算日に工事の進捗度を見積り、工事の進捗度に工事収益総額を掛けて当期の収益を計上します。

原価比例法よりも合理的な方法がある場合は、その方法が用いられますが、学習上は原価比例法だけおさえておけば大丈夫でしょう。

なお、工事の進捗度は通常、**原価比例法**という方法で計算します。原価比例法とは、当期（まで）に発生した実際工事原価を工事原価総額で割って計算する方法で、計算式を示すと次のとおりです。

$$\text{当期までの工事収益} = \text{工事収益総額} \times \frac{\text{当期までに発生した実際工事原価}}{\text{工事原価総額}}$$

工事収益総額：全期間の収益（請負価額）

当期までに発生した実際工事原価÷工事原価総額：全期間の原価に対する当期までにかかった原価の割合（＝工事の進捗度）

「当期までの」としているのは、2年目以降（CASE159）の計算で、当期までの工事収益から前期までの工事収益を差し引いて当期の収益を計算するためです。

以上より、工事進行基準による場合の当期（まで）の工事収益を計算式で表すと次のようになります。

当期の工事収益

当期（まで）に10%の工事が完成したので、10%分の収益を計上します。
なお、CASE158では当期から工事を開始しているので、当期までの工事収益＝当期の工事収益となります。

$$30{,}000円 \times \frac{2{,}000円+200円+100円+100円}{24{,}000円} = 3{,}000円$$

工事の進捗度＝0.1

上記の計算式で計算した当期の工事収益は、**完成工事高（収益）**として計上します。

		（完 成 工 事 高）	3,000

なお、未成工事受入金が1,800円ある（契約時に1,800円を前受けしている）ので、工事収益の計上にあたって、これを減らします。

（未成工事受入金）	1,800	（完 成 工 事 高）	3,000

完成工事高（3,000円）と未成工事受入金（1,800円）の差額は**完成工事未収入金（資産）**として処理します。

CASE158　(1) 工事収益の計上

（未成工事受入金）	1,800	（完 成 工 事 高）	3,000
（完成工事未収入金）	1,200 ← 貸借差額		

(2) 工事原価の計上

工事進行基準では、上記の完成工事高（収益）に対応する原価を計上するため、未成工事支出金（資産）を**完成工事原価（費用）**に振り替えます。

完成工事原価は、建設業における売上原価です。

CASE158 (2) 工事原価の計上

（完成工事原価）	2,400	（未成工事支出金）	2,400

期中に次の仕訳が行われています。

（未成工事支出金）	2,400	（材　料　費）	2,000
		（労　務　費）	200
		（外　注　費）	100
		（経　　　費）	100

以上の(1)から(2)の仕訳が、決算時における工事進行基準の仕訳です。

CASE158の仕訳

（未成工事受入金）	1,800	（完 成 工 事 高）	3,000
（完成工事未収入金）	1,200		
（完 成 工 事 原 価）	2,400	（未成工事支出金）	2,400

工事完成基準による場合の決算時の処理

工事完成基準では、工事が完成し、引き渡した期に完成工事高と完成工事原価を計上します。

したがって、完成・引渡前の期間では、その期間に発生した原価を完成工事原価に振り替える処理は行いません。

よって、CASE158を工事完成基準で処理すると次のようになります。

仕 訳 な し

収益の認識基準②

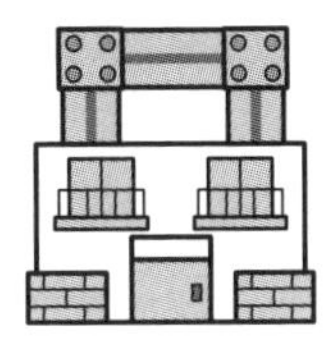

×4年3月31日　今日は決算日。
シロミ物産から工事を請け負って2回目の決算日を迎えましたが、まだ工事は完成していません。
工事進行基準による場合、2年目である当期の工事収益はどのように計算したらよいのでしょう？

例　×4年3月31日（決算日）　当期中に発生した費用は材料費6,000円、労務費2,000円、外注費3,000円、経費1,000円であった。なお、工事収益総額は30,000円、工事原価総額は24,000円であり、前期中に発生した原価合計は2,400円、前期に計上した工事収益は3,000円であった。この工事は工事進行基準（原価比例法）によって処理する。

工事進行基準による場合の2年目の決算時の処理

CASE158で学習したように、工事進行基準では決算時において、**(1)工事収益の計上**、**(2)工事原価の計上**を行います。

会計処理は1年目と同じなので、ここでは2年目（当期）の工事収益の計算方法についてのみ説明します。

工事2年目（当期）の工事収益の計算は、いったん2年目までの工事の進捗度を見積り、2年目までの工事収益を計算します。そして、２年目までの工事収益から１年目の工事収益を差し引いて２年目（当期）の工事収益を計算します。

当期の工事収益

①２年目（当期）までの工事収益：

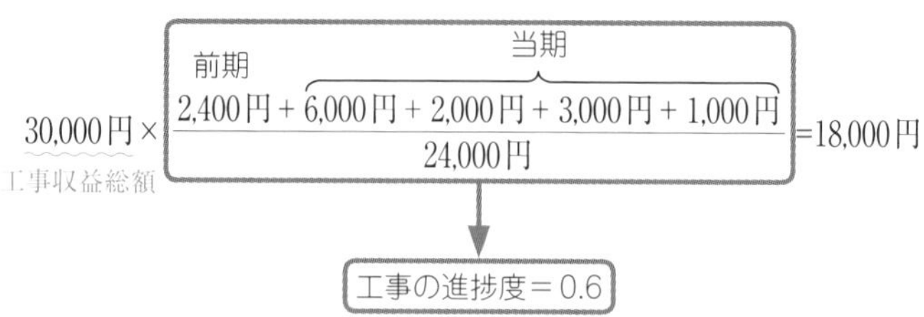

②２年目（当期）の工事収益：

18,000円 − 3,000円 = 15,000円
1年目＋2年目　1年目　2年目（当期）

以上より、CASE159の仕訳（工事進行基準）は次のようになります。

CASE159の仕訳

（完成工事未収入金）15,000（完成工事高）15,000

（完成工事原価）12,000（未成工事支出金）12,000

期中に次の仕訳が行われています。

（未成工事支出金）	12,000	（材料費）	6,000
		（労務費）	2,000
		（外注費）	3,000
		（経費）	1,000

工事原価総額が変更された場合

工事進行基準では、当期までに発生した原価を工事原価総額で割って当期までの工事進捗度を計算します。

したがって、途中で工事原価総額の変更があった場合には、変更後の工事収益を計算する際の工事進捗度の計算は、変更後の工事原価総額にもとづいて行います。

たとえば、CASE159で当期に工事原価総額が25,000円に変更された場合（変更前の工事原価総額は24,000円）、当期の工事収益の計算は変更後の25,000円を用いて行います。

工事原価総額が変更された場合の当期の工事収益

①２年目（当期）までの工事収益：

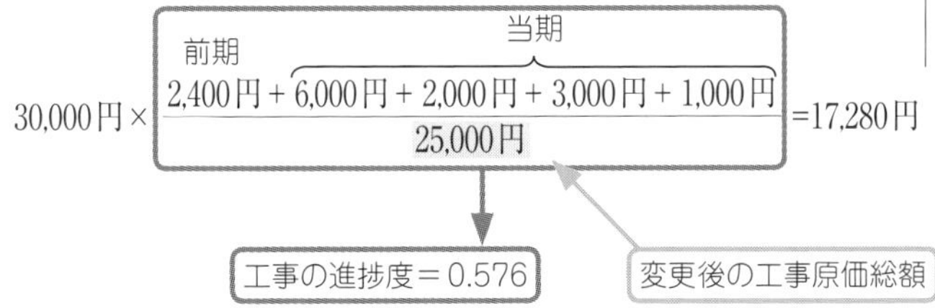

②２年目（当期）の工事収益：

17,280円 − 3,000円 = 14,280円
1年目＋2年目　1年目　2年目（当期）

変更前の期間（前期）の工事収益の計算は、工事原価総額の変更の影響を受けません。

工事収益総額が変更された場合

今度は工事収益総額が変更された場合です。

途中で工事収益総額の変更があった場合にも、変更後の工事収益を計算する際の工事進捗度の計算は、変更後の工事収益総額にもとづいて行います。

たとえば、CASE159で当期に工事収益総額が40,000円に変更された場合（変更前の工事収益総額は30,000

円。工事原価総額は当初の24,000円で変更なし)、当期の工事収益の計算は変更後の40,000円を用いて行います。

工事収益総額が変更された場合の当期の工事収益

①２年目（当期）までの工事収益：

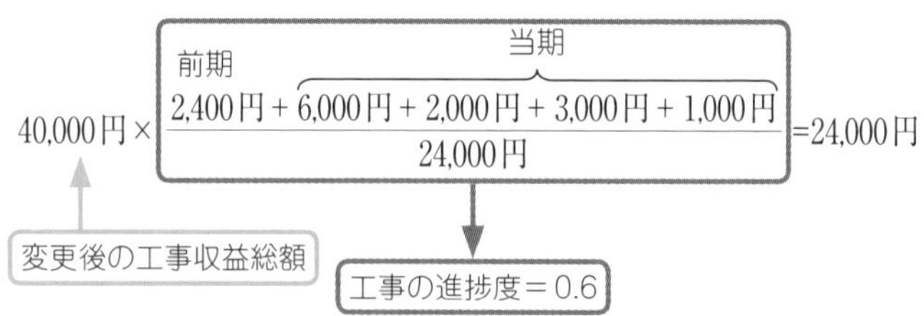

②２年目（当期）の工事収益：

24,000円 − 3,000円 = 21,000円

1年目＋2年目　1年目　2年目（当期）

CASE 160

収益の認識基準

完成・引渡時の処理

×5年2月28日　シロミ物産から工事を請け負ったマンションが完成したので、引き渡しました。なお、契約価額（工事収益総額）の残額は来月末に受け取ることにしています。
この場合はどんな処理をするのでしょうか？

取引　×5年2月28日　シロミ物産から請け負っていた建物が完成したので、引き渡した。当期中に発生した費用は材料費1,000円、労務費5,600円、外注費2,000円、経費1,000円であった。この建物の工事収益総額は30,000円、工事原価総額は24,000円である。なお、契約時に受け取った手付金（1,800円）との差額は来月末日に受け取る。また、前期までに発生した原価合計は14,400円、前期までに計上した工事収益は18,000円であった。この工事は工事進行基準によって処理する。

工事進行基準による場合の完成・引渡時の処理

工事が完成し、引き渡しをしたときには、CASE158やCASE159と同様に**(1)工事収益の計上**、決算時において、**(2)工事原価の計上**を行います。

ただし、当期の工事収益は、工事収益総額から前期までに計上した工事収益を差し引いて計算します。

完成時の工事進捗度は100%なので、わざわざ工事進捗度を計算しません。

以上より、CASE160の仕訳は次のようになります。

CASE160の仕訳

(完成工事未収入金) 12,000 (完 成 工 事 高) 12,000

30,000円 − 18,000円 = 12,000円
工事収益総額　前期までに計上した工事収益

(完成工事原価) 9,600 (未成工事支出金) 9,600

期中に次の仕訳が行われています。

(未成工事支出金)	9,600	(材 料 費)	1,000
		(労 務 費)	5,600
		(外 注 費)	2,000
		(経 費)	1,000

工事完成基準による場合の完成・引渡時の処理

工事原価への振り替えは、あくまで決算整理事項です。

工事完成基準では、工事が完成し、引き渡したときに工事収益を計上します。

なお、各期に発生した原価は未成工事支出金として処理しているので、決算時に未成工事支出金を完成工事原価に振り替える処理をします。

以上より、仮にCASE160を工事完成基準で処理した場合の仕訳は、次のようになります。

完成工事高を計上する仕訳

手付金

(未成工事受入金) 1,800 (完 成 工 事 高) 30,000
(完成工事未収入金) 28,200

貸借差額

当期までに発生した原価を完成工事原価に振り替える仕訳

(完成工事原価) 24,000 (未成工事支出金) 24,000

14,400円+9,600円=24,000円

問題集
問題103～106

工事契約から損失が見込まれる場合の処理

工事契約期間中に、資材価格の高騰や工事遅延による経費の増加などを原因として、当初見積ったよりも工事原価がかかってしまうことがあります。このような場合、工事原価総額の変更が行われますが、これによって工事原価総額が工事収益総額を上回り、最終的に工事損失が発生することがあります。

このように工事損失の発生の可能性が高く、かつその金額を合理的に見積ることができる場合には、工事契約の全体から見込まれる工事損失から、当期までに計上した工事損益（工事利益と工事損失）を控除した金額について**工事損失引当金**を計上します。

そして、工事が完成し、引き渡しをしたときには、計上していた工事損失引当金を取り崩します。

つまり、これから計上される工事損失の額です。将来の工事損失だけど発生の可能性が高く、損失額が見積れるなら、工事損失が見込まれたときに計上してしまおう、ということです。

具体例を使って、工事損失が見込まれたときと、工事が完成し、引き渡しをしたときの処理をみてみましょう。

[例] 次の資料にもとづき、工事進行基準によって各期の処理をし、工事損益を計算しなさい。

⑴ 工事収益総額50,000円、請負時の工事原価総額47,500円

⑵ 第２期において工事原価総額を50,500円に変更している。また、工事は第３期に完成し、引き渡しをする予定である。

⑶ 実際に発生した原価

	第１期	第２期	第３期
材料費	5,000円	9,000円	3,000円
労務費	3,000円	8,000円	7,000円
外注費	1,000円	3,000円	2,000円
経　費	500円	5,850円	3,150円
合　計	9,500円	25,850円	15,150円

⑷ 決算日における工事進捗度は、原価比例法により決定する。

① 第1期の処理

第１期の工事収益総額は50,000円、工事原価総額は47,500円なので、工事損失は見込まれません。したがっ

て、工事損失引当金は計上しません。

完成工事高を計上する仕訳

（完成工事未収入金） 10,000　（完 成 工 事 高） 10,000

$$50{,}000円 \times \frac{9{,}500円}{47{,}500円} = 10{,}000円$$

当期の原価を完成工事原価に振り替える仕訳

（完 成 工 事 原 価） 9,500　（未成工事支出金） 9,500

第1期の工事損益

10,000円－9,500円＝500円（利益）

② 第2期の処理

第2期の工事収益総額は50,000円、工事原価総額は50,500円なので、工事損失が見込まれます。したがって、工事契約の全体から見込まれる工事損失から、当期までに計上した工事損益を控除した金額を**工事損失引当金**として計上します。

なお、工事損失引当金の相手科目は「工事損失引当金繰入」ですが、工事にかかる費用は工事原価として処理するため、**完成工事原価**で処理します。

完成工事高を計上する仕訳

（完成工事未収入金） 25,000　（完 成 工 事 高） 25,000

①$50{,}000円 \times \frac{9{,}500円 + 25{,}850円}{50{,}500円} = 35{,}000円$
②35,000円－10,000円＝25,000円（10,000円：第1期の工事収益）

当期の原価を完成工事原価に振り替える仕訳

（完 成 工 事 原 価） 25,850　（未成工事支出金） 25,850

ここまでの第2期の工事損益

25,000円－25,850円＝△850円（損失）

工事損失引当金を計上する仕訳

（完 成 工 事 原 価） 150　（工事損失引当金） 150
（完成工事原価：工事損失引当金繰入）

①工事契約全体の損失：50,000円－50,500円＝△500円
②これまでに計上した損益：500円＋△850円＝△350円（500円：第1期、△850円：第2期）
③これから見込まれる損失：△500円－△350円＝△150円

以上より、第２期の工事損益は次のようになります。

第2期の工事損益

25,000円－(25,850円＋150円)＝△1,000円（損失）

③ 第3期の処理

第３期は工事が完成し、引き渡しているので、第2期に計上した工事損失引当金を取り崩します。なお、このときの相手科目は**完成工事原価**で処理します。

工事損失引当金を計上したときと逆の仕訳になります。

（完成工事未収入金） 15,000　（完 成 工 事 高） 15,000

完成工事高を計上する仕訳

50,000円－（10,000円＋25,000円）＝15,000円
（10,000円：第１期の工事収益、25,000円：第２期の工事収益）

（完成工事原価） 15,150　（未成工事支出金） 15,150

当期の原価を完成工事原価に振り替える仕訳

（工事損失引当金） 150　（完成工事原価） 150

工事損失引当金を取り崩す仕訳

第3期の工事損益

15,000円－(15,150円－150円)＝0円

以上より、第１期から第３期までの工事損益合計は△500円（500円＋△1,000円＋0円）となり、工事契約の全体から生じる損失△500円（50,000円－50,500円）と一致します。

決算、帳簿、本支店会計編

第21章

決算と財務諸表

さあ、いよいよ一年間の活動の集大成を表す財務諸表の作成！
でも、その前に、決算整理を行わないといけないみたい…。

ここでは、決算整理と財務諸表の作成についてみていきましょう。

決算手続

決算手続とは?

12月31日。今日はゴエモン建設の締め日(決算日)です。
決算日には、日々の処理とは異なり、決算手続というものがあります。

決算手続

> お店や会社をまとめて企業といいます。

企業は会計期間(通常1年)ごとに決算日を設け、1年間のもうけや決算日の資産や負債の状況をまとめます。この手続きを**決算**とか**決算手続**といいます。

決算手続は5ステップ!

決算手続は次の5つのステップで行います。

第1ステップは、**試算表**の作成です。試算表を作成することにより、仕訳や転記が正しいかを確認します。

第2ステップは、**決算整理**(けっさんせいり)です。決算整理は、経営成績や財政状態を正しく表すために必要な処理で、現金過不足の処理や貸倒引当金の設定などがあります。

> 第5問では主にこの精算表を作成させる問題が出題されます。

第3ステップは、**精算表**(せいさんひょう)の作成です。精算表は、試算表から、決算整理を加味して損益計算書や貸借対照表を作成する過程を表にしたものです。

> 損益計算書と貸借対照表をまとめて財務諸表といいます。

第4ステップは、**損益計算書**と**貸借対照表**の作成です。損益計算書で企業の1年間のもうけ(**経営成績**(けいえいせいせき)といいます)を、貸借対照表で資産や負債の状況(**財政状態**(ざいせいじょうたい)といいます)を表します。

第5ステップは、**帳簿の締め切り**です。帳簿や勘定を締め切ることによって、次期に備えます。

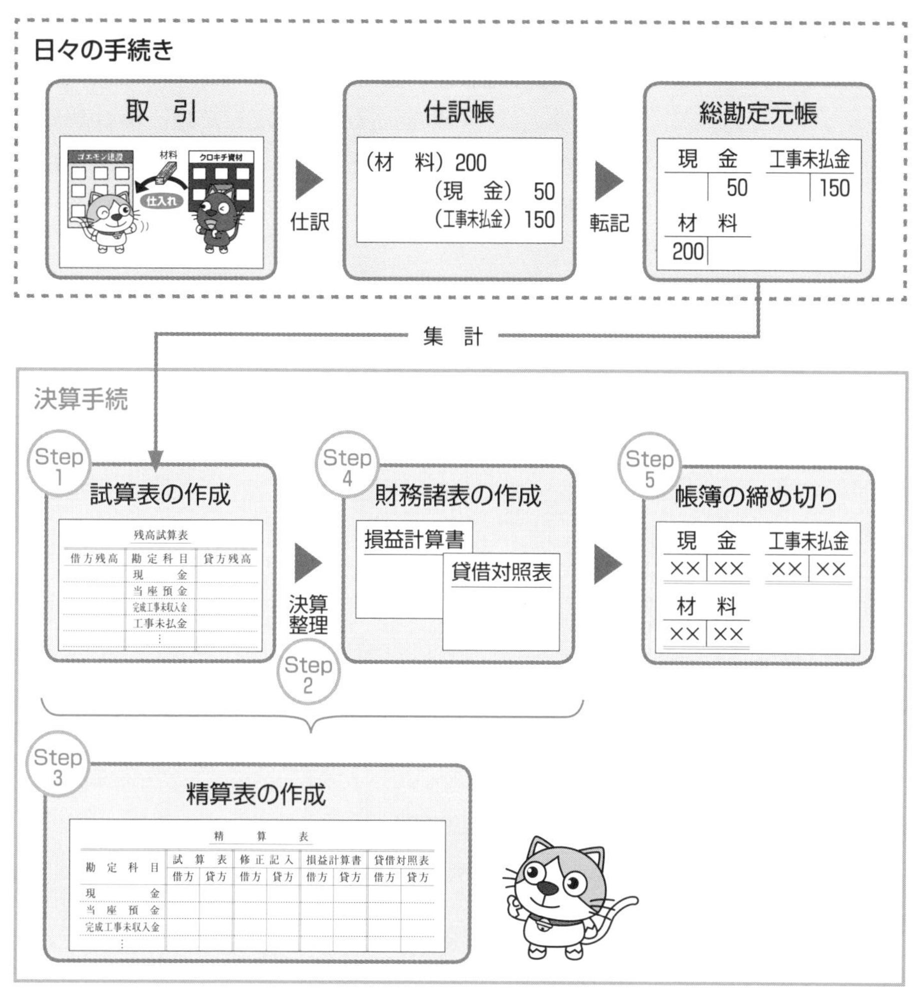

ここで学習する決算整理

第2ステップの決算整理のうち、**①現金過不足の処理、②有価証券の評価替え、③貸倒引当金の設定、④固定資産の減価償却、⑤費用・収益の繰延べと見越**

し、⑥**完成工事原価の算定**の６つを学習します。

これらの処理は学習済みですが、決算整理仕訳を確認しながら、精算表への記入をみていきましょう。

精算表のフォーム

精算表は、（残高）試算表、決算整理、損益計算書および貸借対照表をひとつの表にしたもので、一般的に出題される精算表の形式は、次のとおりです。

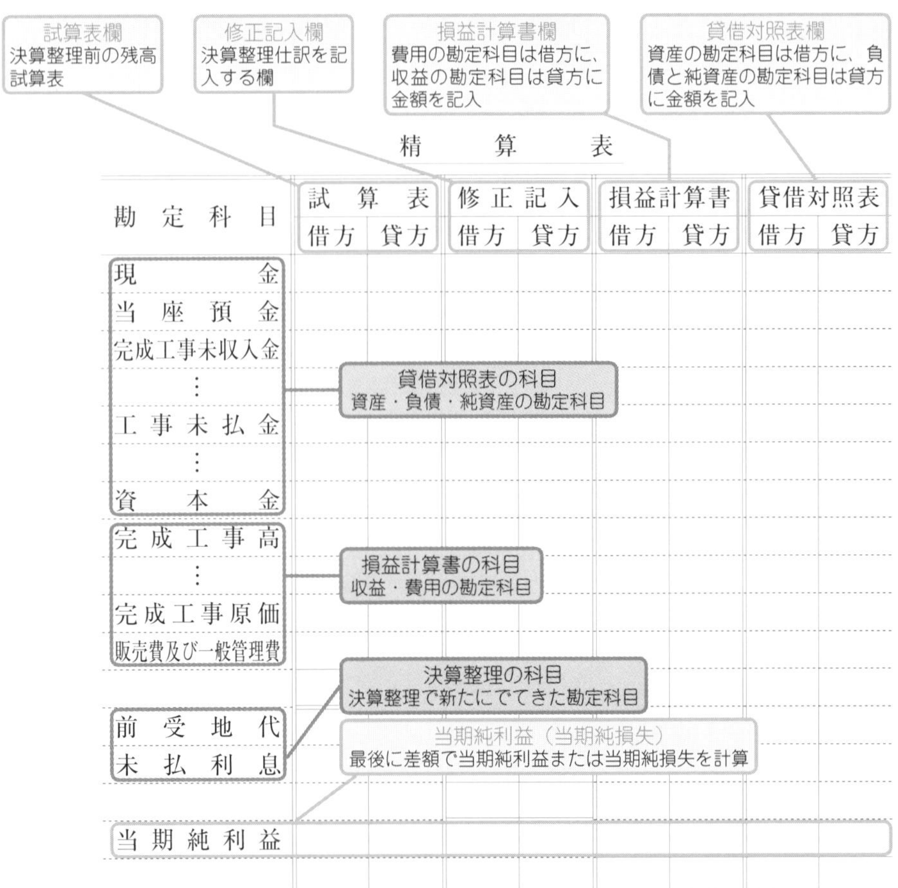

CASE 162 精算表

決算整理①　現金過不足の処理

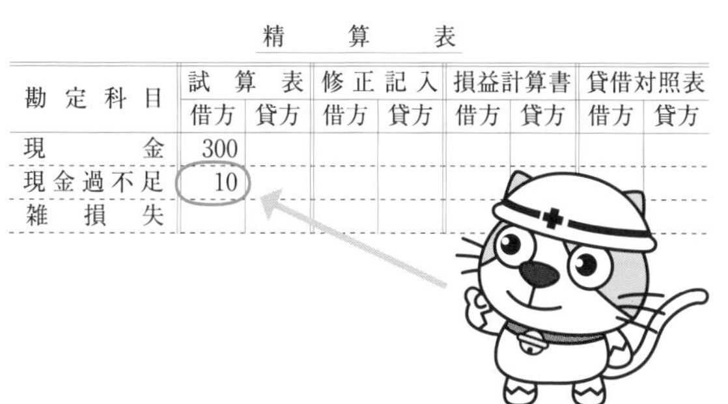

精　算　表

勘定科目	試算表		修正記入		損益計算書		貸借対照表	
	借方	貸方	借方	貸方	借方	貸方	借方	貸方
現　　金	300							
現金過不足	10							
雑　損　失								

ゴエモン建設は決算日（12月31日）をむかえたので、決算整理を行おうとしています。
まずは原因不明の現金過不足の処理ですが、精算表の記入はどのようになるでしょう？

例　決算において、現金過不足（借方）が10円あるが、原因が不明なので、雑損失または雑収入として処理する。

決算整理①　現金過不足の処理

決算において原因が判明しない現金過不足は、**雑損失（費用）または雑収入（収益）として処理**します。

考え方

①現金過不足を減らす（貸方に記入）
②借方があいている → 費用の勘定科目 → 雑損失

CASE162の仕訳

（雑　損　失）	10	（現 金 過 不 足）	10

精算表の記入

上記の決算整理仕訳を、精算表の修正記入欄に記入します。

借方が雑損失なので、修正記入欄の借方に10円と記入します。また、貸方が現金過不足なので、現金過不足の**貸方**に10円と記入します。

精　算　表

勘定科目	試算表		修正記入		損益計算書		貸借対照表	
	借方	貸方	借方	貸方	借方	貸方	借方	貸方
現　　金	300							
現金過不足	10			10				
雑　損　失			10					

（雑　損　失）　10（現金過不足）　10

修正記入欄に金額を記入したら、試算表欄の金額に修正記入欄の金額を加減して、**収益と費用の勘定科目は損益計算書欄**に、**資産・負債・純資産（資本）の勘定科目は貸借対照表欄**に金額を記入します。

現金は資産なので、貸借対照表の借方に記入します。

たとえば、**現金（資産）**は試算表欄の**借方**に300円、修正記入欄は0円なので、貸借対照表欄の**借方**に300円と記入します。

また、**現金過不足**は試算表欄の**借方**に10円、修正記入欄の**貸方**に10円なので残額0円となり、**記入なし**となります。

雑損失は費用なので、損益計算書の借方に記入します。

そして、**雑損失（費用）**は修正記入欄の**借方**に10円とあるので、損益計算書欄の**借方**に10円と記入します。

CASE162の記入

精　算　表

勘定科目	試算表		修正記入		損益計算書		貸借対照表	
	借方	貸方	借方	貸方	借方	貸方	借方	貸方
現　　金	300						300	
現金過不足	10			10	0円になるので、記入なし			
雑　損　失			10		10			

決算整理② 有価証券の評価替え

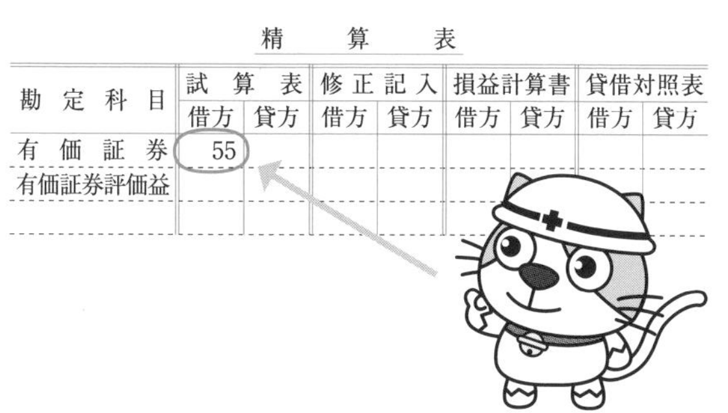

精　算　表

勘定科目	試算表		修正記入		損益計算書		貸借対照表	
	借方	貸方	借方	貸方	借方	貸方	借方	貸方
有価証券	55							
有価証券評価益								

売買目的有価証券は、決算において時価に評価替えします。

帳簿価額55円の売買目的有価証券を、時価60円に評価替えするときの精算表の記入は、どのようになるでしょう？

例 決算において、売買目的有価証券を時価60円に評価替えする。

決算整理② 有価証券の評価替え

決算において、売買目的有価証券は**時価に評価替え**します。

考え方

①帳簿価額（55円）を時価（60円）に評価替え
　→ 売買目的有価証券が5円増加 → 借方
②貸方が空欄 → 収益の勘定科目 → 有価証券評価益

CASE163の仕訳と記入

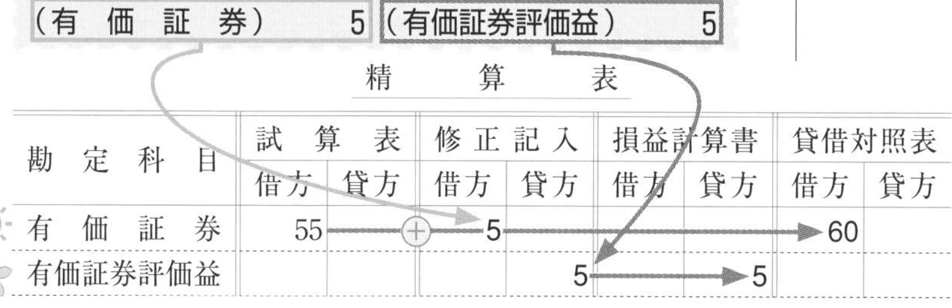

(有価証券)	5	(有価証券評価益)	5

精　算　表

勘定科目	試算表		修正記入		損益計算書		貸借対照表	
	借方	貸方	借方	貸方	借方	貸方	借方	貸方
有価証券	55		5				60	
有価証券評価益				5		5		

CASE 164 精算表

決算整理③　貸倒引当金の設定

精　算　表

勘定科目	試算表		修正記入		損益計算書		貸借対照表	
	借方	貸方	借方	貸方	借方	貸方	借方	貸方
完成工事未収入金	600							
貸倒引当金		5						
販売費及び一般管理費								

これに貸倒引当金を設定する！

決算において、期末に残っている完成工事未収入金や受取手形には、貸倒引当金を設定します。
このときの精算表の記入はどのようになるでしょう？

例　決算において、完成工事未収入金の期末残高について、2%の貸倒引当金を設定する（差額補充法）。

決算整理③　貸倒引当金の設定

決算において、完成工事未収入金や受取手形の貸倒額を見積り、貸倒引当金を設定します。

考え方

①貸倒引当金の設定額：600円×2%＝12円
貸倒引当金期末残高：5円（試算表欄より）
追加で計上する貸倒引当金：12円－5円＝7円 → 貸方
②借方 → 販売費及び一般管理費（貸倒引当金繰入）（費用）

CASE164の仕訳と記入

借方		貸方	
（販売費及び一般管理費）	7	（貸倒引当金）	7

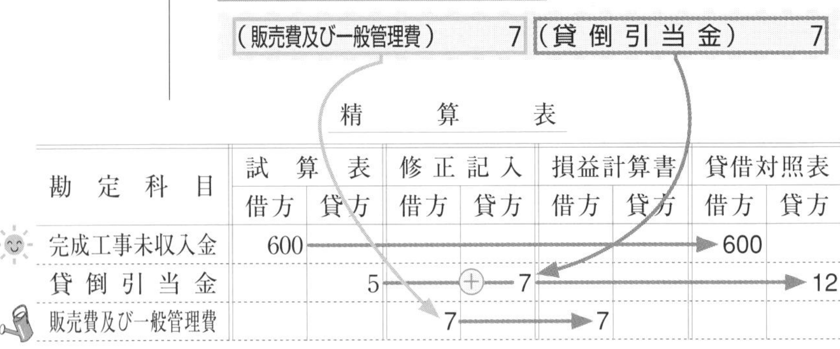

精　算　表

勘定科目	試算表		修正記入		損益計算書		貸借対照表	
	借方	貸方	借方	貸方	借方	貸方	借方	貸方
完成工事未収入金	600						600	
貸倒引当金		5		7				12
販売費及び一般管理費			7		7			

CASE 165 精算表

決算整理④　固定資産の減価償却

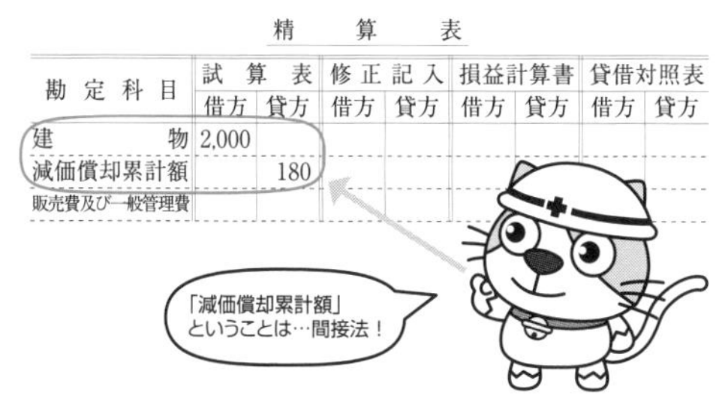

精　算　表

勘定科目	試算表		修正記入		損益計算書		貸借対照表	
	借方	貸方	借方	貸方	借方	貸方	借方	貸方
建物	2,000							
減価償却累計額		180						
販売費及び一般管理費								

決算において、建物（本社で使用しているもの）や備品などの固定資産は、価値の減少分を見積り、減価償却費を計上します。このときの精算表の記入はどのようになるでしょう？

例　決算において、本社で使用している建物について定額法（耐用年数30年、残存価額は取得原価の10%）により減価償却を行う。

決算整理④　固定資産の減価償却

決算において、建物や備品などの固定資産は減価償却を行います。なお、CASE165では、精算表の勘定科目欄に「減価償却累計額」があるので、**間接法**で処理しなければならないことがわかります。

> 本社で使用する固定資産の減価償却費は販売費及び一般管理費で処理します。一方、工事現場で使用する固定資産の減価償却費は、工事原価（未成工事支出金）で処理します。

考え方

減価償却費：$\dfrac{2{,}000円 - 2{,}000円 \times 10\%}{30年} = 60円$（2,000円×10%＝200円）

CASE165の仕訳と記入

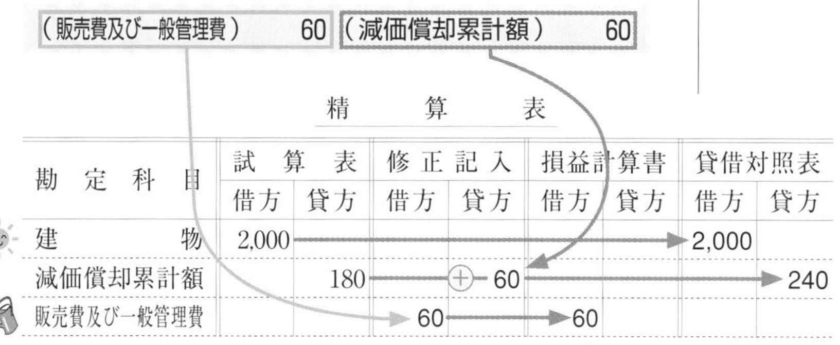

（販売費及び一般管理費）　60　（減価償却累計額）　60

精　算　表

勘定科目	試算表		修正記入		損益計算書		貸借対照表	
	借方	貸方	借方	貸方	借方	貸方	借方	貸方
建物	2,000						2,000	
減価償却累計額		180		60				240
販売費及び一般管理費			60		60			

CASE 166

精算表

決算整理⑤　費用・収益の繰延べと見越し

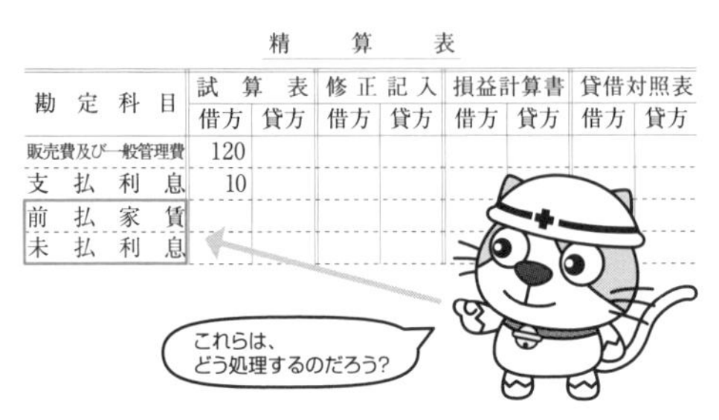

精　算　表

勘定科目	試算表		修正記入		損益計算書		貸借対照表	
	借方	貸方	借方	貸方	借方	貸方	借方	貸方
販売費及び一般管理費	120							
支払利息	10							
前払家賃								
未払利息								

決算において、費用や収益の繰延べや見越しを行います。
このときの精算表の記入はどのようになるでしょう？

例　決算において、支払家賃のうち70円を繰り延べる。また、支払利息の未払分4円を見越計上する。

決算整理⑤　費用・収益の繰延べと見越し

決算において、費用・収益の繰延べや見越しの処理をします。

繰延べとは、当期に支払った費用（または当期に受け取った収益）のうち、次期分を当期の費用（または収益）から差し引くことをいいます。また、見越しとは、当期の費用（または収益）にもかかわらず、まだ支払っていない（または受け取っていない）分を、当期の費用（または収益）として処理することをいいます。

したがってCASE166の、費用の繰延べと見越しの決算整理仕訳と精算表への記入は、次のようになります。

考え方

(1) 販売費及び一般管理費（支払家賃）の繰延べ

①支払家賃（費用）を繰り延べる
　→ 支払家賃の取り消し → 貸方

②次期の家賃の前払い → 前払家賃 → 借方

(2) 支払利息の見越し

①支払利息（費用）を見越計上する
　→ 支払利息の発生 → 借方

②当期の利息の未払い → 未払利息 → 貸方

CASE166の仕訳と記入

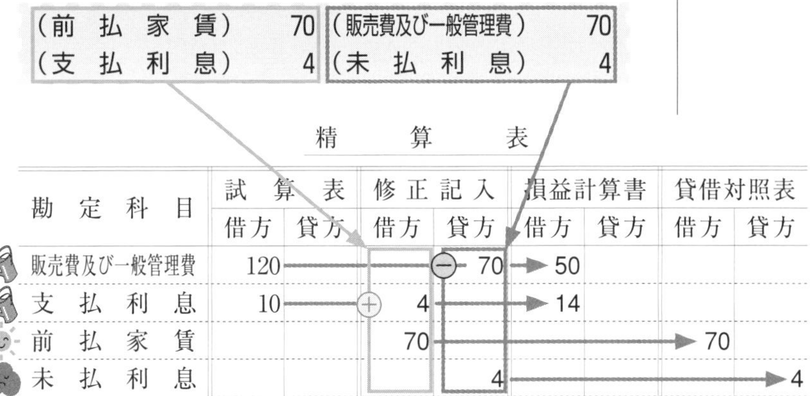

借方		貸方	
(前払家賃)	70	(販売費及び一般管理費)	70
(支払利息)	4	(未払利息)	4

精　算　表

勘定科目	試算表		修正記入		損益計算書		貸借対照表	
	借方	貸方	借方	貸方	借方	貸方	借方	貸方
販売費及び一般管理費	120			70	50			
支払利息	10		4		14			
前払家賃			70				70	
未払利息				4				4

なお、収益の繰延べと見越しの記入例（地代180円の繰延べと利息4円の見越し）は次のとおりです。

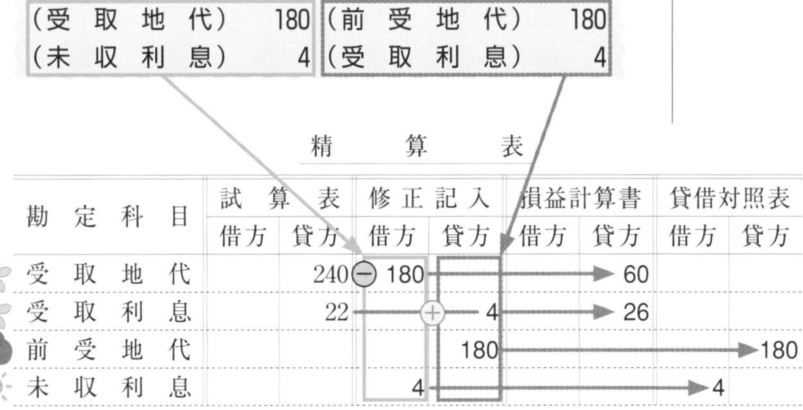

借方		貸方	
(受取地代)	180	(前受地代)	180
(未収利息)	4	(受取利息)	4

精　算　表

勘定科目	試算表		修正記入		損益計算書		貸借対照表	
	借方	貸方	借方	貸方	借方	貸方	借方	貸方
受取地代		240	180			60		
受取利息		22		4		26		
前受地代				180				180
未収利息			4				4	

CASE 167 精算表

決算整理⑥　完成工事原価の算定

精　算　表

勘定科目	試算表		修正記入		損益計算書		貸借対照表	
	借方	貸方	借方	貸方	借方	貸方	借方	貸方
未成工事支出金	800							
完成工事高		1,800						
完成工事原価								

当期から営業を開始したゴエモン建設。当期に工事に用した原価は800円ですが、このうち700円が完成し、引き渡しています。

このときの決算整理仕訳と精算表の記入はどのようになるでしょう？

例　ゴエモン建設の当期に完成し、引き渡した工事原価は700円である。そこで、必要な決算整理仕訳を示しなさい。

決算整理⑥　完成工事原価の算定

工事のために消費した原価はすべて未成工事支出金として計上されています。このうち完成し、引き渡した分については費用として計上しなければいけません。そのため完成した工事の原価は完成工事原価（費用）として処理します。

ここでは工事完成基準を前提としていますが、工事進行基準による場合は、CASE158を参照してください。

CASE167の仕訳

（完成工事原価）　700（未成工事支出金）　700

精算表の記入

上記の決算整理仕訳を、精算表の修正記入欄に記入し、損益計算書欄と貸借対照表欄をうめます。

CASE167の記入

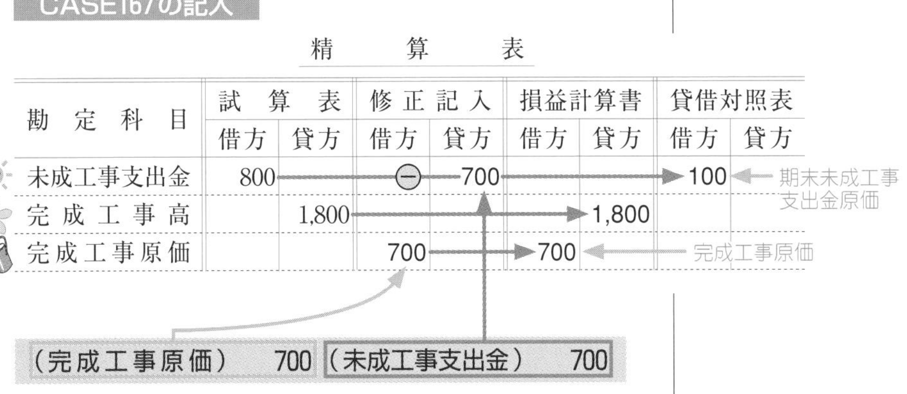

精　算　表

勘定科目	試算表		修正記入		損益計算書		貸借対照表	
	借方	貸方	借方	貸方	借方	貸方	借方	貸方
未成工事支出金	800			700			100	
完成工事高		1,800				1,800		
完成工事原価			700		700			

CASE 168 精算表

当期純利益または当期純損失の計上

精　算　表

勘定科目	試算表		修正記入		損益計算書		貸借対照表	
	借方	貸方	借方	貸方	借方	貸方	借方	貸方
⋮								
仮　計								
当期純利益								

ここがまだあいているニャ。

決算整理を精算表に記入し終わったゴエモン君。でも、その精算表にはまだあいている箇所があります。ここでは、決算整理以外の精算表の記入をみていきましょう。

当期純利益（または純損失）の計算

決算整理をして、精算表の修正記入欄、損益計算書欄、貸借対照表欄をうめたら、最後に**当期純利益**（または**当期純損失**）を計算します。

工事未払金や資本金など決算整理のない勘定科目については、試算表の金額をそのまま損益計算書欄または貸借対照表欄に記入します。

当期純利益（または当期純損失）は、損益計算書の収益から費用を差し引いて計算します。ここで、収益が費用よりも多ければ**当期純利益（損益計算書欄の借方に記入）**となり、収益が費用よりも少なければ**当期純損失（損益計算書欄の貸方に記入）**となります。

損益計算書

費　用	収　益
当期純利益	

損益計算書

費　用	収　益
	当期純損失

当期純利益（当期純損失）は貸借対照表欄の貸借差額で計算することもできます。

そして、損益計算書欄で計算した当期純利益（または当期純損失）を**貸借を逆にして貸借対照表欄に記入**します。したがって、**当期純利益**（損益計算書欄の**借方**に記入）ならば、貸借対照表欄の**貸方**に記入し、**当期純損失**（損益計算書欄の**貸方**に記入）ならば、貸借対照表欄の**借方**に記入します。

精　算　表

勘定科目	試算表		修正記入		損益計算書		貸借対照表	
	借方	貸方	借方	貸方	借方	貸方	借方	貸方
現金	300						300	
完成工事未収入金	600						600	
未成工事支出金	800		350	100			1,050	
建物	2,000						2,000	
工事未払金		795		300				1,095
貸倒引当金		5		7				12
減価償却累計額		180		60				240
資本金		1,700			費用合計 1,067円	収益合計 1,860円		1,700
完成工事高		1,800				1,800		
受取地代		240	180			60		
完成工事原価	900		100	50	950			
販売費及び一般管理費	120		67	70	117			
	4,720	4,720						
前払家賃			70				70	
前受地代				180				180
仮計			767	767	1,067	1,860	4,020	3,227
当期（純利益）					793			793
					1,860	1,860	4,020	4,020

各欄の借方合計と貸方合計は必ず一致します。

当期純利益（当期純損失）
収益合計－費用合計で計算します。
1,860円－1,067円＝793円
収益＞費用→当期純利益（借方）
収益＜費用→当期純損失（貸方）

損益計算書の金額を貸借逆にして記入します。

なお、試験では通常、修正記入欄や金額を移動するだけの勘定科目（資本金など）には配点はありません。ですから、修正記入欄を全部うめてから損益計算書欄や貸借対照表欄をうめるのではなく、ひとつの決算整理仕訳をしたら、その勘定科目の損益計算書欄または貸借対照表欄までうめていくほうが、途中で時間がなくなっても確実に得点できます。

問題集
問題107

CASE 169 財務諸表の作成

財務諸表の作成

精算表も作ったし、あとは損益計算書と貸借対照表を作って帳簿を締めるだけ。
ここでは、損益計算書と貸借対照表の形式をみておきましょう。

損益計算書

損益計算書は、一会計期間の収益と費用から当期純利益（または当期純損失）を計算した書類で、会社の経営成績（いくらもうけたのか）を表します。

損益計算書の形式

勘定式、報告式ということばは覚えなくてもだいじょうぶです。

損益計算書の形式には、**勘定式**と**報告式**の２つがあります。

勘定式は、借方と貸方に分けて記入する方法です。

損益計算書（勘定式）

ゴエモン建設　自×1年４月１日　至×2年３月31日　（単位：円）

費用	金額	収益	金額
完成工事原価	700	完成工事高	1,000
減価償却費	80	受取利息	20
貸倒引当金繰入	40		
支払利息	20		
当期純利益	180		
	1,020		1,020

なお、報告式は借方と貸方に分けずに縦に並べて表示する方法で、形式を示すと次のとおりです。

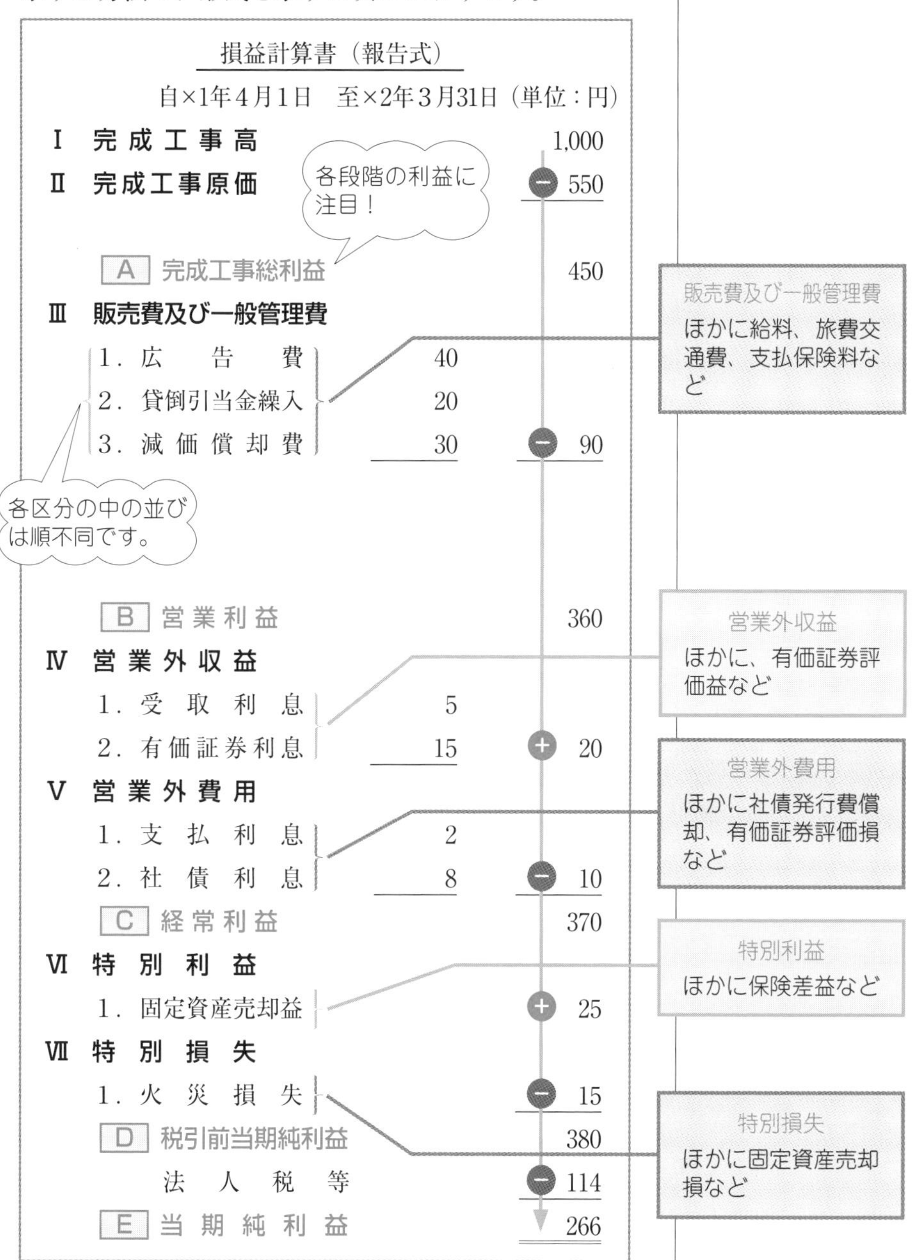

損益計算書（報告式）

自×1年4月1日　至×2年3月31日（単位：円）

Ⅰ　完成工事高		1,000
Ⅱ　完成工事原価		550
A　完成工事総利益		450
Ⅲ　販売費及び一般管理費		
1．広告費	40	
2．貸倒引当金繰入	20	
3．減価償却費	30	90
B　営業利益		360
Ⅳ　営業外収益		
1．受取利息	5	
2．有価証券利息	15	20
Ⅴ　営業外費用		
1．支払利息	2	
2．社債利息	8	10
C　経常利益		370
Ⅵ　特別利益		
1．固定資産売却益		25
Ⅶ　特別損失		
1．火災損失		15
D　税引前当期純利益		380
法人税等		114
E　当期純利益		266

いちばん初めに計算される利益です。

A 完成工事総利益

完成工事高から完成工事原価（完成工事高に対応する原価）を差し引いて**完成工事総利益**を計算します。

会社の主たる営業活動（建設活動）によって生じた利益です。

B 営業利益

完成工事総利益から**販売費及び一般管理費**を差し引いて**営業利益**を計算します。

販売費及び一般管理費は、工事に関する費用や本社の管理に要した費用で、**給料**、**広告費**、**減価償却費**、**貸倒引当金繰入**などがあります。

会社の通常の活動から生じた利益です。

C 経常利益

営業利益に**営業外収益**と**営業外費用**を加減して**経常利益**を計算します。

営業外収益と営業外費用は、金銭の貸付けや借入れ、有価証券の売買など、商品売買活動以外の活動から生じた収益や費用で、**営業外収益**には、**受取利息**や**有価証券利息**などが、**営業外費用**には、**支払利息**や**社債利息**、**社債発行費償却**などがあります。

法人税等を差し引く前の会社全体の利益です。

D 税引前当期純利益

経常利益に、まれにしか生じない利益や損失である**特別利益**と**特別損失**を加減して**税引前当期純利益**を計算します。

特別利益には**固定資産売却益**や**保険差益**などが、特別損失には**固定資産売却損**や**火災損失**などがあります。

これが最終的な会社の利益です。

E 当期純利益

税引前当期純利益から、法人税等（法人税、住民税及び事業税）を差し引いて最終的な会社のもうけである**当期純利益**を計算します。

貸借対照表

貸借対照表は、決算日における資産、負債、純資産の状況を記載した書類で、会社の財政状態（財産がいくらあるのか）を表します。

貸借対照表の形式

貸借対照表の形式にも、**勘定式**と**報告式**の２つがありますが、ここでは勘定式の形式のみを示します。

貸借対照表（勘定式）

ゴエモン建設　　×2年３月31日　　（単位：円）

A 資産の部

Ⅰ　流動資産 ⓐ			
	1．現金預金		770
	2．受取手形	800	
	3．完成工事未収入金	1,200	
	計	2,000	
	貸倒引当金	40	1,960
	4．有価証券		1,120
	5．前払費用		20
	流動資産合計		3,870
Ⅱ　固定資産 ⓑ			
	1．建物	2,000	
	減価償却累計額	1,200	800
	2．備品	1,000	
	減価償却累計額	600	400
	3．土地		1,600
	4．投資有価証券		600
	固定資産合計		3,400
Ⅲ　繰延資産 ⓒ			
	1．社債発行費		200
	繰延資産合計		200
	資産合計		7,470

B 負債の部

Ⅰ　流動負債 ⓓ			
	1．支払手形		300
	2．工事未払金		400
	3．短期借入金		200
	4．前受収益		50
	5．未払法人税等		40
	流動負債合計		990
Ⅱ　固定負債 ⓔ			
	1．社債		1,000
	2．長期借入金		500
	3．退職給付引当金		600
	固定負債合計		2,100
	負債合計		3,090
C 純資産の部			
Ⅰ　株主資本			
	1．資本金 ⓕ		3,000
	2．資本剰余金 ⓖ		
	(1)資本準備金	400	
	(2)その他資本剰余金	200	600
	3．利益剰余金 ⓗ		
	(1)利益準備金	300	
	(2)別途積立金	100	
	(3)繰越利益剰余金	380	780
	株主資本合計		4,380
	純資産合計		4,380
	負債及び純資産合計		7,470

流動資産
ほかに短期貸付金など

売買目的有価証券は「有価証券」として表示します。

固定資産
ほかに長期貸付金、のれんなど

満期保有目的債券は「投資有価証券」として表示します。

繰延資産
ほかに株式交付費、開発費など

A 資産の部

資産の部はさらに⒜**流動資産**、⒝**固定資産**、⒞**繰延資産**の３つに分かれます。

なお、流動資産と固定資産は短期的（決算日の翌日から１年以内）に回収（現金化）するものかどうかで区分されます。

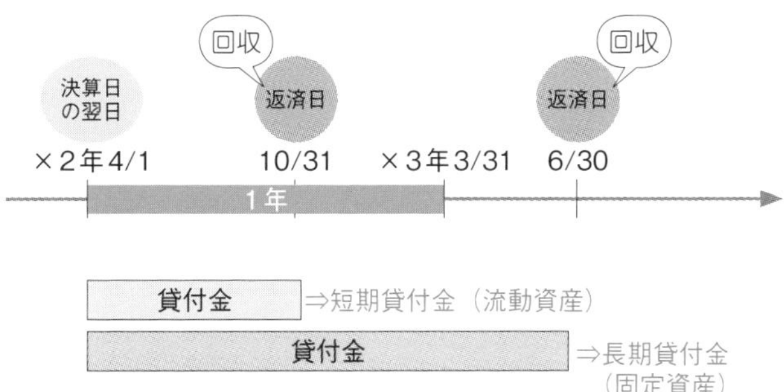

しかし、**完成工事未収入金**や**受取手形**のように営業活動（建設活動）にともなって発生したものは、**つねに流動資産**に区分されます。

B 負債の部

負債の部はさらに⒟**流動負債**と⒠**固定負債**に分かれます。なお、流動負債と固定負債は短期的（決算日の翌日から１年以内）に返済（現金化）するものかどうかで区分されます。

資産のときと同じですね。

しかし、**工事未払金**や**支払手形**のように営業活動（建設活動）にともなって発生したものは、**つねに流動負債**に区分されます。

C 純資産の部

純資産の部（株主資本）はさらに⒡**資本金**、⒢**資本剰余金**、⒣**利益剰余金**に分かれます。

問題集
問題108

第22章

帳簿の締め切り

損益計算書と貸借対照表も作ったし…
あとは帳簿を締めて当期の処理はおしまい!

ここでは、帳簿の締め切りについてみていきましょう。

CASE 170 帳簿の締め切り

帳簿を締め切る、とは?

決算整理も終わって、当期の処理もいよいよ大詰め。
帳簿への記入が全部終わったら、最後に帳簿（勘定）を締め切るという作業があります。

帳簿の締め切り

帳簿には当期の取引と決算整理が記入されていますが、次期になると次期の取引や決算整理が記入されていきます。

したがって、当期の記入と次期の記入を区別しておく必要があり、次期の帳簿記入に備えて、帳簿（総勘定元帳）の各勘定を整理しておきます。この手続きを**帳簿の締め切り**といいます。

帳簿の締め切りは3ステップ!

実際の締め切り方はCASE171以降で説明します。

帳簿の締め切りは、次の3つのステップで行います。

Step 1 収益・費用の各勘定残高の損益勘定への振り替え
▶ Step 2 各勘定の締め切り
▶ Step 3 繰越試算表の作成

CASE 171

帳簿の締め切り

収益・費用の各勘定残高の損益勘定への振り替え

帳簿の締め切りの第1ステップは、収益・費用の各勘定残高を損益勘定へ振り替えることです。

例 決算整理後の収益と費用の諸勘定の残高は、次のとおりである。

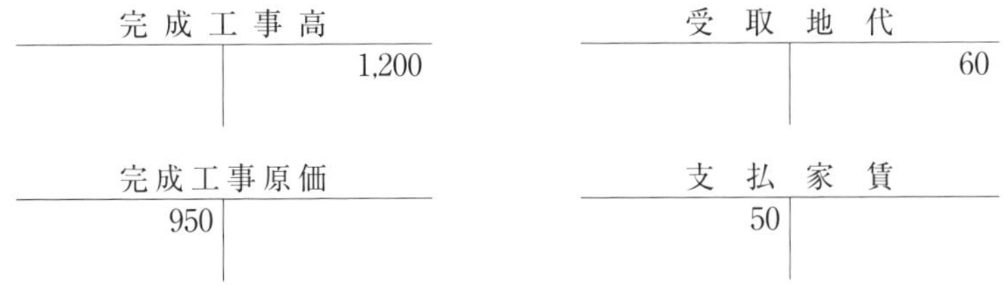

収益、費用の各勘定残高を損益勘定に振り替える!

帳簿の締め切りは、まず、収益、費用の勘定から行います。

帳簿に記入されている収益と費用の金額は、当期の収益または費用の金額なので、次期には関係ありません。そこで、収益と費用の各勘定に残っている金額が**ゼロになるように整理**します。

たとえば、CASE171では、完成工事高（収益）勘定の貸方に1,200円の残高がありますので、これをゼロにするためには、借方に1,200円を記入することになります。

（完成工事高） 1,200 （　　　　　）

そして、貸方は**損益**という新たな勘定科目で処理します。

CASE171の売上勘定の振替仕訳

（完成工事高）	1,200	（損　　　益）	1,200

この仕訳は、帳簿上に損益という勘定を設けて、完成工事高勘定から損益勘定に振り替えたことを意味します。

同様に、受取地代（収益）の勘定残高も損益勘定に振り替えます。

CASE171の受取地代勘定の振替仕訳

（受取地代）	60	（損　　　益）	60

このように、収益の各勘定残高を損益勘定の貸方に振り替えることにより、収益の各勘定残高をゼロにします。

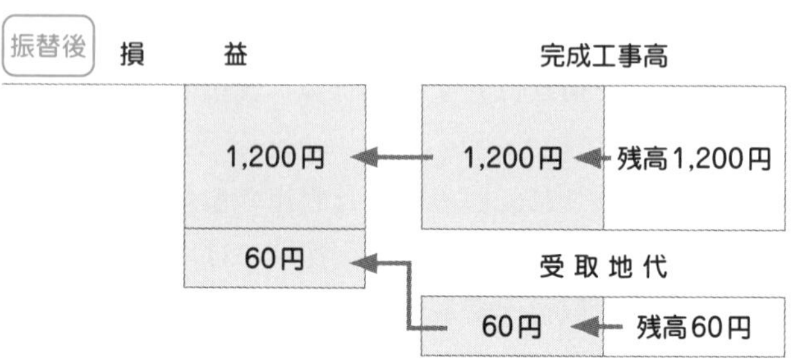

同様に、費用の各勘定残高を損益勘定の借方に振り替えることにより、費用の各勘定残高をゼロにします。

CASE171の費用の振替仕訳

(損　　　　益)	950	(完成工事原価)	950
(損　　　　益)	50	(支　払　家　賃)	50

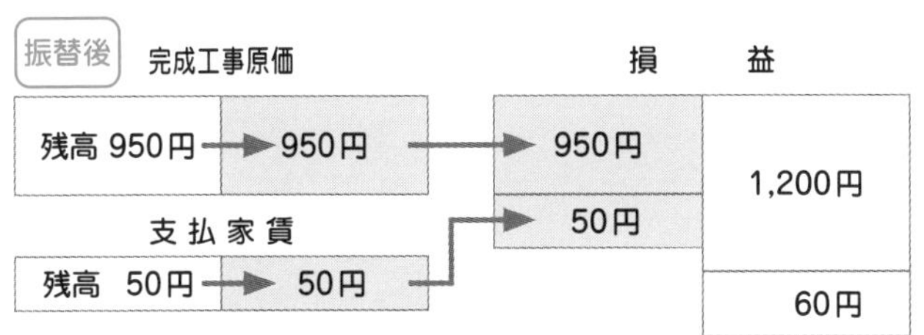

収益や費用の各勘定残高を損益勘定に振り替えると損益勘定に貸借差額が生じます。この差額は、収益の合計額と費用の合計額との差額なので、**当期純利益**（または**当期純損失**）です。

収益や費用を損益勘定に振り替えることを、損益振替といいます。

※　費用合計は完成工事原価950円と支払家賃50円の合計

このように、損益振替によって、帳簿上で当期純利益（または当期純損失）が計算されます。

各勘定の締め切り

帳簿の締め切りの第2ステップは収益・費用・資産・負債・純資産の各勘定の締め切りです。

収益・費用と資産・負債・純資産では締め切り方が少し違うのでご注意を！

例 決算整理後の諸勘定の残高（一部）は次のとおりである。各勘定を締め切りなさい。

完成工事高

借方		貸方	
損益	1,200		1,200

完成工事原価

借方		貸方	
	950	損益	950

現金

借方		貸方	
	1,000		

繰越利益剰余金

借方		貸方	
			1,000
		損益	260

損益

借方		貸方	
完成工事原価	950	完成工事高	1,200
支払家賃	50	受取地代	60
繰越利益剰余金	260		

工事未払金

借方		貸方	
			700

資本金

借方		貸方	
			1,500

※支払家賃勘定、受取地代勘定は省略

収益・費用の諸勘定の締め切り

収益と費用の各勘定残高は損益勘定に振り替えられているので、各勘定の借方合計と貸方合計は一致しています。

そこで、各勘定の借方合計と貸方合計が一致していることを確認して、二重線を引いて締め切ります。

CASE172の収益・費用の締め切り

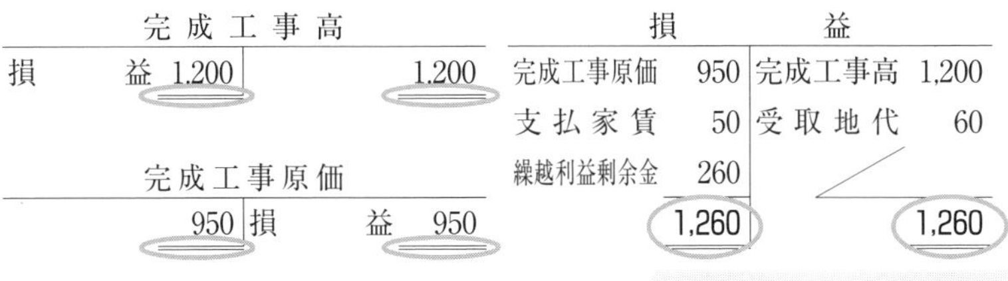

完成工事高

損　　益	1,200		1,200

完成工事原価

	950	損　　益	950

損　益

完成工事原価	950	完成工事高	1,200
支払家賃	50	受取地代	60
繰越利益剰余金	260		
	1,260		1,260

資産・負債・純資産の諸勘定の締め切り

資産、負債、純資産の各勘定のうち、期末残高があるものはこれを次期に繰り越します。したがって、借方または貸方に「**次期繰越**」と金額を赤字で記入し、借方合計と貸方合計を一致させてから締め切ります。

試験では黒字で記入してかまいません。

現　金

	1,000	次期繰越	1,000

借方合計と貸方合計を一致させてから締め切る

そして、締め切ったあと、「次期繰越」と記入した側の逆側に「**前期繰越**」と金額を記入します。

現　金

	1,000	次期繰越	1,000
前期繰越	1,000		

二重線から上が当期の記入

二重線から下が次期の記入

その他の資産・負債・純資産の勘定も、同様に締め切ります。

CASE172の資産・負債・純資産の締め切り

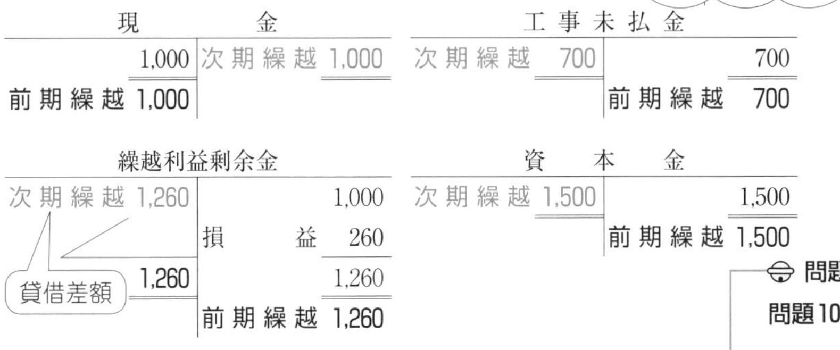

現　金

	1,000	次期繰越	1,000
前期繰越	1,000		

工事未払金

次期繰越	700		700
		前期繰越	700

繰越利益剰余金

次期繰越	1,260		1,000
		損　　益	260
	1,260		1,260
		前期繰越	1,260

資　本　金

次期繰越	1,500		1,500
		前期繰越	1,500

問題集

問題109、110

帳簿の締め切り

繰越試算表の作成

帳簿の締め切りの最後、第3ステップは繰越試算表の作成です。
「繰越」ということばから、「資産・負債・純資産の次期繰越額の一覧だな」と予想できますね。

例 次の各勘定の記入にもとづいて、繰越試算表を作成しなさい。

現　金

	1,000	次期繰越	1,000
前期繰越	1,000		

完成工事未収入金

	960	次期繰越	960
前期繰越	960		

建　物

	1,500	次期繰越	1,500
前期繰越	1,500		

工事未払金

次期繰越	700		700
		前期繰越	700

繰越利益剰余金

次期繰越	1,260		1,000
		損　益	260
	1,260		1,260
		前期繰越	1,260

資本金

次期繰越	1,500		1,500
		前期繰越	1,500

繰越試算表の作成

資産、負債、純資産（資本）の期末残高は次期に繰り越します。

そこで、次期に繰り越した金額が正しいかをチェックするために、**繰越試算表**（くりこししさんひょう）という資産、負債、純資産

（資本）の各勘定の次期繰越額を表す表を作成します。

CASE173の各勘定より繰越試算表を作成すると、次のようになります。

CASE173の繰越試算表

各勘定の次期繰越額を記入するだけです。

繰越試算表
×1年12月31日

借方	勘定科目	貸方
1,000	現金	
960	完成工事未収入金	
1,500	建物	
	工事未払金	700
	資本金	1,500
	繰越利益剰余金	1,260
3,460		3,460

試算表なので、借方合計と貸方合計は必ず一致します。一致しなかったら勘定を締め切る際にミスをしているということになります。

これで当期の処理はおしまい。
次期もがんばろー！

第23章

本支店会計

京都に支店を開設した!
こんなとき、帳簿の記録はどうするんだろう?
それに本店と支店との取引も記録するのかな?

ここでは、本支店会計についてみていきましょう。

CASE 174 本支店会計

本店から支店に現金を送付したときの仕訳

ゴエモン建設では、このたび、京都に支店を出し、京都支店での取引は京都支店の帳簿に記入してもらうことにしました。
今日、京都支店の開設にあたり、現金100円を支店に送付しましたが、この取引はどのように処理したらよいでしょうか？

取引 ゴエモン建設東京本店は京都支店に現金100円を送付し、京都支店はこれを受け取った。

本支店会計とは

会社の規模が大きくなると、全国各地に支店を設けて活動するようになります。

このように本店と支店がある場合の会計制度を**本支店会計**といいます。

支店の取引は支店の帳簿に記入！

本支店会計における支店の取引の処理方法には、本店だけに帳簿をおき、支店が行った取引も本店が一括して処理する方法（**本店集中会計制度**（ほんてんしゅうちゅうかいけいせいど）といいます）と、本店と支店に帳簿をおいて、支店の取引は支店の帳簿に記入する方法（**支店独立会計制度**（してんどくりつかいけいせいど）といいます）がありますが、このテキストでは、**支店独立会計制度**を前提として説明していきます。

支店独立会計制度によると、支店独自の業績を明らかにすることができるというメリットがあります。

本店勘定と支店勘定

「本店が支店に現金を送った」などの本店・支店間の取引は、会社内部の取引なので、会社内部の取引ということがわかるように記帳しなければなりません。

そこで、**本店の帳簿には支店勘定**を、**支店の帳簿には本店勘定**を設けて、本店・支店間の取引によって生じた債権や債務は、支店勘定または本店勘定で処理します。

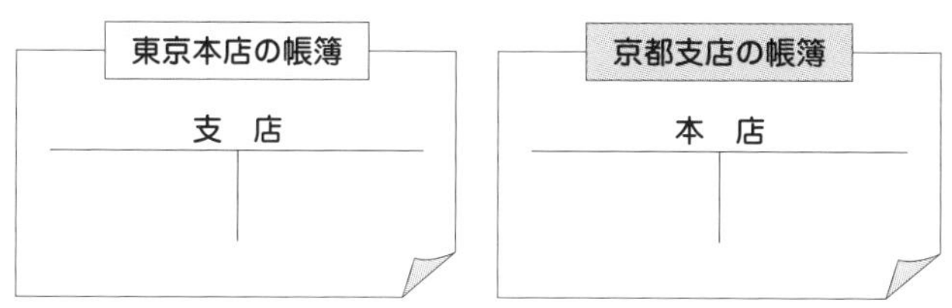

本店から支店に現金を送付したときの仕訳

CASE174では、東京本店は京都支店に現金を送っています。ですから、**東京本店の現金（資産）は減少**します。

◆東京本店

（　　　　　）		（現　　　金）	100

資産の減少⬇

一方、京都支店は現金を受け取っています。ですから、**京都支店の現金（資産）は増加**します。

◆京都支店

（現　　　金）	100	（　　　　　）	

資産の増加⬆

相手の名称を記入するだけです。

なお、相手科目ですが、この取引は本店・支店間の取引なので、東京本店は**支店**、京都支店は**本店**で処理します。

以上より、CASE174の取引を東京本店と京都支店の立場で仕訳すると次のようになります。

CASE174の仕訳

◆東京本店

(支　　店)	100	(現　　金)	100

◆京都支店

(現　　金)	100	(本　　店)	100

なお、本店の支店勘定と支店の本店勘定は貸借逆で必ず一致します。

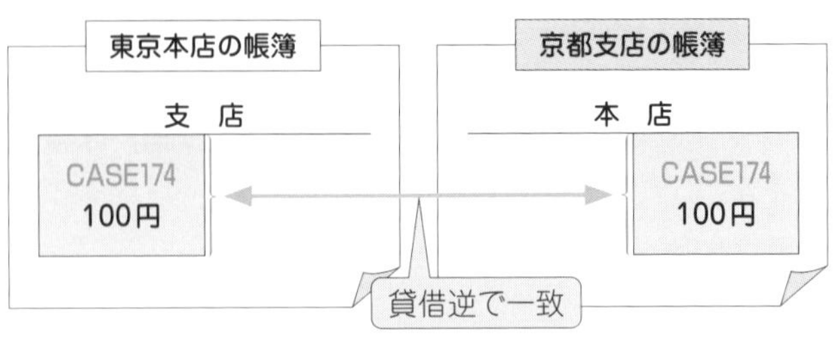

CASE 175 本支店会計

本店の工事未払金を支店が支払ったときの仕訳

今日、ゴエモン建設東京本店は、京都支店から「東京本店の工事未払金を現金で支払ったよ」という連絡を受けました。
このときの本店と支店の仕訳を考えましょう。

取引 ゴエモン建設京都支店は東京本店の工事未払金10円を現金で支払い、東京本店はこの連絡を受けた。

本店の買掛金を支店が支払ったときの仕訳

CASE175では、東京本店の工事未払金を京都支店が支払ってくれたので、東京本店の**工事未払金（負債）**が減少します。

◆東京本店

（工事未払金）	10	（　　　　）	

負債の減少⬇

一方、京都支店は現金で支払っているので、京都支店の**現金（資産）**が減少します。

◆京都支店

（　　　　）		（現　　　金）	10

資産の減少⬇

なお、この取引も本店・支店間の取引なので、相手科目は東京本店は**支店**、京都支店は**本店**で処理します。

以上より、CASE175の取引を東京本店と京都支店の立場で仕訳すると次のようになります。

CASE175の仕訳

◆東京本店

（工事未払金）	10	（支　　　店）	10

◆京都支店

（本　　　店）	10	（現　　　金）	10

このような感じでほかの取引も処理していきます。

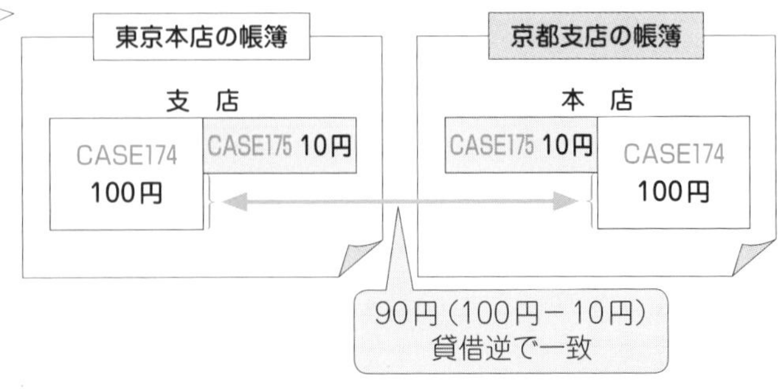

CASE 176 本支店会計

本店が支店に材料を送付したときの仕訳

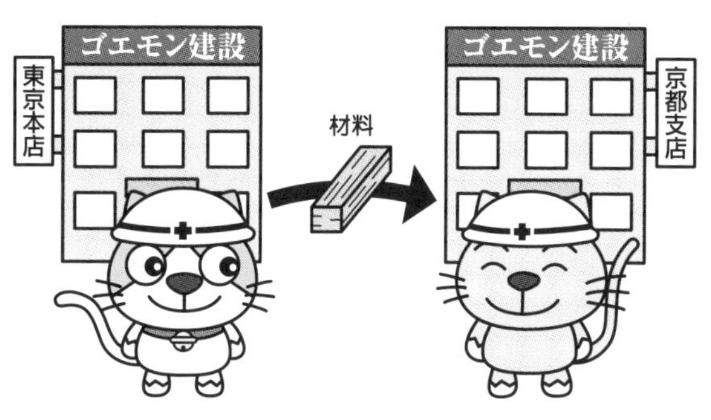

今日、ゴエモン建設東京本店は京都支店に材料（原価100円）を送付し、京都支店はこれを受け取りました。
なお、東京本店は、京都支店に材料を送付する際、原価に10%の利益を加算しています。

取引 東京本店は、材料（原価100円）に10%の利益を加算して京都支店に送付し、京都支店はこれを受け取った。

本店が支店に材料を送付したときの仕訳

材料を大量に仕入れると代金を値引いてもらえるなどの理由で、本店で支店分の材料も一括して仕入れ、本店から支店に材料を送付することがあります。

もちろんその逆の（支店で仕入れて本店に送付する）場合もあります。

また、本店が支店に材料を送付する際、原価に利益を上乗せした価額（**振替価額**（ふりかえかがく）といいます）で送付することもあります。

CASE176では、原価100円の材料に10%（100円×10%＝10円）の利益を加算しているので、振替価額は110円となります。

CASE176の振替価額

・利　　益：100円×10%＝10円
・振替価額：100円＋10円＝110円

原価に10%の利益を加算

慣れてきたら、100円×1.1＝110円と計算しましょう。

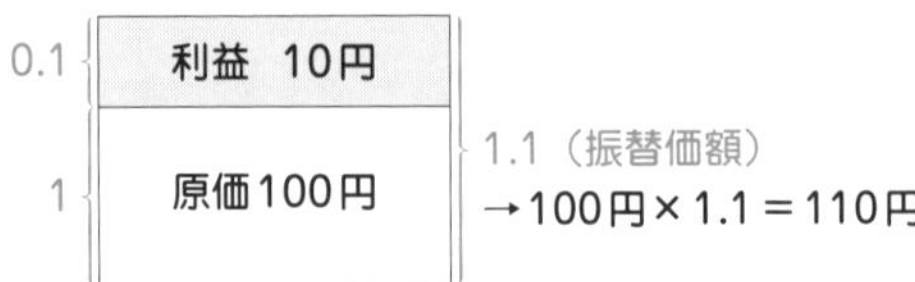

本店から支店へ振替価額で材料が送付された場合、本店は支店に材料を売り上げていることになります。

したがって、本店では内部売上を表す**材料売上**という勘定科目で処理するとともに、材料の原価を**材料売上原価**という勘定科目に振り替えます。

◆東京本店

（　　　　　　）		（材　料　売　上）	110
（材料売上原価）	100	（材　　　　　料）	100

一方、支店は**未成工事支出金**（または材料）で処理します。

◆京都支店

（未成工事支出金）	110	（　　　　　　）	

以上より、CASE176の取引を東京本店と京都支店の立場で仕訳すると次のようになります。

相手科目は、すでに学習したように、本店では「支店」、支店では「本店」となります。

CASE176の仕訳

◆東京本店

（支　　　　　店）	110	（材　料　売　上）	110
（材料売上原価）	100	（材　　　　　料）	100

◆京都支店

（未成工事支出金）	110	（本　　　　　店）	110

問題集
問題111

支店が複数ある場合の処理

支店が2つ以上ある場合、支店どうしの取引をどのように処理するかによって、**支店分散計算制度**と**本店集中計算制度**の2つの方法があります。

これまで学習していたのは、支店独立会計制度です。

1. 支店分散計算制度

支店分散計算制度では、それぞれの支店において、各支店勘定を設けて処理します。

「福岡支店」や「京都支店」など。

[例] 京都支店は福岡支店に現金100円を送付した。

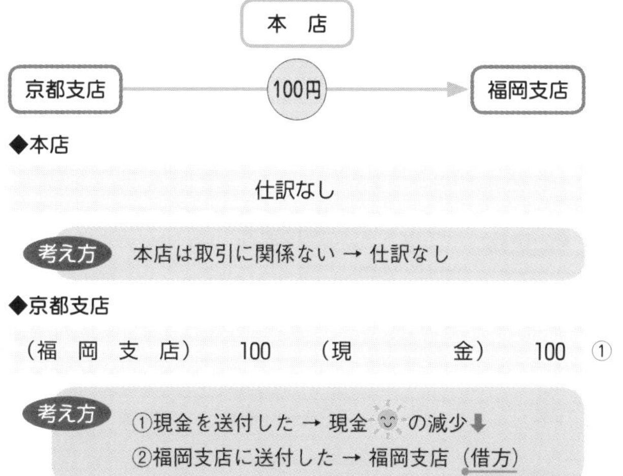

◆本店

仕訳なし

考え方　本店は取引に関係ない → 仕訳なし

◆京都支店

②	（福 岡 支 店）	100	（現　　　金）	100	①

考え方
①現金を送付した → 現金の減少
②福岡支店に送付した → 福岡支店（借方）

◆福岡支店

①	（現　　　金）	100	（京 都 支 店）	100	②

考え方
①現金を受け取った → 現金の増加
②京都支店から受け取った → 京都支店（貸方）

2. 本店集中計算制度

本店集中計算制度では、各支店の帳簿には本店勘定のみ設け、支店間で行われた取引は本支店間で行われた取引とみなして処理します。

[例] 京都支店は福岡支店に現金100円を送付した。

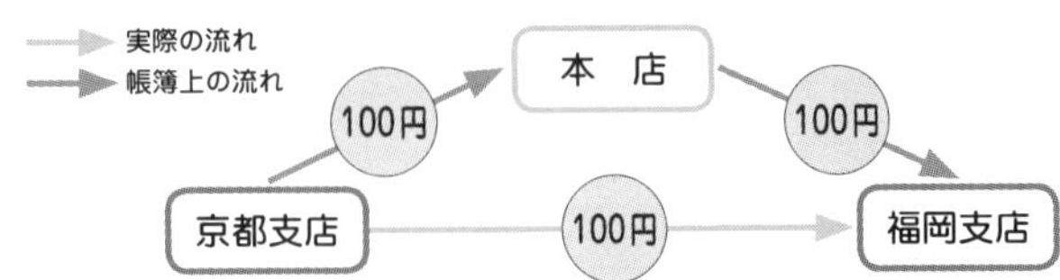

◆本店

	借方	金額	貸方	金額
①	~~(現　　　金)~~	~~100~~	(京 都 支 店)	100
②	(福 岡 支 店)	100	~~(現　　　金)~~	~~100~~
③	(福 岡 支 店)	100	(京 都 支 店)	100

考え方
①京都支店から現金を受け取ったときの仕訳
②福岡支店に現金を送付したときの仕訳
③本店の仕訳（①と②の仕訳を合計）

◆京都支店

	借方	金額	貸方	金額	
②	(本　　　店)	100	(現　　　金)	100	①

考え方
①現金を送付した → 現金 の減少⬇
②本店に送付したと考えて処理 → 本店（借方）

◆福岡支店

	借方	金額	貸方	金額	
①	(現　　　金)	100	(本　　　店)	100	②

考え方
①現金を受け取った → 現金 の増加⬆
②本店から受け取ったと考えて処理
→ 本店（貸方）

本支店合併財務諸表の作成(全体像)

今日は決算日。
これまで、東京本店と京都支店の取引は別々に記帳してきましたが、会社全体の財務諸表を作成するときは、1つにまとめなければなりません。
さて、どのようにして会社全体の財務諸表を作ればよいでしょう?

本支店合併財務諸表とは

本店と支店で別々の帳簿に記入していたとしても、実際は1つの会社なので、株主や取引先などに報告するための財務諸表は、本店と支店の取引をまとめた会社全体のものでなければなりません。

本店と支店の取引をまとめた会社全体の財務諸表を、**本支店合併財務諸表**といいます。

本支店合併財務諸表の作り方

本支店合併財務諸表は、次の流れで作成します。

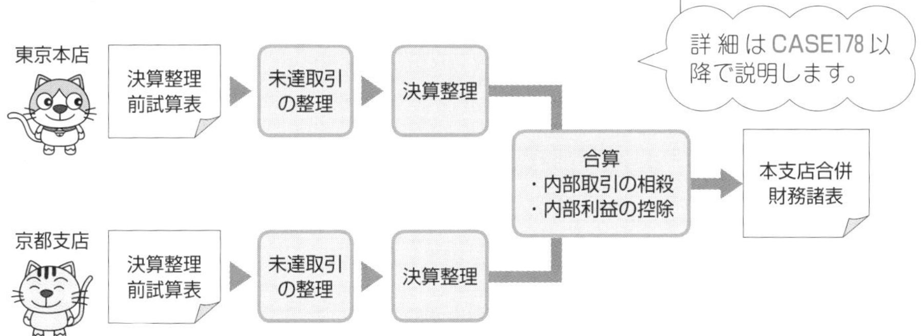

CASE 178

本支店会計

未達取引の整理

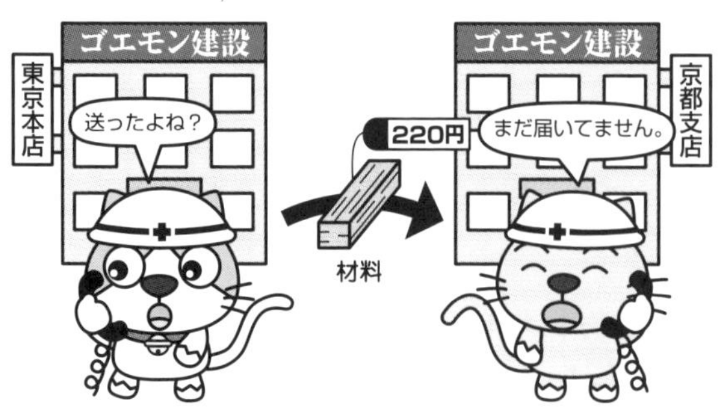

さっそく、東京本店と京都支店の帳簿から本支店合併財務諸表を作成しようとしたのですが、東京本店では処理済みなのに、京都支店ではまだ処理していない取引を発見しました。
この場合、どうしたらよいでしょう？

取引 ゴエモン建設東京本店は、材料（振替価額220円）を京都支店に送付したが、決算日において京都支店に未達であった。

未達取引があると「本店」と「支店」の残高に差が生じます。

未達取引があったときの仕訳

CASE178のように、本店と支店のうちどちらかが処理しているのにもかかわらず、相手側はまだ処理していない取引を**未達取引**（みたつとりひき）といいます。

未達取引があったときは、未達側（処理をしていない側）が適切な処理を行います。

CASE178では、支店が未処理なので、支店において材料が到着したときの仕訳を行います。

未達取引を整理すると「本店」と「支店」の残高が一致します。

CASE178の仕訳

◆京都支店

（未成工事支出金）	220	（本　　　　店）	220

問題集
問題112

CASE 179 本支店会計

決算整理

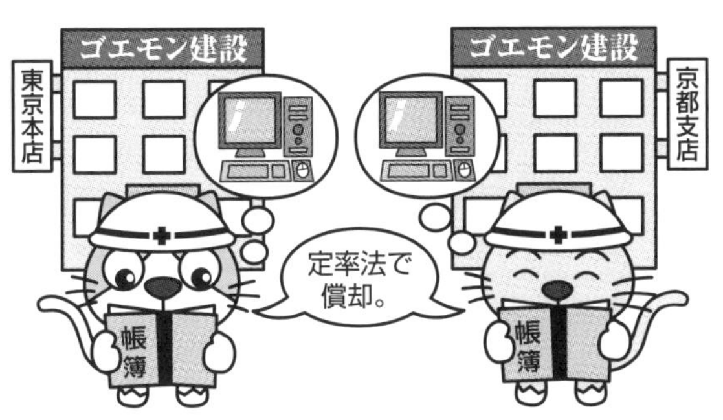

東京本店と京都支店の備品について、定率法によって減価償却を行いました。
減価償却についてはすでに学習していますが、本支店会計ではなにか特別なことをするのでしょうか？

取引 決算につき、備品について定率法（償却率20%、間接法）により減価償却を行う。なお、東京本店の備品の取得原価は1,000円、減価償却累計額は360円、京都支店の備品の取得原価は600円、減価償却累計額は120円である。

決算整理

決算整理については、いままで学習した決算整理となんら変わりません。したがって、CASE179の決算整理仕訳は次のようになります。

CASE179の減価償却費の計上

①東京本店：(1,000円－360円) ×20%＝128円
②京都支店：(600円－120円) ×20%＝96円

CASE179の仕訳

◆東京本店

(減価償却費)	128	(減価償却累計額)	128

◆京都支店

(減価償却費)	96	(減価償却累計額)	96

本支店合併財務諸表を作成するときには、東京本店と京都支店の金額を合計します。

本支店会計

内部利益の控除

京都支店は、東京本店から送付された材料を使用し工事を行いました。しかし使用した材料には内部利益が上乗せされています。この場合どのように処理すればよいのでしょうか。

取引 CASE176の条件で、京都支店における東京本店から仕入れた材料の使用状況は以下のとおりである。

材料貯蔵品：11円
未成工事支出金：150円（うち材料費22円）
完成工事原価：400円（うち材料費77円）

この場合における本支店間の内部利益の控除にかかる仕訳を示しなさい。

内部利益の相殺消去

CASE176で計上された内部利益は、全社レベルでみると、単なる内部的な移動によるものであるため控除しなければいけません。

そのため、まず本店が計上している材料売上勘定、材料売上原価勘定を相殺消去し、差額は内部利益控除勘定で処理します。

（材料売上）	110	（材料売上原価）	100
		（内部利益控除）	10

内部利益の控除

次に支店で使用される材料は内部利益の分だけ過大に計上されているため、修正します。なお、完成工事にかかる分は完成工事原価勘定、未完成工事にかかる分は未成工事支出金勘定、未使用の材料分は材料勘定を修正します。

CASE180の仕訳

(内部利益控除)	10	(材　　料)	1
		(未成工事支出金)	2
		(完成工事原価)	7

支店の材料勘定に含まれる内部利益：

$$11円 \times \frac{0.1}{1.1} = 1円$$

支店の未成工事支出金勘定に含まれる内部利益：

$$22円 \times \frac{0.1}{1.1} = 2円$$

支店の完成工事原価勘定に含まれる内部利益：

$$77円 \times \frac{0.1}{1.1} = 7円$$

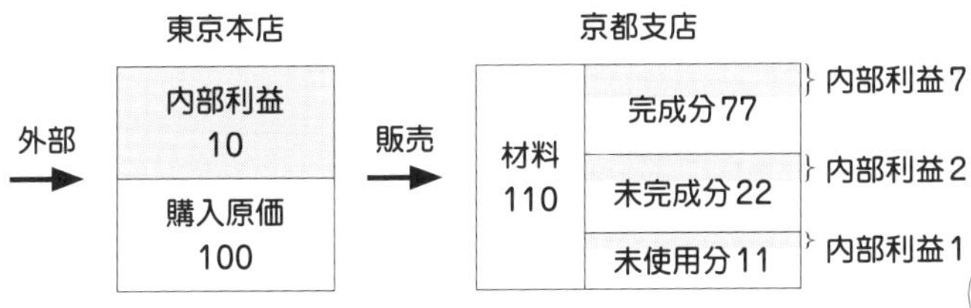

本支店間の取引で計上されてきた本店・支店勘定は財務諸表に記載されません。

本店勘定および支店勘定の相殺消去

本店・支店勘定もそれぞれ同額で計上されており、最終的に相殺消去されて本支店合併財務諸表が作成されます。

問題集
問題113、114

さくいん

あ

か

な

は

ま

や

ら

わ

MEMO

スッキリシリーズ

スッキリわかる　建設業経理士2級　第3版

（2013年度版　2013年3月25日　初版　第1刷発行）

2017年6月19日　初　版　第1刷発行
2020年6月27日　第3版　第1刷発行
2024年7月25日　　　　　第6刷発行

編著者　滝澤ななみ
　　　　TAC出版開発グループ
発行者　多田敏男
発行所　TAC株式会社　出版事業部
　　　　（TAC出版）
〒101-8383
東京都千代田区神田三崎町3-2-18
電話 03（5276）9492（営業）
FAX 03（5276）9674
https://shuppan.tac-school.co.jp
印刷　株式会社ワコー
製本　東京美術紙工協業組合

ISBN 978-4-8132-8823-7
N.D.C. 336

建設業経理士検定講座のご案内

 Web通信講座　 DVD通信講座　 資料通信講座（1級総合本科生のみ）

オリジナル教材　合格までのノウハウを結集！

テキスト

試験の出題傾向を徹底分析。最短距離での合格を目標に、確実に理解できるように工夫されています。

トレーニング

合格を確実なものとするためには欠かせないアウトプットトレーニング用教材です。出題パターンと解答テクニックを修得してください。

的中答練

講義を一通り修了した段階で、本試験形式の問題練習を繰り返しトレーニングします。これにより、一層の実力アップが図れます。

DVD

TAC専任講師の講義を収録したDVDです。画面を通して、講義の迫力とポイントが伝わり、よりわかりやすく、より効率的に学習が進められます。［DVD通信講座のみ送付］

学習メディア　ライフスタイルに合わせて選べる！

Web通信講座

スマホやタブレットにも対応

講義をブロードバンドを利用し動画で配信します。ご自身のペースに合わせて、24時間いつでも何度でも繰り返し受講することができます。また、講義動画は専用アプリにダウンロードして2週間視聴可能です。有効期間内は何度でもダウンロード可能です。

※Web通信講座の配信期間は、受講された試験月の末日までです。

TAC WEB SCHOOL ホームページ URL https://portal.tac-school.co.jp/

※お申込み前に、右記のサイトにて必ず動作環境をご確認ください。

DVD通信講座

講義を収録したデジタル映像をご自宅にお届けします。
配信期限やネット環境を気にせず受講できるので安心です。

※DVD-Rメディア対応のDVDプレーヤーでのみ受講が可能です。パソコンやゲーム機での動作保証はいたしておりません。

資料通信講座
（1級総合本科生のみ）

テキスト・添削問題を中心として学習します。

Webでも無料配信中！ スマホ タブレット パソコン 「TAC動画チャンネル」

- **入門セミナー**　※収録内容の変更のため、配信されない期間が生じる場合がございます。
- **1回目の講義（前半分）が視聴できます**

詳しくは、TACホームページ
「TAC動画チャンネル」をクリック！

TAC動画チャンネル 建設業　検索

合格カリキュラム　ご自身のレベルに合わせて無理なく学習！

1級受験対策コース▶　財務諸表　財務分析　原価計算

1級総合本科生　対象　日商簿記2級・建設業2級修了者、日商簿記1級修了者

財務諸表		財務分析		原価計算	
財務諸表本科生		財務分析本科生		原価計算本科生	
財務諸表講義	財務諸表的中答練	財務分析講義	財務分析的中答練	原価計算講義	原価計算的中答練

※上記の他、1級的中答練セットもございます。

2級受験対策コース

2級本科生（日商3級講義付）　対象　初学者（簿記知識がゼロの方）

日商簿記3級講義	2級講義	2級的中答練

2級本科生　対象　日商簿記3級・建設業3級修了者

2級講義	2級的中答練

日商2級修了者用2級セット　対象　日商簿記2級修了者

日商2級修了者用2級講義	2級的中答練

※上記の他、単科申込みのコースもございます。※上記コース内容は予告なく変更される場合がございます。あらかじめご了承ください。

合格カリキュラムの詳細は、TACホームページをご覧になるか、パンフレットにてご確認ください。

安心のフォロー制度　充実のバックアップ体制で、学習を強力サポート！

＝Web・DVD・資料通信講座でのフォロー制度です。

1. 受講のしやすさを考えた制度

随時入学

“始めたい時が開講日”。視聴開始日・送付開始日以降ならいつでも受講を開始できます。

2. 困った時、わからない時のフォロー

質問電話

講師とのコミュニケーションツール。疑問点・不明点は、質問電話ですぐに解決しましょう。

質問カード

講師と接する機会の少ない通信受講生も、質問カードを利用すればいつでも疑問点・不明点を講師に質問し、解決できます。また、実際に質問事項を書くことによって、理解も深まります（利用回数：10回）。

質問メール

受講生専用のWebサイト「マイページ」より質問メール機能がご利用いただけます（利用回数：10回）。

※質問カード、メールの使用回数の上限は合算で10回までとなります。

3. その他の特典

再受講割引制度

過去に、本科生（1級各科目本科生含む）を受講されたことのある方が、同一コースをもう一度受講される場合には再受講割引受講料でお申込みいただけます。

※以前受講されていた時の会員証をご提示いただき、お手続きをしてください。

※テキスト・問題集はお渡ししておりませんのでお手持ちのテキスト等をご使用ください。テキスト等のver.変更があった場合は、別途お買い求めください。

(2024年2月現在)

書籍のご購入は

1 全国の書店、大学生協、ネット書店で

2 TAC各校の書籍コーナーで

資格の学校TACの校舎は全国に展開!
校舎のご確認はホームページにて

資格の学校TAC ホームページ
https://www.tac-school.co.jp

3 TAC出版書籍販売サイトで

CYBER BOOK STORE TAC出版書籍販売サイト

24時間
ご注文
受付中

https://bookstore.tac-school.co.jp/

新刊情報をいち早くチェック!

たっぷり読める立ち読み機能

学習お役立ちの特設ページも充実!

TAC出版書籍販売サイト「サイバーブックストア」では、TAC出版および早稲田経営出版から刊行されている、すべての最新書籍をお取り扱いしています。
また、会員登録(無料)をしていただくことで、会員様限定キャンペーンのほか、送料無料サービス、メールマガジン配信サービス、マイページのご利用など、うれしい特典がたくさん受けられます。

サイバーブックストア会員は、特典がいっぱい!(一部抜粋)

通常、1万円(税込)未満のご注文につきましては、送料・手数料として500円(全国一律・税込)頂戴しておりますが、1冊から無料となります。

専用の「マイページ」は、「購入履歴・配送状況の確認」のほか、「ほしいものリスト」や「マイフォルダ」など、便利な機能が満載です。

メールマガジンでは、キャンペーンやおすすめ書籍、新刊情報のほか、「電子ブック版TACNEWS(ダイジェスト版)」をお届けします。

書籍の発売を、販売開始当日にメールにてお知らせします。これなら買い忘れの心配もありません。

書籍の正誤に関するご確認とお問合せについて

書籍の記載内容に誤りではないかと思われる箇所がございましたら、以下の手順にてご確認とお問合せをしてくださいますよう、お願い申し上げます。
なお、正誤のお問合せ以外の**書籍内容に関する解説および受験指導などは、一切行っておりません。**
そのようなお問合せにつきましては、お答えいたしかねますので、あらかじめご了承ください。

1 「Cyber Book Store」にて正誤表を確認する

TAC出版書籍販売サイト「Cyber Book Store」の
トップページ内「正誤表」コーナーにて、正誤表をご確認ください。

CYBER BOOK STORE TAC出版書籍販売サイト

URL:https://bookstore.tac-school.co.jp/

2 1の正誤表がない、あるいは正誤表に該当箇所の記載がない ⇒ 下記①、②のどちらかの方法で文書にて問合せをする

★ご注意ください★

お電話でのお問合せは、お受けいたしません。
①、②のどちらの方法でも、お問合せの際には、「お名前」とともに、
「対象の書籍名(○級・第○回対策も含む)およびその版数(第○版・○○年度版など)」
「お問合せ該当箇所の頁数と行数」
「誤りと思われる記載」
「正しいとお考えになる記載とその根拠」
を明記してください。
なお、回答までに1週間前後を要する場合もございます。あらかじめご了承ください。

① ウェブページ「Cyber Book Store」内の「お問合せフォーム」より問合せをする

【お問合せフォームアドレス】

https://bookstore.tac-school.co.jp/inquiry/

② メールにより問合せをする

【メール宛先　TAC出版】

syuppan-h@tac-school.co.jp

※土日祝日はお問合せ対応をおこなっておりません。
※正誤のお問合せ対応は、該当書籍の改訂版刊行月末日までといたします。

乱丁・落丁による交換は、該当書籍の改訂版刊行月末日までといたします。なお、書籍の在庫状況等により、お受けできない場合もございます。
また、各種本試験の実施の延期、中止を理由とした本書の返品はお受けいたしません。返金もいたしかねますので、あらかじめご了承くださいますようお願い申し上げます。

TACにおける個人情報の取り扱いについて
■お預かりした個人情報は、TAC(株)で管理させていただき、お問合せへの対応、当社の記録保管にのみ利用いたします。お客様の同意なしに業務委託先以外の第三者に開示、提供することはございません(法令等により開示を求められた場合を除く)。その他、個人情報保護管理者、お預かりした個人情報の開示等及びTAC(株)への個人情報の提供の任意性については、当社ホームページ(https://www.tac-school.co.jp)をご覧いただくか、個人情報に関するお問い合わせ窓口(E-mail:privacy@tac-school.co.jp)までお問合せください。

(2022年7月現在)